국가
공인

4차 산업혁명시대 유망직업
맞춤형화장품조제관리사 합격대비

1000제
적중예상문제

- 식품의약품안전처 출제기준 철저 분석
- 단기 학습에 의한 합격대비 문제
- 최신 개정된 법령 반영된 문제
- 주요 화장품 법령 전문 수록

국제미용건강콘텐츠협회
강춘구 · 강현경 · 정인순 · 이춘양 · 박상태 공저

21세기사

4차 산업혁명 시대의 건강하고 아름다운 사회를 선도할 직업
맞춤형화장품조제관리사 1000제를 출간하며…

지식의 양이 폭발적으로 증가한 21세기는 짧은 기간 동안 인간의 삶의 질이 급속도로 향상되었습니다. 아는 상식이 많은 만큼 다양한 욕구가 생겼고, 이러한 수요를 충족 시키고자 여러 분야에서의 연구와 노력이 유용한 결실을 맺어서 생활 수준의 향상과 수명 연장이라는 인간의 소망을 실현시켜 왔습니다.
무수한 세월의 인류역사 속에 인간은 의식주 해결이라는 기본적인 삶을 위한 투쟁의 역사 속에 자연환경과 무리간의 경쟁으로 생존을 목표로 살아왔으나, 근대와 현대를 거치며, 특히 21세기에 들어서는 삶의 가치 향상에 많은 시간과 노력을 투자할 것입니다. 오늘날 인간의 가장 큰 소망은 건강하고 아름다운 모습으로 오래 사는 것이며, 타인의 건강과 아름다움을 창출해 주는 직종이 뷰티 관련업이고 현대 뷰티의 기본 요소 중 중요한 위치를 차지하는 것이 화장품입니다. 일반인조차도 화장품 전문가 수준의 상식을 가지고 있는 오늘날, 이러한 화장품을 효율적으로 사용할 수 있는 전문직종이 맞춤형화장품조제관리사 입니다. 맞춤형화장품조제관리사는 인간의 행복한 삶을 선도하는 미래의 유망 직종으로 타인의 삶의 가치를 향상시킴으로서 사회로 부터 존경받는 직업이 될 것입니다.
짧은 기간에 최근 개정된 법령에 기준하여 출제 예상문제를 분석하려고 여러 전문가들이 참여하여 공동 출제하는 과정에서 유사 문제나 중복문제, 오류가 다소 있을 수 있으니 양해바랍니다. 반복된 내용의 문제는 여러 저자들의 견해로 중요한 부분으로 인식한 것이니 더 집중하여 학습하시길 바랍니다.

뜻깊은 양서의 저술에 참여해주신 저자분들과 21세기사 이범만 사장님께 깊이 감사드립니다.
또한 이 교재를 통해 많은 분들이 맞춤형화장품조제관리사 자격을 취득하여 자신과 인류를 위한 행복한 업무를 수행해 주실 것을 믿습니다.

국제미용건강콘텐츠협회 대표회장
김원식

목 차

제1과목

화장품법의 이해

적중예상문제

1 **화장품제조업자 및 화장품책임판매업자는 화장품의 안전성 확보 및 품질관리에 관한 교육을 매년 받아야 한다. 교육시간의 기준은?**

① 2시간 이상 8시간 이하
② 3시간 이상 8시간 이하
③ 4시간 이상 6시간 이하
④ 4시간 이상 8시간 이하
⑤ 4시간 이상 10시간 이하

해설 시행규칙 제14조(화장품책임판매업자 등의 교육)

답 : ④

2 **(　　　　)이란 취급하는 화장품의 품질 및 안전 등을 관리하면서 이를 유통 · 판매하거나 수입대행형 거래를 목적으로 알선 · 수여하는 영업을 말한다. (　　) 안에 들어갈 알맞은 단어를 쓰시오.**

해설 법 제2조(정의)

답 : 화장품책임판매업

3 **맞춤형화장품판매업의 폐업신고를 하지 않은 자에 대한 처벌로 적당한 것은?**

① 과태료 10만원
② 과태료 20만원
③ 과태료 50만원
④ 과태료 100만원
⑤ 과태료 200만원

해설 제40조(폐업 등의 신고)를 위반하여 폐업 등의 신고를 하지 아니한 자에게는 과태료 50만원이 부과된다.

답 : ③

4 **맞춤형화장품 판매 시에 소비자에게 설명해야 할 사항으로 가장 적당하지 않은 것은?**

① 맞춤형화장품의 사용기한
② 혼합에 사용된 원료
③ 혼합에 사용된 내용물
④ 혼합에 사용된 도구
⑤ 사용 시의 주의사항

해설 시행규칙 제12조의2(맞춤형화장품판매업자의 준수사항 등)

답 : ④

5 **(　　　)이란 동식물 및 그 유래 원료 등을 함유한 화장품으로서 식품의약품안전처장이 정하는 기준에 맞는 화장품을 말한다.**

① 천연화장품　　② 유기농화장품
③ 기능성화장품　　④ 맞춤형화장품
⑤ 자연화장품

해설 법 제22조제2의2(정의)

답 : ①

6 **정보주체의 동의를 받은 경우에는 제3자에게 개인정보 제공이 가능하다. 이 경우 정보주체의 동의를 받을 때 의무적으로 알려야 하는 사항이 아닌 것은?**

① 개인정보를 제공받는 자
② 동의거부 권리 및 동의거부에 따른 이익 내용
③ 제공받는 자의 개인정보이용 목적
④ 제공하는 개인정보의 항목
⑤ 제공받는 자의 개인정보 보유 · 이용기간

해설 법 제17조(개인정보의 제공) ②항

답 : ②

7 **화장품 법은 화장품의 제조 · 수입 · 판매 및 수출 등에 관한 사항을 규정함으로써 (　　)과 화장품 산업의 발전에 기여함을 목적으로 한다. (　　　) 안에 들어갈 단어를 쓰시오.**

해설 법 제1조(목적)

답 : 국민보건향상

8 **화장품책임판매업 등록이나 맞춤형화장품판매업 신고를 할 수 없는 결격사유에 해당되지 않는 것은?**

① 음주운전으로 면허가 취소된 자
② 파산선고를 받고 복원되지 아니한 자
③ 「보건범죄 단속에 관한 특별조치법」을 위반하여 금고 이상의 형을 선고받고 그 집행이 끝나지 아니하거나 그 집행을 받지 아니하기로 확정되지 아니한 자
④ 피성년 후견인
⑤ 등록이 취소되거나 영업소가 폐쇄(제24조 제1호부터 제3호까지의 어느 하나에 해당하여 등록이 취소되거나 영업소가 폐쇄된 경우에는 제외한다) 된 날부터 1년이 지나

지 아니한 자

해설 법 제3조의 3(결격사유)

답 : ①

9 **유기농화장품이란 유기농함량이 전체제품에서 몇 % 이상이어야 하나?**

① 10%
② 20%
③ 30%
④ 40%
⑤ 50%

해설 천연화장품 및 유기농화장품의 기준에 관한 규정(식품의약품안전처 고시)

답 : ①

10 **화장품책임판매업자가 변경등록을 하여야 하는 경우 중 옳지 않은 것은?**

① 화장품책임판매업자의 변경(법인인 경우 대표자의 변경)
② 책임판매관리자의 변경
③ 화장품책임판매업자의 상호 변경(법인인 경우 법인의 명칭 변경)
④ 제조소의 소재지 변경
⑤ 책임판매 유형 변경

해설 시행규칙 제5조(화장품제조업 등의 변경 등록)

답 : ④

11 **기능성화장품의 범위가 아닌 것은?**

① 멜라닌색소가 침착하는 것을 방지하여 피부 미백에 도움을 주는 화장품
② 아토피성 피부로 인한 건조함 등을 완화하는데 도움을 주는 화장품
③ 여드름성 피부치료용 화장품
④ 모발의 색상을 변화(탈염, 탈색을 포함한다.)시키는 기능을 가진 화장품
⑤ 피부에 탄력을 주어 피부의 주름을 완화 또는 개선하는 기능을 가진 화장품

해설 시행규칙 제2조(기능성화장품의 범위)

답 : ③

12 **화장품법상 등록이 아닌 신고가 필요한 영업은?**

① 화장품제조업
② 화장품수입업
③ 화장품책임판매업
④ 화장품수입대행업

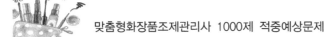

⑤ 맞춤형화장품판매업

해설 맞춤형 화장품판매업은 등록이 아니고 신고제임

답 : ⑤

13 화장품법 제2조에서 정하고 있는 기능성화장품에 해당되지 않는 것은?

① 피부의 미백에 도움을 주는 제품
② 피부의 주름개선에 도움을 주는 제품
③ 피부를 곱게 태워주는 제품
④ 피부를 가시광선으로부터 보호하는 데에 도움을 주는 제품
⑤ 튼 살로 인한 붉은 선을 엷게 하는데 도움을 주는 화장품

해설 피부를 자외선으로부터 보호하는 데에 도움을 주는 제품

답 : ④

14 화장품제조업자가 변경등록을 하여야 하는 경우에 해당하지 않은 것은?

① 화장품제조업자의 변경(법인인 경우에는 대표자의 변경)
② 책임판매 유형변경
③ 화장품제조업자의 상호변경(법인인 경우에는 법인의 명칭 변경)
④ 제조 유형변경
⑤ 제조소의 소재지변경

해설 시행규칙 제5조(화장품제조업 등의 변경 등록)

답 : ②

15 2020년 1월부터 영 · 유아 제품류 (　　) 이하와 어린이용제품 (　　) 이하임을 특정해 표시 · 광고하려는 제품에는 보존제의 함량을 표시해야 한다. (　　)안에 들어갈 알맞은 내용을 쓰시오.

해설 식품의약품안전처 고시, 시행규칙〈별표5〉

답 : 만 3세, 만 13세

16 화장품에 대한 정의로 바르지 않은 것은?

① 인체를 청결 · 미화하여 매력을 더하고 용모를 변화시켜준다.
② 피부나 모발의 건강을 유지 또는 증진하기 위해 사용
③ 피부질환 예방을 위하여 살균, 살충 및 이와 유사한 용도로 사용할 수 있다.

④ 인체에 바르고 문지르거나 뿌리는 등 이와 유사한 방법으로 사용한다.
⑤ 화장품은 인체에 대한 작용이 경미한 것을 말하며 의약품에 해당하는 물품은 제외한다.

해설 법 제2조의1(정의)

답 : ③

17 **식품의약품안전처장에게 휴업 신고를 하지 않아도 되는 영업자는?**

① 휴업을 20일 하고 업을 재개한 맞춤형화장품판매업자
② 휴업을 40일 하고 업을 재개한 맞춤형화장품판매업자
③ 휴업을 60일 하고 업을 재개한 맞춤형화장품판매업자
④ 휴업을 80일 하고 업을 재개한 화장품책임판매업자
⑤ 휴업을 90일 하고 업을 재개한 화장품책임판매업자

해설 휴업기간이 1개월 미만이거나 그 기간 동안 휴업하였다가 그 업을 재개하는 경우에는 휴업 신고를 하지 않아도 된다.

답 : ①

18 **위해화장품의 공표 결과를 지체 없이 지방식품의약품안전청장에게 통보하여야 하는 내용에 해당되지 않는 것은?**

① 공표일
② 공표매체
③ 공표횟수
④ 공표문 사본 또는 내용
⑤ 공표기간

해설 시행규칙 제28조(위해화장품의 공표)

답 : ⑤

19 **2020년 1월부터 화장품에 사용되는 향료성분 중 (　　) 유발물질의 경우 그 성분을 반드시 표시해야 한다. (　　)안에 들어갈 단어를 쓰시오.**

해설 화장품법 시행규칙 별표 4

답 : 알레르기

20 **화장품제조업자가 변경 등록시에 제출해야 할 서류에 해당하지 않는 것은?**

① 화장품제조업 변경등록 신청서(전자문서로 된 신청서 포함)
② 상속의 경우에는 가족관계증명서
③ 정신질환자에 해당하지 않음을 증명하는 의사 진단서

④ 제조소의 소재지 변경의 경우 시설의 명세서
⑤ 책임판매관리자의 자격을 확인할 수 있는 서류

해설 시행규칙 제5조(화장품제조업 등의 변경 등록)

답 : ⑤

21 다음의 성분은 하나에 해당하는 성분을 0.5% 이상 함유하는 제품의 경우에는 해당 품목의 안정성시험 자료를 최종 제조된 제품의 사용기한이 만료되는 날부터 1년 보존해야 한다. 내용에 해당되지 않는 성분은?

① 계면 활성제
② 레티놀(비타민A) 및 그 유도제
③ 과산화화합물
④ 토코페롤(비타민C)
⑤ 효소

해설 시행규칙 제11조(화장품판매업자의 준수사항)

답 : ①

22 2019년 12월 31일부터 화장품으로 전환됨에 따라 화장비누, (　) 제모왁스를 제조 · 수입하고자 하는 경우 화장품에 따른 안전관리, 품질관리 규정 등을 준수해야 한다. (　)안에 들어갈 적합한 제품명칭을 작성하시오.

해설 시행규칙 〈별표3〉

답 : 흑채

23 화장품 법에 따라 청문을 하여야 하는 경우에 해당하지 않는 것은?

① 인증의 취소
② 인증기관 지정의 취소
③ 인증기관 업무의 전부에 대한 정지
④ 등록의 취소, 영업소 폐쇄, 품목의 제조 · 수입 및 판매 금지
⑤ 등록의 취소, 영업소 폐쇄, 업무의 일부에 대한 정지

해설 법 제27조(청문)

답 : ⑤

24 화장품책임판매업자가 두어야 하는 책임판매관리자의 자격기준이 아닌 것은?

① 의사
② 한의사

③ 대학교에서 학사 이상의 학위를 취득한 사람으로서 이공계 학과를 전공한 사람
④ 식품의약품안전처장이 정하여 고시하는 전문 교육과정을 이수한 사람
⑤ 화장품 제조 또는 품질관리 업무에 2년 이상 종사한 경력이 있는 사람

해설 시행규칙 제8조(책임판매관리자의 자격기준)

답 : ②

25 **사용기준이 고시된 원료 중 보존제의 함량을 기재 · 표시하여야 하는 어린이용 제품은 만 ( )세 이하 어린이가 대상이다. ( )안에 들어갈 단어를 쓰시오.**

해설 시행규칙 제19조 제4항(화장품의 포장에 기재 · 표시하여야 하는 사항)

답 : 13

26 **위해화장품의 1등급 위해성이란 화장품의 사용으로 인하여 ( )에 미치는 위해영향이 크거나 중대한 경우이다. ( )안에 알맞은 내용은?**

해설 시행규칙 제14조의3(위해화장품의 위해등급평가 및 회수절차 등)

답 : 인체건강

27 **영업자 또는 판매자가 실증자료를 제출할 때에 제출서류에 대한 설명이 옳지 않은 것은?**

① 실증방법
② 자문기관의 명칭
③ 실증내용 및 결과
④ 시험 · 조사기관의 명칭
⑤ 대표자의 성명, 주소 및 전화번호

해설 시행규칙 제23조(표시 · 광고 실증의 대상)

답 : ②

28 **식품의약품안전처장은 판매 · 보관 · 진열 · 제조 또는 수입한 화장품이나 그 원료 · 재료(물품)등이 ( )에 위해를 끼칠 우려가 있는 경우에는 회수 · 폐기명령을 명하여야 한다. ( )안에 들어갈 단어를 쓰시오.**

해설 법 제23조(회수 · 폐기명령 등)

답 : 국민보건

29 **화장품책임판매업을 등록하려고 하는 자에 대한 설명 중 옳지 않은 것은?**

① 화장품책임판매업 등록신청서(전자문서로 된 신청서 포함)제출

② 화장품의 품질관리 및 책임판매 후 안전관리에 적합한 기준에 관한규정
③ 책임판매관리자를 두어야 한다.
④ 시설의 명세서
⑤ 책임판매관리자의 자격을 확인할 수 있는 서류

해설 시행규칙 제4조(화장품책임판매업을 등록하려는 자)

답 : ④

30 **안전용기 · 포장을 사용하여야 하는 품목에서 어린이용 오일 등 개별포장 당 탄화수소류를 (　)퍼센트 이상 함유하고 운동점도가 (　) 센티스톡스(섭씨 40도 기준) 이하인 비에멀젼 타입의 액체상태의 제품은 안전용기 · 포장을 사용하여야 한다. (　)안에 들어갈 숫자를 쓰시오.**

해설 법 제9조(안전용기 · 포장 등) 시행규칙 제18조(안전용기 · 포장 대상 품목 및 기준)

답 : 10, 21

31 **맞춤형화장품에 대한 설명으로 옳은 것을 모두 고르시오.**

(ㄱ) 수입대행형 거래를 목적으로 알선 · 수여하는 영업
(ㄴ) 화장품의 품질 및 안전등을 관리하면서 이를 유통 · 판매하는 영업
(ㄷ) 제조 또는 수입된 화장품의 내용물을 소분(小分)한 화장품
(ㄹ) 제조 또는 수입된 화장품의 내용물에 다른 화장품의 내용물이나 식품의약품안전처장이 정하는 원료를 추가하여 혼합한 화장품
(ㅁ) 맞춤형화장품을 판매하는 영업을 말한다.

① (ㄱ),(ㄴ)
② (ㄴ),(ㄷ)
③ (ㄱ),(ㄴ),(ㄷ)
④ (ㄷ),(ㅁ)
⑤ (ㄷ),(ㄹ),(ㅁ)

해설 맞춤형화장품과 맞춤형화장품판매업에 대한 용어를 구분한다.

답 : ⑤

32 **맞춤형화장품조제관리사 시험 및 교육에 관한 내용 중 옳지 않은 것은?**

① 화장품과 원료등에 대하여 식품의약품안전처장이 실시하는 자격시험에 합격 하여야 한다.
② 화장품의 안전성 확보 및 품질관리에 관한 교육을 2년마다 받아야 한다.
③ 거짓이나 그 밖의 부정한 방법으로 시험에 합격한 경우에는 자격을 취소하여야 한다.

④ 자격이 취소된 사람은 취소된 날부터 3년간 자격시험에 응시할 수 없다.
⑤ 자격시험 응시와 자격증 발급을 신청하고자 하는 자는 수수료를 납부하여야 한다.

해설 법 제3조의4(맞춤형화장품 조제관리사 자격시험)

답 : ②

33 **소비자화장품안전관리감시원의 자격 등에 관한 설명 중 옳지 못한 것은?**

① 임기는 3년으로 하되, 연임할 수 있다.
② 반기마다 화장품 관계법령 및 위해화장품 식별등에 관한 교육을 실시하여야 한다.
③ 식품의약품안전처장이 정하여 고시하는 교육과정을 마친 사람이어야 한다.
④ 소비자단체의 임직원 중 해당단체의 장이 추천한 사람
⑤ 직무와 관련하여 부정한 행위를 하거나 권한을 남용한 경우에는 해촉을 하여야 한다.

해설 시행규칙 제26조의2(소비자화장품안전관리감시원의 자격 등)

답 : ①

34 **안전용기 · 포장 대상품목인 것은?**

① 일회용제품
② 용기입구부분의 펌프
③ 방아쇠로 작동되는 분무용기 제품
④ 압축분무기 제품(에어로졸 제품 등)
⑤ 아세톤을 함유하는 네일 에나멜 리무버

해설 시행규칙 제18조(안전용기, 포장대상품목 및 기준)

답 : ⑤

35 **화장품을 판매하거나 판매할 목적으로 보관 또는 진열하여서는 아니 되는 화장품으로 옳지 못한 것은?**

① 등록을 안 한 자가 제조한 화장품 또는 제조 · 수입하여 유통 · 판매한 화장품
② 화장품의 포장 및 기재 · 표시사항을 훼손 또는 위조 · 변조한 것
③ 책임판매관리자를 두지 아니하고 판매한 맞춤형화장품
④ 의약품으로 잘못 인식할 우려가 있게 기재 · 표시된 화장품
⑤ 신고를 하지 아니한 자가 판매한 맞춤형화장품

해설 법 제16조(판매 등의 금지)

답 : ③

36 **화장품 법에서 납부기한까지 과징금을 내지 아니한 경우 납부기한이 지난 후 (　)일 이내**

에 독촉장을 발부한다. ( )안에 들어갈 숫자를 쓰시오.

해설 시행령 제12조의2(과징금 미납자에 대한 처분)

답 : 15

37 맞춤형화장품판매업자의 변경신고 사항이 아닌 것은?

① 맞춤형화장품판매업자의 변경(법인인 경우는 대표자의 변경)
② 맞춤형화장품 판매업소의 소재지 변경
③ 맞춤형화장품 조제관리사의 변경
④ 맞춤형화장품 사용계약을 체결한 책임판매업자의 변경
⑤ 행정구역 개편에 따른 소재지 변경의 경우에는 60일 이내 제출

해설 시행규칙 제5조의2(맞춤형화장품판매업의 변경신고)

답 : ⑤

38 화장품제조업자 또는 화장품책임판매업자의 변경(법인의 경우에는 대표자의 변경)의 경우 서류가 아닌 것은?

① 제3조 제2항 제1호에 해당하는 서류(제조업자만 제출한다)
② 양도 · 양수의 경우에는 이를 증명하는 서류
③ 상속의 경우에는 가족관계증명서
④ 상속의 경우에는 주민등록등본
⑤ 제3조 제2항 제2호에 해당하는 서류(제조업자만 제출한다)

해설 상속의 경우에는 「가족관계의 등록 등에 관한 법률」 제15조 제1항 제1호의 가족관계증명서

답 : ④

39 화장품의 가격표시 및 기재 · 표시상의 주의사항 중 옳지 않은 것은?

① 한글로 읽기 쉽도록 기재 · 표시하여야 한다.
② 소비자에게 화장품을 직접 판매하는 자가 판매하려는 가격을 표시하여야 한다.
③ 기재 · 표시는 다른 문자 또는 문장보다 쉽게 볼 수 있는 곳에 하여야 한다.
④ 수출용 제품 등의 경우에는 영문명만 기재하여야 한다.
⑤ 한자 또는 외국어를 함께 기재할 수 있다.

해설 법 제12조(기재 · 표시상의 주의)

답 : ④

40 기능성화장품의 심사를 받지 아니하고 보고서를 제출 시에 제형(劑形) [제2조 제1호부터 제3호까지 및 같은 조 제6호부터 제11호]까지의 경우에는 액제(液劑), 로션제 및 (   )를 같은 제형으로 본다. (   )안에 들어갈 단어를 쓰시오.

해설 시행규칙 제10조(보고서 제출대상 등)

답 : 크림제

41 천연화장품 및 유기농화장품에 대한 인증 유효기간 및 연장신청은 인증의 유효기간 며칠 전에 하여야 하는가?

① 인증을 받은 날부터 1년, 유효기간 만료 90일 전
② 인증을 받은 날부터 2년, 유효기간 만료 90일 전
③ 인증을 받은 날부터 3년, 유효기간 만료 90일 전
④ 인증을 받은 날부터 5년, 유효기간 만료 180일 전
⑤ 인증을 받은 날부터 5년, 유효기간 만료 90일 전

해설 법 제14조의3(인증의 유효기간)

답 : ③

42 천연화장품 및 유기농화장품의 인증신청, 인증심사 및 인증사업자에 관한 자료를 인증의 유효기간이 끝난 후 몇 년 동안 보관하여야 하나?

① 1년
② 2년
③ 3년
④ 5년
⑤ 10년

해설 시행규칙 제23조의3(천연화장품 및 유기농화장품의 인증기관의 준수사항)

답 : ②

43 표시 · 광고 실증자료의 제출을 요청 받은 영업자 또는 판매자는 며칠 이내에 제출하여야 하는가?

① 5일
② 10일
③ 15일
④ 20일
⑤ 30일

해설 법 제14조(표시 · 광고 내용의 실증 등)

답 : ③

44 내용 량이 10밀리리터 초과 50밀리리터 이하인 화장품 포장인 경우에 기재 · 표시시 아래에서 성분을 제외한 성분에 포함되는 것을 모두 고르시오.

㉠ 타르색소
㉡ 금박
㉢ 샴푸와 린스에 들어있는 인산염의 종류
㉣ 기능성 화장품의 경우 그 효능 · 효과가 나타나게 하는 원료
㉤ 식품의약품안전처장이 배합 한도를 고시한 화장품의 원료

① ㉠,㉡　② ㉠,㉣
③ ㉠,㉡,㉢　④ ㉠,㉡,㉢,㉣
⑤ ㉠,㉡,㉢,㉣,㉤

해설 시행규칙 제19조(화장품포장의 기재 · 표시 등)

답 : ⑤

45 화장품제조업을 등록하려는 자가 갖추어야 하는 시설기준에 해당하지 않는 것은?

① 쥐 · 해충 및 먼지 등을 막을 수 있는 시설을 갖춘 작업소
② 가루가 날리는 작업실은 가루를 제거하는 시설을 갖춘 작업소
③ 일부 공정만을 제조하는 경우 해당공정에 필요한 시설 및 기구 외의 시설 및 기구
④ 원료 · 자재 및 제품의 품질검사를 위하여 필요한 시험실
⑤ 작업대 등 제조에 필요한 시설 및 기구

해설 시행규칙 제6조(시설기준)

답 : ③

46 화장품의 포장에 기재 · 표시하여야 하는 사항이 아닌 것은?

① 영 · 유아용 제품인 경우 보존제의 함량을 기재 · 표시
② 성분 명을 제품 명칭의 일부로 사용한 경우 그 성분과 함량(방향용 제품 포함)
③ 기능성화장품의 경우 심사받거나 보고한 효능 · 효과, 용법 · 용량
④ 인체 세포 · 조직 배양액이 들어있는 경우 그 함량
⑤ 화장품에 천연 또는 유기농으로 표시 · 광고하려는 경우에는 원료의 함량

해설 시행규칙 제19조제4항(화장품의 포장에 기재 · 표시하여야 하는 사항)

답 : ②

47 화장품의 품질관리기준에 따른 책임판매 후 안전관리기준이 아닌 것은?

① 안전 확보 업무에 관련된 조직 및 인원
② 안전관리 정보수집
③ 안전관리 정보의 검토 및 그 결과에 따른 안전 확보 조치
④ 안전 확보 조치 실시
⑤ 책임판매관리자의 교육

해설 책임판매관리자의 안전 확보를 위한 업무수행

답 : ⑤

48 화장품책임판매업자가 변경 등록시에 제출해야 할 서류에 해당하지 않는 것은?

① 마약류의 중독자에 해당되지 않음을 증명하는 의사의 진단서
② 화장품책임판매업 등록필증
③ 양도 · 양수의 경우에는 이를 증명할 수 있는 서류
④ 책임판매관리자 변경의 경우 책임판매관리자의 자격을 확인할 수 있는 서류
⑤ 화장품책임판매법 변경등록 신청서(전자문서로 된 신청서 포함)

해설 시행규칙 제5조 : 정신질환자 및 마약류의 중독자에 해당되지 않음을 증명하는 의사의 진단서(제조업자만 제출)

답 : ①

49 영유아 또는 어린이사용 화장품의 안전성 자료는 최종 제조 · 수입된 제품을 개봉 후 사용기간을 기재하는 경우 제조연월일부터 몇 년간 보관하여야 하나?

① 1년간
② 2년간
③ 3년간
④ 5년간
⑤ 10년간

해설 시행규칙 제10조의2(영유아 또는 어린이 사용 화장품의 안전성 자료 등)

답 : ③

50 영유아 또는 어린이사용 화장품의 실태조사를 실시하고 이를 바탕으로 위해요소 저 감화를 위한 계획을 몇 년마다 수립하여야 하는가?

① 1년
② 2년
③ 3년
④ 5년
⑤ 10년

해설 시행규칙 제10조의3(영유아 또는 어린이 사용 화장품의 실태조사)

답 : ④

51 화장품의 생산실적 등 보고시에는 (　　)와 화장품법에 따라 설립된 대한화장품협회를 통하여 식품의약품안전처장에게 보고하여야 한다. (　　)안에 들어갈 단어를 쓰시오

해설 법 제17조

답 : 한국의약품수출입협회

52 1차 포장에만 반드시 표시하는 사항이 아닌 것은?

① 화장품의 명칭
② 해당 화장품제조에 사용된 일부성분
③ 사용기한
④ 영업자의 상호 및 주소
⑤ 제조번호

해설 법 제10조(화장품의 기재사항)

답 : ②

53 안전용기 · 포장을 뜻하는 것은?

① 만 5세 미만의 어린이가 개봉하기 어렵게 설계 · 고안된 용기나 포장을 말한다.
② 화장품의 1차 포장
③ 화장품 2차 포장
④ 화장품 내용물을 소분(小分)하여 포장
⑤ 화장품의 용기 포장에 기재하는 문자, 숫자, 도형 또는 그림을 말한다.

해설 법 제2조(정의)

답 : ①

54 원료의 사용기준 지정 및 변경 신청 시 원료 사용기준 지정(변경지정) 신청서와 함께 제출할 서류에 해당하지 않는 것은?

① 신청자의 자격을 확인할 수 있는 자료
② 원료의 기원, 개발 경위, 국내 · 외 사용기준 및 사용현황 등에 관한 자료
③ 원료의 특성에 관한 자료
④ 원료의 기준 및 시험방법에 관한 시험성적서
⑤ 안전성 및 유효성에 관한 자료(유효성에 관한 자료는 해당하는 경우에만 제출)

해설 시행규칙 제17조의3(원료의 사용기준지정 및 변경신청 등)

답 : ①

55 **화장품 제조업자 또는 화장품책임판매업자가 변경 등록시, 행정구역 개편에 따른 소재지 변경의 경우에는 (   )일 이내 신청서를 제출하여야 한다. (   )안에 들어갈 단어를 쓰시오.**

해설 시행규칙 제5조(화장품 제조업 등의 변경등록)

답 : 90

56 **위반행위에 대한 행정처분을 면제 받는 회수계획량의 기준은 얼마인가?**

① 회수계획량의 5분의 4 미만을 회수한 경우
② 회수계획량의 5분의 4 이상을 회수한 경우
③ 회수계획량의 3분의 2 이상을 회수한 경우
④ 회수계획량의 4분의 1 이상을 회수한 경우
⑤ 회수계획량의 4분의 1 미만을 회수한 경우

해설 시행규칙 제14조의4(행정처분의 감경 또는 면제)

답 : ②

57 **화장품의 1차 포장 또는 2차 포장에 기재 · 표시 사항이 아닌 것은?**

① 화장품의 명칭
② 사용기한 또는 개봉 후 사용기간
③ 사용할 때의 주의사항
④ 제조자의 인적사항
⑤ 해당 화장품 제조에 사용된 모든 성분(인체에 무해한 소량 함유 성분 등 총리령으로 정하는 성분은 제외한다)

해설 법 제10조(화장품 기재사항)

답 : ④

58 **화장품책임판매업에 속하는 영업범위에 포함되지 않는 것은?**

① 화장품을 직접 제조하여 유통 · 판매하는 영업
② 화장품을 제조업자에게 위탁하여 제조된 화장품을 유통 · 판매하는 영업
③ 화장품을 직접 제조하는 영업
④ 수입된 화장품을 유통 · 판매하는 영업
⑤ 수입대행형 거래를 목적으로 화장품을 알선, 수여하려는 경우

해설 시행령 제2조(영업의 세부종류와 범위)

답 : ③

59 **영업자의 폐업 또는 휴업에 대한 설명 중 옳지 않은 것은?**

① 영업자는 1개월 이상 휴업하려는 경우 휴업 신고를 하여야 한다.
② 영업자는 휴업 신고 후 그 업을 재개하려는 경우에는 신고하여야 한다.
③ 화장품책임판매업자는 폐업한 날부터 20일 이내에 화장품책임판매업 등록필증을 첨부하여 신고서를 지방식품의약품안전청장에게 제출하여야 한다.
④ 화장품제조업자가 세무서장에게 폐업신고를 한 경우 지방식품의약품안전청장은 등록을 취소할 수 있다.
⑤ 폐업신고 또는 휴업신고를 받은 날부터 7일 이내에 신고수리 여부를 신고인에게 통지할 수 있다.

해설 법 제6조(폐업 등의 신고), 시행규칙 제15조(폐업 등의 신고)

답 : ④

60 **기능성화장품의 심사 시 제출해야할 서류 중 "유효성 또는 기능에 관한 자료"에 해당하는 것은?**

① 인체 적용시험자료
② 단회 투여 독성시험자료
③ 광독성(光毒性) 및 광감작성 시험자료
④ 인체 첩포시험(貼布試驗)자료
⑤ 1차 피부 자극시험자료

해설 시행규칙 제9조(기능성화장품의 심사)

답 : ①

61 **화장품 안전기준에 따라 특별히 사용상의 제한이 필요한 원료는 모두 몇 개 인가?**

(ㄱ) 계면활성제	(ㄴ) 향료
(ㄷ) 자외선차단제	(ㄹ) 색소
(ㅁ) (살균)보존제	

① 1개
② 2개
③ 3개
④ 4개
⑤ 5개

해설 법 제8조(화장품 안전기준)

답 : ③

62 맞춤형화장품판매업 신고 시 신고요건을 갖춘 경우에 기록사항에 해당하지 않는 것은?

① 신고번호 및 신고연월일
② 맞춤형화장품제조관리사의 자격증번호
③ 맞춤형판매업자의 상호
④ 맞춤형화장품조제관리사의 성명 및 생년월일
⑤ 제조소의 소재지 주소

해설 시행규칙 제4조의2(맞춤형화장품판매업의 신고)

답 : ⑤

63 화장품 법에서 정의하는 용어에 대한 설명 중 옳지 않은 것은?

① "천연물 화장품"이란 동식물 및 그 유래 원료 등을 함유한 화장품을 말한다.
② "맞춤형 화장품 판매업"이란 맞춤형 화장품을 수입 · 판매하는 영업을 말한다.
③ "1차 포장"이란 화장품 제조 시 내용물과 직접 접촉하는 포장용기를 말한다.
④ "화장품제조업"이란 화장품의 전부 또는 일부를 제조하는 영업을 말한다.
⑤ "유기농 화장품"이란 유기농 원료, 동식물 및 그 유래 원료 등을 함유한 화장품을 말한다.

해설 법 제2조(정의)

답 : ②

64 화장품 법에서 정하고 있는 맞춤형화장품판매업자의 영업범위에 해당되는 것은?

① 화장품을 직접 제조하는 영업
② 화장품 제조를 위탁받아 제조하는 영업
③ 제조 또는 수입원 화장품의 내용물을 소분(小分)한 화장품을 판매하는 영업
④ 수입대행형 거래를 목적으로 화장품을 알선 · 수여하는 영업
⑤ 1차 포장된 화장품에 대한 2차 포장하며 납품하는 영업

해설 시행령 제2조(영업의 세부종류와 범위)

답 : ③

65 맞춤형화장품판매업의 영업범위로 틀린 것은?

① 제조된 화장품의 내용물에 다른 화장품의 내용물 혼합하여 유통, 판매하려는 경우
② 수입된 화장품의 내용물에 식품의약품안전처장이 정하는 원료를 혼합한 화장품을 유통, 판매하려는 경우

③ 제조한 화장품의 내용물을 소분(小分)한 화장품을 유통, 판매하려는 경우
④ 수입된 화장품의 내용물을 소분(小分)한 화장품을 유통, 판매하려는 경우
⑤ 화장품제조업자에게 위탁하여 제조된 화장품을 유통, 판매하는 영업

해설 시행령 제2조(영업의 세부종류와 범위)

답 : ⑤

66 **위해화장품의 회수를 완료한 경우 제출해야 할 서류에 해당하지 않는 것은?**

① 회수종료신고서
② 회수확인서 사본
③ 폐기확인서 사본(폐기한 경우에만)
④ 회수계획서 사본
⑤ 평가보고서 사본

해설 시행규칙 제14조의3(위해화장품의 회수계획 및 회수절차 등)

답 : ④

67 **맞춤형화장품 신고를 하려는 자는 서류를 첨부하여 맞춤형화장품판매업소의 소재지를 관할하는 (　　　　)에게 제출하여야 한다. (　　　　)안에 들어갈 단어를 쓰시오.**

해설 시행규칙 제4조의2(맞춤형화장품판매업의 신고)

답 : 지방식품의약품안전청장

68 **영유아 또는 어린이가 사용할 수 있는 화장품임을 표시 · 광고하려는 경우 화장품책임판매업자가 작성 · 보관해야 할 사항이 아닌 것은?**

① 제품별로 안정성 평가자료
② 제품별로 안전과 품질을 입증할 수 있는 제품별 안전성 자료를 작성 및 보관
③ 제품별로 제품 및 제조방법에 대한 설명자료
④ 제품별로 화장품의 안전성 평가자료
⑤ 제품별로 제품의 효능 · 효과에 대한 증명자료

해설 화장품 법 제4조의2(영유아 또는 어린이 사용 화장품 관리)

답 : ①

69 **화장품 법에 따라 등록이 아닌 신고가 필요한 영업의 형태로 맞는 것은?**

① 화장품 수입대행법
② 화장품 책임판매업
③ 맞춤형화장품 판매업
④ 화장품 수입업
⑤ 화장품 제조법

해설 맞춤형화장품판매업은 신고제이다.

답 : ③

70 **맞춤형화장품판매업자의 의무 및 준수사항이 아닌 것은?**

① 원료 · 자재 · 완제품 등에 대한 시험 · 검사 · 검정실시 방법 및 의무 준수
② 맞춤형화장품 판매장 시설 · 기구의 관리방법을 준수하여야 한다.
③ 혼합 · 소분 안전관리기준의 준수의무를 준수하여야 한다.
④ 혼합 · 소분되는 내용물 및 원료에 대한 설명의무를 준수하여야 한다.
⑤ 화장품의 안전성확보 및 품질관리에 관한 교육을 매년 받아야 한다.

해설 법 제5조(영업자의 의무 등)

답 : ①

71 **화장품법에서 휴업 신고를 하지 아니한 자의 과태료 부과금액은? (단, 휴업기간이 1개월 미만이거나 그 기간 동안 휴업하였다가 그 업을 재개하는 경우는 제외)**

① 500만원
② 300만원
③ 200만원
④ 100만원
⑤ 50만원

해설 법 제40조(과태료)

답 : ⑤

72 **위해화장품의 회수계획 및 회수절차에 대한 설명 중 옳지 못한 것은?**

① 회수의무자는 해당 화장품에 대하여 즉시 판매중지 등의 필요한 조치를 취하여야 한다.
② 회수대상화장품이라는 사실을 안 날부터 즉시 회수계획서를 제출하여야 한다.
③ 회수계획을 통보받은 자는 관계 공무원의 참관하에 폐기하여야 한다.
④ 회수계획을 통보받은 자는 회수확인서를 작성하여 회수의무자에게 송부하여야 한다.
⑤ 회수한 화장품을 폐기하려는 경우 회수계획서 사본, 회수확인서 사본을 제출하여야 한다.

해설 시행규칙 제14조의3(위해화장품의 회수계획 및 회수절차 등)

답 : ②

73 **화장품을 판매하는 영업의 금지 조항에 해당하지 않는 것은?**

① 전부 또는 일부가 변패(變敗)된 화장품

② 병원미생물에 오염된 화장품
③ 용기나 포장이 불량하여 해당 화장품이 보건위생상 위해를 발생할 우려가 있는 것
④ 제8항에 따른 유통화장품 안전관리 기준에 적합한 화장품
⑤ 사용기한 또는 개봉 후 사용기간(병행 표기된 제조연월일을 포함한다)을 위조 · 변조한 화장품

해설 제15조의 개정규정 중 맞춤형화장품, 맞춤형화장품판매업자 및 맞춤형화장품조제관리사와 관련된 부분

답 : ④

74 화장품제조업자가 변경등록을 하여야 하는 경우 옳지 않은 것은?

① 화장품제조업자의 변경(법인의 경우에는 대표자의 변경)
② 화장품제조업자의 상호 변경(법인인 경우에는 법인의 명칭 변경)
③ 책임판매 유형변경
④ 제조소의 소재지변경
⑤ 제조 유형의변경

해설 시행규칙 제5조(화장품제조업 등의 변경 등록)

답 : ③

75 맞춤형화장품판매업자의 의무 사항에 해당하는 것은?

(ㄱ) 맞춤형화장품 판매장 시설 · 기구의 관리 방법 준수
(ㄴ) 혼합 · 소분 안전관리기준의 준수의무 준수
(ㄷ) 혼합 · 소분되는 내용물 및 원료에 대한 설명의무 준수
(ㄹ) 화장품의 생산실적 또는 수입실적 보고
(ㅁ) 화장품의 제조과정에 사용된 원료의 목록 등보고

① (ㄱ),(ㄴ)
② (ㄱ),(ㄴ),(ㄷ)
③ (ㄴ),(ㅁ)
④ (ㄴ),(ㄹ),(ㅁ)
⑤ (ㄱ),(ㄴ),(ㄷ),(ㄹ)

해설 법 제5조(영업자의 의무 등)

답 : ②

76 화장품제조업을 등록하려고 하는 자가 제출해야할 서류가 아닌 것은?

① 화장품제조업 등록신청서(전자문서로 된 신청서 포함)

② 정신질환자에 해당하지 않음을 증명하는 의사진단서
③ 마약류의 중독자에 해당되지 않음을 증명하는 의사진단서
④ 시설의 명세서
⑤ 수입대행형 거래를 목적으로 하는 화장품을 알선 · 수여 하는 영업은 등록신청서만 제출

해설 시행규칙 제3조(제조업의 등록 등)

답 : ⑤

77 기능성화장품의 심사 등 부당한 표시, 광고 행위 등의 금지, 판매 등의 금지를 위반한 자에 처하는 징역이나 벌금은?

① 3년 이하의 징역 또는 3천만원 이하의 벌금
② 2년 이하의 징역 또는 2천만원 이하의 벌금
③ 1년 이하의 징역 또는 1천만원 이하의 벌금
④ 500만원 이하의 벌금
⑤ 200만원 이하의 벌금

해설 법 제37조(벌칙)

답 : ③

78 맞춤형화장품 판매업자의 준수사항이 아닌 것은?

① 맞춤형 화장품판매업소마다 맞춤형 화장품 조제관리사를 둘 것
② 맞춤형 화장품 혼합 · 소분시 책임판매업자와 계약한 사항을 준수할 것
③ 맞춤형 화장품 판매내역을 작성 · 보관할 것
④ 보건위생상 위해가 없도록 맞춤형 화장품 혼합 · 소분에 필요한 장소, 시설 및 기구를 매일 점검할 것
⑤ 혼합 · 소분 시 오염방지를 위하여 안전관리 기준을 준수할 것

해설 시행규칙 제12조의 2(맞춤형 화장품만매업자의 준수사항 등)

답 : ④

79 (　　　)란 화장품의 품질, 안전성, 유효성, 그 밖에 적정 사용을 위한 정보를 말한다. (　　　)안에 들어갈 알맞은 단어를 쓰시오.

해설 시행규칙〈별표2〉

답 : 안전관리정보

80 회수대상 위해화장품에 해당하지 않는 것은?

① 안전용기 · 포장 사용을 위반한 화장품
② 미생물에 오염된 화장품
③ 책임판매관리자를 두지 아니하고 판매한 맞춤형화장품
④ 화장품에 사용할 수 없는 원료를 사용한 화장품
⑤ 유통화장품 안전관리 기준에 적합하지 않은 화장품

해설 법 제5조의2(위해화장품의 회수)

답 : ③

81 맞춤형화장품의 회수계획보고를 하는 회수의무자로 적당한 자는?

① 화장품제조업자
② 책임판매관리자
③ 화장품책임판매업자
④ 맞춤형화장품조제관리사
⑤ 맞춤형화장품판매업자

해설 시행규칙 제14조의3(위해화장품의 회수계획 및 회수절차 등)

답 : ③

82 기능성화장품의 심사의뢰서(제조, 수입) 심사의뢰 품목에 속하지 않는 것은?

① 제품명, 원료성분 및 배합비율
② 제형, 효능효과
③ 용법 · 용량, 사용할 때의 주의사항
④ 기준 및 시험방법, 제조소(원)
⑤ 원료사용기준 심사통과서

해설 [서식7] 기능성화장품의 심사의뢰서(제조, 수입)

답 : ⑤

83 (　　)란 화장품책임판매 후 안전관리 업무 중 정보수정, 검토 및 그 결과에 따른 필요한 조치에 관한 업무를 말한다. (　　)안에 들어갈 알맞은 단어를 쓰시오.

해설 시행규칙〈별표2〉

답 : 안전 확보업무

84 **맞춤형화장품 판매내역(전자문서 형식을 포함한다)을 작성 · 보관하여야 하는 사항이 아닌 것은?**

① 맞춤형화장품 식별번호
② 판매일자
③ 판매량
④ 판매금액
⑤ 사용기한

해설 시행규칙 제12조의 2(맞춤형화장품 판매업자의 준수사항 등)

답 : ④

85 **맞춤형화장품의 혼합 · 소분시 오염방지를 위한 안전관리기준 준수사항이 아닌 것은?**

① 혼합 · 소분 전에는 손을 소독하여야 한다.
② 혼합 · 소분 전에 일회용장갑 착용은 허용되지 않는다.
③ 혼합 · 소분에 사용되는 장비 또는 기기 등 사용전 · 후 세척할 것
④ 혼합 · 소분제에 손의 소독이 곤란할 경우 세정하고 혼합 · 소분할 수 없다
⑤ 혼합 · 소분된 제품을 담을 용기의 오염여부를 사전에 확인할 것

해설 시행규칙 제12조의 2(맞춤형화장품 판매업자의 준수사항 등)

답 : ②

86 **화장품 법 시행규칙에서 규정한 화장품의 유형이 아닌 것은?**

① 목욕용
② 방향용
③ 체모제거용
④ 입술화장용
⑤ 면도용

해설 시행규칙 〈별표3제1호〉

답 : ④

87 **다음중 위해화장품의 2등급 위해성에 해당 되지 않는 사항은?**

① 식품의약품안전처장이 정하여 고시한 화장품에 사용할 수 없는 원료을 위반하여 사용한 경우
② 식품의약품안전처장이 정하여 고시한 화장품에 사용상의 제한이 필요한 원료사용기준을 위반하여 사용한 경우
③ 화장품 사용으로 인하여 인체건강에 미치는 위해영향이 크지 않거나 일시적인 경우
④ 화장품 사용으로 인하여 인체건강에 미치는 영향은 없으나 제품의 변질, 용기 · 포장의 훼손 등으로 유효성에 문제가 있는 경우

⑤ 유통화장품 안전관리기준에 적합하지 않은 경우

해설 시행규칙 제14조의 3(위해성화장품의 위해등급 평가 및 회수절차 등)

답 : ④

88 화장품 법 시행규칙에 따른 화장품책임판매업자의 준수사항으로 옳지 않은 것은?

① 별표1의 품질관리기준을 준수할 것
② 별표2의 책임판매 후 안전관리 기준을 준수할 것
③ 제조업자로부터 받은 제품표준서 및 품질관리기록서(전자문서 형식 포함)를 보관할 것
④ 제조번호별로 품질검사를 철저히 한 후 유통시킬 것
⑤ 제조날짜별로 품질검사를 철저히 한 후 유통시킬 것

해설 시행규칙 제11조(화장품책임판매업자의 준수사항)

답 : ⑤

89 (　　　)란 화장품의 책임판매 시 필요한 제품의 품질을 확보하기 위해서 실시하는 것이다. (　　　)안에 들어갈 알맞은 단어를 쓰시오.

해설 시행규칙〈별표1〉

답 : 품질관리

90 화장품판매업자의 품질관리업무 절차서를 작성 · 보관해야 하는 사항에 해당하는 것은?

㉠ 적정한 제조관리 및 품질관리 확보에 관한 절차
㉡ 품질 등에 관한 정보 및 품질불량 등의 처리 절차
㉢ 회수처리 절차
㉣ 교육 · 훈련에 관한 절차
㉤ 문서 및 기록의 관리 절차

① ㉠,㉡　　② ㉠,㉡,㉢,
③ ㉡,㉢,㉣　　④ ㉠,㉡,㉢,㉤
⑤ ㉠,㉡,㉢,㉣,㉤

해설 시행규칙〈별표1〉

답 : ⑤

91 **다음 〈보기〉는 화장품 법 시행규칙 제18조1항에 따른 안전용기 · 포장을 사용하여야 할 품목에 대한 설명이다. ( )안에 들어갈 알맞은 단어를 쓰시오.**

ㄱ. 아세톤을 함유하는 네일 에나멜 리무버 및 네일 폴리시리무버 ㄴ. 개별포장 당 메틸살리실레이트를 5% 이상 함유하는 액체상태의 제품 ㄷ. 어린이용 오일 등 개별포장 당 ( )류를 10% 이상 함유하고 운동점도가 21센티스톡스(섭씨40도 기준) 이하인 비에멀젼 타입의 액체상태의 제품

해설 시행규칙 제18조(안전용기 · 포장 대상 품목 및 기준)

답 : 탄화수소

92 **화장품 법에서 행정처분이 확정된 자에 대한 위반사실의 공표사항은 누구령으로 정하는가?**

① 행정자치부장관령 ② 대통령령
③ 보건복지부장관령 ④ 총리령
⑤ 교육부장관령

해설 위반사실의 공표사항은 시행령 제13조 대통령령으로 정한다.

답 : ②

93 **화장품법 시행규칙에 따른 원료 · 자재 및 제품에 대한 품질검사를 위탁할 수 있는 기관이 아닌 것은?**

① 『보건환경연구원법』에 따른 보건환경연구원
② 【식품의약품안전처】에서 지정한 화장품 시험검사기관
③ 원료 · 자재 및 제품의 품질검사를 위하여 필요한 시험실을 갖춘 한국보건산업 진흥원
④ 식품 · 의약품분야 시험 · 검사 등에 관한 법률에 따른 화장품 시험 · 검사기관
⑤ 약사법에 따라 조직된 사단법인인 한국의약품수출입협회

해설 시행규칙 제6조(시설기준)

답 : ③

94 **화장품 책임판매업자는 품짐관리 업무 절 차서에 따라( )에게 수행하도록 해야 한다. ( )안에 들어갈 알맞은 단어를 쓰시오.**

해설 시행규칙〈별표1〉

답 : 책임판매관리자

95 **화장품의 제조과정에 사용된 원료의 목록을 식품의약품안전처장에게 보고하여야 한다. 보고를 하지 않을 시 부과되는 과태료는?**

① 10만원
② 20만원
③ 30만원
④ 50만원
⑤ 100만원

해설 법 제40조(벌칙)

답 : ④

96 **화장품 법에서 200만원 이하의 벌금이 아닌 것은?**

① 화장품을 회수하거나 회수하는데 필요한 조치를 하려는 영업자는 회수계획을 식품의약품안전 처장에게 미리 보고하여야 하는데 이를 위반한 자
② 1차 포장에 표시의무 항목(화장품의 명칭, 영업자의 상호, 제조번호, 사용기한 또는 개봉후 사용기간)을 1차 포장에 표시하지 않은 자
③ 영업자는 국민보건에 위해를 끼치거나 끼칠 우려가 있는 화장품이 유통중 그 사실을 알게 된 경우에는 지체 없이 해당 화장품을 회수하거나 회수하는데 필요한 조치를 하여야 하는데 이를 위반한 자
④ 기능성화장품의 심사를 받지 아니하거나 보고서를 제출하지 아니한 기능성 화장품을 판매한 경우
⑤ 화장품의 1차포장 또는 2차 포장에는 총리령으로 정하는 바에 따른 기재 · 표시 사항을 위반한 자(단, 가격표시는 제외)

해설 법 제38조(벌칙)

답 : ④

97 **3년 이하의 징역 또는 3천만원 이하의 벌금에 해당하는 경우가 아닌 것은?**

① 화장품제조업 또는 화장품책임판매업을 하려는 자가 등록을 하지 않고 영업을 한 경우
② 화장품책임판매업을 하려는 자가 등록을 하지 않고 영업을 한 자
③ 맞춤형화장품판매업을 신고한 자가 맞춤형화장품조제관리사를 두지 않고 영업한 자
④ 의약품으로 잘못 인식할 우려가 있는 표시 또는 광고를 한 자
⑤ 등록을 하지 아니한 자가 제조한 화장품 또는 제조 · 수입하여 유통 · 판매한 화장품

해설 법 제36조, 벌칙3-3(3년 이하의 징역 또는 3천만원 이하의 벌금)

답 : ④

98 개인정보보호법에서 정의하는 고유식별정보가 아닌 것은?

① 주민등록번호
② 외국인번호
③ 유전번호
④ 여권번호
⑤ 운전면허번호

해설 시행령 제19조(고유식별정보의 범위)

답 : ③

99 개인정보처리에 관한 정보주체의 권리에 해당되지 않는 것은?

① 정보를 제공받을 권리
② 개인정보의 처리에 관한 동의여부, 동의범위 등을 선택하고 결정할 권리
③ 개인정보에 대하여 열람(사본의 발급은 포함되지 않는다)을 요구할 권리
④ 개인정보의 처리, 정정 · 삭제 및 파기를 요구할 권리
⑤ 개인정보의 처리로 인하여 발생한 피해를 신속하고 공정한 절차에 따라 구제받을 권리

해설 법 제4조(정보주체의 권리)

답 : ③

100 개인정보보호법에서 정하고 있는 개인정보처리자의 개인정보보호의 원칙이 아닌 것은?

① 최소한의 개인정보만을 적법하고 정당하게 수집
② 목적에 필요한 범위에서 적합하게 개인정보를 처리
③ 정보주체의 사생활침해를 최소화
④ 관계 법령에서 규정하고 있는 책임과 의무를 준수
⑤ 개인정보처리의 목적에 필요한 범위 내에서 최신성 불필요

해설 법 제3조(개인정보보호원칙)

답 : ⑤

101 민감정보의 범위에 속하지 않은 것은?

① 거주지 주소 변경
② 유전자검사 등의 결과로 얻어진 유전정보
③ 제2조 제5호에 따른 범죄경력자료에 해당하는 정보
④ 사생활을 현저히 침해할 우려가 있는 개인정보로서 대통령령으로 정하는 정보
⑤ 사상 · 신념, 노동조합 · 정당의 가입 · 탈퇴, 정치적 견해, 건강, 성생활 등에 관한정보

해설 법 제23조의 1항(민감정보처리의 제한), 시행령 제18조(민감정보의 범위)

답 : ①

102 **고객 상담 시 개인정보 중 민감정보에 해당되는 것으로 옳은 것은?**

① 여권법에 따른 여권번호
② 주민등록법에 따른 주민등록번호
③ 출입국관리법에 따른 외국인등록번호
④ 도로교통법에 따른 운전면허의 면허번호
⑤ 유전자검사 등의 결과로 얻어진 유전정보

해설 시행령 제19조(고유식별정보의 범위)

답 : ⑤

103 **개인정보 보호법은 개인정보의 처리 및 보호에 관한 사항을 정함으로써 개인의 자유와 (   )를 보호하고, 나아가 개인의 존엄과 (   )를 구현함을 목적으로 한다. (   ), (   )안에 들어갈 알맞은 단어를 각각 쓰시오.**

해설 법 제1조(정의)

답 : 권리, 가치

104 **"개인정보파일"이란 개인정보를 쉽게 검색할 수 있도록 일정한 규칙에 따라 체계적으로 배열하거나 구성한 개인정보의 (   )을 말한다. (   )안에 들어갈 알맞은 단어를 쓰시오.**

해설 법 제2조(정의)

답 : 집합물

105 **개인정보수집 목적의 범위가 아닌 것은?**

① 정보주체의 동의를 받은 경우
② 비영리법인이 정관에 따라 업무의 수행을 위하여 불가피한 경우
③ 정보주체와의 계약의 체결 및 이행을 위하여 불가피하게 필요한 경우
④ 법률에 특별한 규정이 있거나 법령상 의무를 준수하기 위하여 불가피한 경우
⑤ 공공기간이 법령 등에서 정하는 소관업무의 수행을 위하여 불가피한 경우

해설 법 제15조(개인정보의 수집 · 이용)

답 : ②

106 **개인정보처리자는 아래 어느 하나의 사항을 변경하는 경우에는 알리고 동의를 받아야 하는데 해당 사항이 아닌 것은?**

① 개인정보의 수집
② 개인정보의 이용목적

③ 수집하려는 개인정보의 항목 ④ 개인정보의 보유 및 이용기간
⑤ 동의거부에 따른 이익이 있는 경우에는 그 이익의 내용

해설 법 제15조(개인정보의 수집 · 이용)

답 : ⑤

107 개인정보를 목적 외의 용도로 이용하거나 제3자에게 제공할 수 있는데, 공공기관의 경우로 한정한 것이 아닌 것은?

① 다른 법률에 특별한 규정이 없는 경우
② 조약, 그 밖의 국제협정의 이행을 위하여 외국정부 또는 국제기구에 제공하기 위하여 필요한 경우
③ 범죄의 수사와 공소의 제기 및 유지를 위하여 필요한 경우
④ 법원의 재판 업무수행을 위하여 필요한 경우
⑤ 형(刑) 및 감호, 보호처분의 집행을 위하여 필요한 경우

해설 법 제18조(개인정보의 목적이 이용, 제공 제한)

답 : ①

108 개인정보의 안전한 관리를 위하여 누가 정한 고시에 따라야 하는가?

① 보건복지부장관 ② 행정안전부장관
③ 법무부장관 ④ 식품의약품안전처장
⑤ 국무총리

해설 시행령 제16조(개인정보 파기방법)

답 : ②

109 개인정보처리자의 개인정보 유출시 통지에 해당 되지 않는 것은?

① 유출된 개인정보의 항목
② 유출된 시점과 경위
③ 유출로 인하여 발생할 수 있는 피해를 최소화하기 위하여 정보주체가할 수 있는 방법 등에 관한 정보
④ 정보주체의 대응 조치 및 피해 구제 절차
⑤ 정보주체에 피해가 발생한 경우 신고 등을 접할 수 있는 담당부서 및 연락처

해설 법 제34조(개인정보유출 통지 등)

답 : ④

110 행정안전부 장관은 개인정보처리자가 처리하는 주민등록번호가 분실 · 도난 · 유출 · 위조 · 변조 또는 훼손된 경우에는 (　　)억원 이하의 과징금을 부과 · 징수할 수 있다. (　　)안에 들어갈 금액으로 맞는 것은?

① 1억원　　② 2억원
③ 3억원　　④ 5억원
⑤ 10억원

해설 법 제34조의 2(과징금의 부과 등)

답 : ④

111 정보주체에게 알려야 할 사항을 알리지 아니한 자의 과태료는?

① 5천만원 이하　　② 4천만원 이하
③ 3천만원 이하　　④ 2천만원 이하
⑤ 1천만원 이하

해설 법 제75조(과태료)

답 : ①

112 안전성 확보에 필요한 조치를 하지 아니하여 개인정보를 분실 · 도난 · 위조 · 변조 또는 훼손당한 자의 벌칙은?

① 10년 이하의 징역 또는 1억원 이하의 벌금
② 5년 이하의 징역 또는 5천만원 이하의 벌금
③ 3년 이하의 징역 또는 3천만원 이하의 벌금
④ 2년 이하의 징역 또는 2천만원 이하의 벌금
⑤ 1년 이하의 징역 또는 1천만원 이하의 벌금

해설 법 제73조(벌칙)

답 : ④

113 개인정보 보호법에 관한 내용으로 바르지 않은 것은?

① 개인정보처리자는 보유기간의 경과, 개인정보가 불필요하게 되었을 때에는 지체 없이 그 개인정보를 파기하여야 한다.
② 개인정보의 처리 목적을 달성하고 개인정보가 불필요하게 되었을 때에도 고객관리를 위하여 보전한다.
③ 개인정보처리자가 제1항에 따라 개인정보를 파기할 때에는 복구, 재생되지 않도록

한다.

④ 개인정보처리자가 제1항 단서에 따라 개인정보를 파기하지 않고 보존하는 경우에는 해당 개인정보 또는 개인정보파일을 다른 개인정보와 분리하여서 저장 · 관리한다.

⑤ 개인정보의 파기방법 및 절차 등에 필요한 사항은 대통령령으로 정한다.

해설 법 제21조(개인정보의법 파기)

답 : ②

114 화장품 책임 판매업자가 영업을 위해 고객으로부터 얻은 정보를 개인정보보호법에 따라 관리방법이 옳지 않은 것은?

① 개인정보처리자는 개인정보가 분실, 도난 되지 않게 한다.

② 개인정보처리자는 개인정보가 유출되지 않도록 관리한다.

③ 개인정보처리자는 개인정보를 위조, 변조 또는 훼손되지 않도록 관리한다.

④ 개인정보 보호책임자를 지정하여 개인정보취급자에 대한 교육

⑤ 고객정보를 또 다른 영업을 목적으로 제3자에게 제공 할 수 있다.

해설 개인정보처리자는 법 제22조에 따라 개인정보의 처리에 대하여 정보주체의 동의를 받아야 한다.

답 : ⑤

115 개인정보처리자가 개인정보의 처리에 대하여 정보주체자의 동의를 받는 방법으로 옳지 않은 것은?

① 동의 내용이 적힌 서면을 정보주체에게 직접 발급하거나 우편 또는 팩스 등의 방법으로 전달하고, 정보주체가 서명하거나 날인한 동의서를 받는 방법

② 전화를 통하여 동의 내용을 정보주체에게 알리고 동의의 의사표시를 확인하는 방법

③ 전화를 통하여 동의 내용을 정보주체에게 알리고 정보주체에게 인터넷주소 등을 통하여 동의 사항을 확인하도록 한 후 다시 전화를 통하여 그 동의 사항에 대한 동의의 의사표시를 확인하는 방법

④ 동의 내용이 적힌 전자우편을 발송하여 정보주체로부터 동의의 의사표시가 적힌 전자우편을 받는 방법

⑤ 전화를 통하여 동의 내용을 정보주체에게 알리고 정보주체에게 인터넷주소 등을 통하여 동의 사항을 확인 한다.

해설 법 제22조에 따라 개인정보의 처리에 대하여 정보주체 동의를 받아야 한다.

답 : ⑤

116 **(　　) 법은 화장품 제조 · 수입 · 판매 및 수출 등에 관한 사항을 규정함으로써 국민보건향상과 (　　) 산업의 발전에 기여함을 목적으로 한다. (　)안에 들어갈 공통된 단어는?**

해설 화장품법 제1조의 내용

답: 화장품

117 **다음 내용에 해당되는 것은?**

가. 피부의 미백에 도움을 주는 제품
나. 피부의 주름개선에 도움을 주는 제품
다. 피부를 곱게 태워주거나 자외선으로부터 피부를 보호하는 데에 도움을 주는 제품
라. 모발의 색상 변화 · 제거 또는 영양공급에 도움을 주는 제품
마. 피부나 모발의 기능 약화로 인한 건조함, 갈라짐, 빠짐, 각질화 등을 방지하거나 개선하는 데에 도움을 주는 제품

해설 [화장품법 제2조2항] 기능성화장품에 해당되는 내용

답 : 기능성화장품

118 **화장품법이 정하는 "화장품"이 아닌 것은?**

① 인체를 청결 · 미화하여 매력을 더해 주는 것
② 용모를 밝게 변화시키거나 피부 · 모발의 건강을 유지시키는 물품
③ 인체에 바르고 문지르거나 뿌리는 등 이와 유사한 방법으로 사용되는 물품
④ 용모를 밝게 변화시키거나 피부 · 모발의 건강을 증진시키는 물품
⑤ 인체에 대한 작용이 효과적인 것을 말함

해설 [화장품 제2조] 정의에 대한 내용 → 인체에 대한 작용이 경미한 것을 말한다(의약품에 해당하는 물품은 제외)

답 : ⑤

119 **화장품 시행규칙에서 정하는 기능성화장품의 범위에 속하지 않는 것은?**

① 피부의 멜라닌 색소가 침착하는 것을 방지하여 피부의 미백에 도움을 주는 기능을 가진 화장품
② 피부에 탄력을 주어 피부의 주름을 완화 또는 개선하는 기능을 가진 화장품
③ 자외선을 차단 또는 산란시켜 자외선으로부터 피부를 보호하는 기능을 가진 화장품
④ 물리적으로 체모를 제거하는 제품

⑤ 아토피성 피부로 인한 건조함 등을 완화하는 데 도움을 주는 화장품

해설 [화장품법시행규칙 제2조]의 내용→물리적으로 체모를 제거하는 제품은 제외

답 : ④

120 **다음 〈보기〉에서 기능성 화장품의 범위에 속하는 것을 모두 고르시오?**

(가) 피부에 침착된 멜라닌색소의 색을 엷게 하여 피부의 미백에 도움을 주는 기능을 가진 화장품
(나) 강한 햇볕을 방지하여 피부를 곱게 태워주는 기능을 가진 화장품
(다) 일시적으로 모발의 색상을 변화시키는 제품
(라) 체모를 제거하는 기능을 가진 화장품
(마) 코팅 등 물리적으로 모발을 굵게 보이게 하는 제품
(바) 인체의 세정용 제품류로 한정된 여드름성 피부를 완화하는 데 도움을 주는 화장품

해설 [화장품법시행규칙 제2조]의 내용→일시적으로 모발의 색상을 변화시키는 제품과 코팅등 물리적으로 모발을 굵게 보이게 하는 제품은 제외

답 : (가),(나),(라),(바)

121 **다음 내용 중 기능성 화장품에 속하는 것은?**

① 여드름성 피부를 완화하는데 도움을 주는 화장품
② 튼 살로 인한 붉은 선을 엷게 하는데 도움을 주는 화장품
③ 코팅 등 물리적으로 모발을 굵게 보이게 하는 제품
④ 일시적으로 모발의 색상을 변화시키는 제품
⑤ 물리적으로 체모를 제거하는 제품

해설 [화장품시행규칙 제2조]기능성화장품 범위의 내용

답 : ②

122 **"천연화장품"에 대해 맞게 정의한 것은?**

① 동식물 및 그 유래 원료 등을 함유한 화장품으로서 식품의약품안전처장이 정하는 기준에 맞는 화장품
② 유기농 원료, 동식물 및 그 유래 원료 등을 함유한 화장품으로서 식품의약품안전처장이 정하는 기준에 맞는 화장품
③ 제조 또는 수입된 화장품의 내용물에 다른 화장품의 내용물이나 식품의약품안전처장이 정하는 원료를 추가하여 혼합한 화장품

④ 제조 또는 수입된 화장품의 내용물을 소분(小分)한 화장품
⑤ 기미 · 주근깨 · 여드름 등에 도움을 주는 화장품

해설 [화장품법 2조2] 기능성화장품에 대한 내용 중 천연화장품 부분

답 : ①

123 (   )이란 유기농 원료, 동식물 및 그 유래 원료 등을 함유한 화장품 (「친환경농어업 육성 및 유기식품 등의 관리 · 지원에 관한 법률」에 따른 유기농수산물 또는 이를 이 고시에서 허용하는 물리적 공정에 따라 가공한 것)으로서 식품의약품안전처장이 정하는 기준에 맞는 화장품을 말한다. (   )안에 들어갈 내용은?

해설 [화장품법 제2조3]의 유기농화장품의 내용과 [위임행정규칙 제2조1]천연화장품 및 유기농화장품의 기준에 관한 규정중의 내용

답 : 유기농화장품

124 화장품의 품질요소에 대한 설명으로 바르지 않는 것은?

① 피부에 대한 자극, 알러지, 독성 등 인체에 부작용이 없어야함
② 보관 시에 변질, 변색, 변취, 미생물 오염이 없어야함
③ 피부에 사용했을 때 손놀림이 쉽고 피부에 매끄럽게 잘 스며들어야함
④ 피부에 적절한 보습, 노화억제, 자외선 차단, 미백, 세정, 메이크업, 색채효과 등을 부여 해야함
⑤ 직사광선을 피해거 보관할 것

해설 [시행규칙 제19조제3항관련]화장품 유형과 사용 시의 주의사항 참조

답 : ⑤

125 화장품의 유형별 특성에 대한 설명으로 바르지 않는 것은?

① 영유아용 - 만5세미만 유아와 어린이가 사용하는 샴푸, 린스, 로션, 크림, 오일, 인체세정제제품, 목욕용 제품으로 순하고 자극성이 없는 제품
② 방향성 - 향수, 향낭, 콜롱으로 향(香)을 몸에 지니거나 뿌리는 제품
③ 면도용 - 면도 할 때와 면도 후에 피부보호 및 피부진정 등에 사용하는 제품
④ 체취 방지용 - 몸에서 나는 냄새를 제거하거나 줄여주는 체취 방지용 제품
⑤ 체모 제거용 - 몸에 난 털을 제거하는 제모에 사용하는 제모제 제모왁스 등의 체모제거용 제품

해설 [시행규칙 제19조제3항관련]화장품 유형과 사용 시의 주의사항 참조

답 : ①

126 화장품의 유형별 특성 중 인체 세정용 제품류에 해당 되지 않는 것은?

① 폼 클렌저
② 바디 클렌저
③ 액체 비누 및 화장비누(고체 형태의 세안용 비누)
④ 외음부 세정제
⑤ 식품접객업의 영업소에서 손을 닦는 용도로 사용하는 물티슈

해설 [시행규칙 제19조제3항관련]화장품 유형과 사용 시의 주의사항 내용(별표3) 내용 중 인체 세정용 제품류 중 식품접객업에서 사용하는 물티슈, 의료기관 등에서 시체(屍體)를 닦는 용도로 사용되는 물휴지는 제외

답 : ⑤

127 다음 ㉠,㉡에 해당하는 것은?

> ㉠ 제조 또는 수입된 화장품의 내용물에 다른 화장품이나 식품의약품안전처장이 정하는 원료를 추가하여 혼합한 화장품
> ㉡ 제조 또는 수입된 화장품의 내용물을 소분(小分)한 화장품

해설 [화장품법 2조3의2] 맞춤형화장품의 정의

답 : 맞춤형화장품

128 화장품 법에서 사용하는 용어의 뜻으로 바르지 않는 것은?

① 안전용기 · 포장–만5세미만의 어린이가 개봉하기 어렵게 설계 · 고안된 용기나 포장을 말한다.
② 사용기한–화장품이 제조된 날부터 적절한 보관 상태에서 제품이 고유의 특성을 간직한 채 소비자가 안정적으로 사용할 수 있는 최소한의 기한을 말한다.
③ 1차 포장– 1차 포장을 수용하는 1개 또는 그 이상의 포장과 보호재 및 표시의 목적으로 한 포장(첨부문서 등을 포함한다)을 말한다.
④ 표시– 화장품의 용기 · 포장에 기재하는 문자 · 숫자 또는 도형을 말한다.
⑤ 광고–라디오 · 텔레비전 · 신문 · 잡지 · 음성 · 음향 · 영상 · 인터넷 · 인쇄물 · 간판, 그 밖의 방법에 의하여 화장품에 대한 정보를 나타내거나 알리는 행위를 말한다.

해설 [화장품법 2조4~9]의 내용 "1차 포장"이란 화장품 제조 시 내용물과 직접 접촉하는 포장용기를 말한다(③의 내용은 2차 포장의 내용)

답 : ③

129 화장품 제조업이란?

① 화장품의 전부 또는 일부를 제조(2차 포장 또는 표시만의 공정은 제외한다)하는 영업
② 2차 포장 또는 표시만의 공정을 포함한 영업
③ 취급하는 화장품의 품질 및 안전 등을 관리하면서 이를 유통·판매하거나 수입대행형 거래를 목적으로 알선·수여(授與)하는 영업
④ 맞춤형화장품을 판매하는 영업
⑤ 제조 또는 수입된 화장품의 내용물을 소분(小分)한 화장품 영업

해설 [제2조]의 개정규정 중 맞춤형화장품, 맞춤형화장품판매업자 및 맞춤형화장품조제관리사와 관련된 부분

답 : ①

130 다음 아래의 설명에 해당하는 영업의 종류는?

㉠ 화장품을 직접 제조하는 영업
㉡ 화장품 제조를 위탁받아 제조하는 영업
㉢ 화장품의 포장(1차 포장만 해당한다)을 하는 영업

해설 [화장품법 시행령 제2조]의 영업의 세부 종류와 범위의 내용

답 : 화장품 제조업

131 화장품책임판매업의 설명으로 바르지 않는 것은?

① 화장품제조업자가 화장품을 직접 제조하여 유통·판매하는 영업(제3조제1항에 따라 화장품제조업을 등록한 자를 말한다)
② 화장품제조업자에게 위탁하여 제조된 화장품을 유통·판매하는 영업
③ 수입된 화장품을 유통·판매하는 영업
④ 수입대행형 거래를 목적으로 화장품을 알선·수여(授與)하는 영업(「전자상거래 등에서의 소비자보호에 관한 법률」 제2조제1호에 따른 전자상거래만 해당한다)
⑤ 제조 또는 수입된 화장품의 내용물을 소분(小分)한 화장품을 판매하는 영업

해설 [화장품법 시행령 제2조]의 영업의 세부 종류와 범위의 내용으로 화장품책임판매업과 맞춤형화장품판매업 구분

답 : ⑤

132 맞춤형화장품 설명으로 맞게 설명한 것은?

① 화장품의 포장(1차 포장만 해당한다)을 하는 영업

② 화장품 제조를 위탁받아 제조하는 영업
③ 화장품제조업자에게 위탁하여 제조된 화장품을 유통 · 판매하는 영업
④ 수입된 화장품을 유통 · 판매하는 영업
⑤ 제조 또는 수입된 화장품의 내용물에 다른 화장품의 내용물이나 식품의약품안전처장이 정하여 고시하는 원료를 추가하여 혼합한 화장품을 판매하는 영업

해설 [화장품법 시행령 제2조]의 영업의 세부 종류와 범위의 내용으로 화장품제조업, 화장품책임판매업, 맞춤형화장품판매업 구분

답 : ⑤

133 화장품 영업의 등록과 관련된 내용으로 설명이 바르지 않는 것은?

① 화장품제조업 또는 화장품책임판매업을 하려는 자는 각각 총리령으로 정하는 바에 따라 식품의약품안전처장에게 등록하여야 하며 등록한 사항 중 총리령으로 정하는 중요한 사항을 변경할 때에도 같다.
② 화장품제조업을 등록하려는 자는 총리령으로 정하는 시설기준을 갖추어야 한다.
③ 화장품의 일부 공정만을 제조하는 등 총리령으로 정하는 경우에 해당하는 때에도 시설의 일부를 갖추어야 한다.
④ 화장품책임판매업을 등록하려는 자는 총리령으로 정하는 화장품의 품질관리 및 책임판매후 안전관리에 관한 기준을 갖추어야 한다.
⑤ 화장품의 품질관리 및 책임판매 후 안전관리를 관리할 수 있는 책임판매관리자를 두어야 한다.

해설 [제3조]에 따른 화장품제조업 또는 화장품제조책임판매업의 등록 및 변경등록 내용으로 일부 공정만 제조하는 경우 시설의 일부를 갖추지 아니할 수 있다.

답 : ③

134 맞춤형 화장품판매업의 설명으로 바른 것은?

① 맞춤형화장품판매업을 하려는 자는 총리령으로 정하는 바에 따라 식품의약안전처장에게 신고하여야 하고 신고한 사항 중 총리령으로 정하는 사항을 변경 할 때에도 또한 같다.
② 규정에 따른 등록 절차 및 책임판매관리자의 자격기준과 직무 등에 관하여 필요한 사항은 총리령으로 정한다.
③ 맞춤형 화장품판매업 신고를 하려는 자는 총리령이 정하는 시설기준을 갖추어야 한다.
④ 화장품의 품질관리 및 책임판매 후 안전관리에 관한 기준을 갖추어야 하며, 이를 관리할 수 있는 관리자를 두어야 한다.

⑤ 맞춤형화장품판매업을 하려는 자는 총리령으로 정하는 바에 따라 식품의약안전처장에게 등록하여야 하고 등록한 사항 중 총리령으로 정하는 사항을 변경 할 때에도 또한 같다.

해설 영업의 종류에 따른 등록과 신고를 구분[제3조, 제3조의2제1항]

답 : ①

135 화장품제조업자 영업자의 의무를 바르게 설명한 것은?

① 화장품의 제조와 관련된 기록 · 시설 · 기구 등 관리 방법, 원료 · 자재 · 완제품 등에 대한 시험 · 검사 · 검정실시방법 및 의무 등에 관하여 총리령으로 정하는 사항을 준수

② 화장품의 품질관리기준, 책임판매 후 안전관리기준, 품질검사 방법 및 실시 의무, 안전성 · 유효성 관련 정보사항 등의 보고 및 안전대책 마련 의무 등에 관하여 총리령으로 정하는 사항을 준수

③ 화장품제조업자는 시설 · 기구의 관리 방법, 혼합 · 소분 안전관리기준의 준수 의무, 혼합 · 소분되는 내용물 및 원료에 대한 설명 의무 등에 관하여 총리령으로 정하는 사항을 준수함

④ 화장품의 생산실적 또는 수입실적, 화장품의 제조과정에 사용된 원료의 목록 등을 식품의약품안전처장에게 화장품의 유통 · 판매 전에 원료의 목록에 관한 보고는 하여야 한다.

⑤ 화장품 제조업자는 화장품의 안전성 확보 및 품질관리에 관한 교육을 매년 받아야 한다.

해설 화장품 제조업자, 화장품책임판매업자 및 맞춤형화장품판매업자의 영업자의 의무를 구분[화장품법 제5조제6항]

답 : ①

136 화장품제조업자, 화장품책임판매업자 및 맞춤형화장품판매업자의 교육에 대한 설명으로 바르지 않는 것은?

① 식품의약품안전처장은 국민 건강상 위해를 방지하기 위하여 필요하다고 인정하면 화장품 제조업자, 화장품책임판매업자 및 맞춤형화장품판매업자에게 화장품 관련 법령 및 제도에 관한 교육을 받을 것을 명할 수 있다.

② 교육을 받아야 하는 자가 둘 이상의 장소에서 화장품제조업, 화장품책임판매업 또는 맞춤형화장품판매업을 하는 경우에는 종업원 중에서 총리령으로 정하는 자를 책임자로 지정하여 교육을 받게 할 수 있다.

③ 규정에 따른 교육의 실시 기관, 내용, 대상 및 교육비 등에 관하여 필요한 사항은 총리령으로 정한다.

④ 화장품제조업자 책임판매관리자 및 맞춤형화장품조제관리사는 화장품의 안전성 확보 및 품질관리에 관한 교육을 매년 받아야 한다.

⑤ 책임판매관리자 및 맞춤형화장품조제관리사는 화장품의 안전성 확보 및 품질관리에 관한 교육을 매년 받아야 한다.

해설 [제5조제6항] 화장품제조업자, 화장품책임판매업자 및 맞춤형화장품판매업자에 대한 교육명령 내용

답 : ④

137 화장품제조업 또는 화장품책임판매업의 등록이나 맞춤형화장품판매업의 신고를 할 수 없는 결격사유에 해당 하지 않는 것은?

① 마약류의 중독자

② 망상, 환각, 사고(思考)나 기분의 장애등의 정신질환자중 전문의가 화장품제조업자로서 적합하다고 인정하는 사람.

③ 피성년후견인 또는 파산선고를 받고 복권되지 아니한 자

④ 「보건범죄 단속에 관한 특별조치법」을 위반하여 금고 이상의 형을 선고받고 그 집행이 끝나지 아니하거나 그 집행을 받지 아니하기로 확정되지 아니한 자

⑤ 제24조에 따라 등록이 취소되거나 영업소가 폐쇄(이 조 제1호부터 제3호까지의 어느 하나에 해당하여 등록이 취소되거나 영업소가 폐쇄된 경우는 제외한다)된 날부터 1년이 지나지 아니한 자

해설 화장품법[제3조의3]의 개정규정 중 맞춤형화장품, 맞춤형화장품판매업자 및 맞춤형화장품조제관리사와 관련된 부분

답 : ②

138 영유아 또는 어린이사용 화장품의 관리에 대한 설명으로 바르지 않는 것은?

① 제품별로 안전과 품질을 입증할 수 있는 제품 및 제조방법에 대한 설명자료, 화장품의 안전성 평가자료, 제품의 효능 · 효과에 대한 증명자료를 작성 및 보관하여야 한다.

② 제품별 안전성자료, 소비자 사용실태, 사용 후 이상사례 등에 대하여 주기적으로 실태조사를 실시하고, 위해요소의 저 감화를 위한 계획을 수립하여야 한다.

③ 식품의약품안전처장은 소비자가 영유아 또는 어린이가 사용할 수 있는 화장품임을 표시 · 광고하여 화장품을 안전하게 사용할 수 있도록 교육 및 홍보를 할 수 있다.

④ 영유아 또는 어린이의 연령 및 표시 · 광고의 범위, 제품별 안전성 자료의 작성 범위 및 보관기간 등은 총리령으로 정한다.

⑤ 실태조사 및 계획 수립의 범위, 시기, 절차 등에 필요한 사항은 필요에 따라 결정한다.

해설 [제4조의2]영유아 또는 어린이 사용 화장품의 관리의 내용으로 모든 사항은 총리령으로 한다.

답 : ⑤

139 화장품을 판매한 후 화장품책임업자가 사후관리 준수사항으로 준수사항으로 바르지 않는 것은?

① 품질관리 기준을 준수할 것
② 책임판매 후 안전관리기준을 준수할 것
③ 제조업자로부터 받은 제품표준서 및 품질관리기록서(전자문서 형식을 포함한다)를 보관 할 것
④ 수입한 화장품에 대하여 원료성분의 규격 및 함량의 사항을 적거나 또는 첨부한 수입관리기록서를 작성 · 보관할 것
⑤ 제조업자로부터 받은 제품표준서 및 품질관리기록서는 1년간 보관하고 폐기 한다

해설 [법제5조제2항, 시행규칙 제11조] 화장품책임판매업자가 준수해야 할 사항

답 : ⑤

140 수입한 화장품에 대하여 사후관리를 위해 첨부한 수입관리기록서를 작성 · 보관해야 하는 내용이 아닌 것은?

① 제품명 또는 국내에서 판매하려는 명칭
② 원료성분의 규격 및 함량
③ 제조국, 제조회사명 및 제조회사의 소재지
④ 기능성화장품심사결과통지서 사본
⑤ 최초 수입연월일(제조연월일을 말한다)

해설 [법제5조제2항, 시행규칙 제11조] 화장품책임판매업자가 준수해야 할 사항의 내용 중 수입품화장품에 대한 부분(최초 수입연월일은 통관연월이를 말한다)

답 : ⑤

141 (　　)란 화장품의 책임판매 시 필요한 제품의 품질을 확보하기 위해서 실시하는 것으로서 화장품제조업자 및 제조에 관계된 시험 · 검사 등의 업무를 포함한 관리 · 감독 및 화장품의 시장 출하에 관한 관리, 그 밖에 제품의 (　　)에 필요한 업무 말함. (　)안에 들어갈 공통된 내용은?

해설 [법제5조제2항, 시행규칙 제11조] 화장품책임판매업자가 준수해야 할 사항(별표1내용)

답 : 품질관리

142 화장품 책임판매 후 안전관리 기준에 대한 내용으로 바르지 않는 것은?

① 화장품책임판매업자는 책임판매관리자를 두어야 한다.
② 화장품책임판매업자는 책임판매관리자에게 학회, 문헌, 연구보고 등에서 안전관리 정보를 수집 · 기록하도록 해야 한다.
③ 수집한 안전관리 정보를 신속히 검토 · 기록할 것
④ 안전 확보 조치계획을 적정하게 평가하여 안전 확보 조치를 결정하고 이를 기록 · 보관할 것
⑤ 안전 확보 조치를 실시하고 그 결과를 화장품책임판매업자에게 문서로 보고 한 후 폐기함

해설 [법제5조제2항, 시행규칙 제11조] 화장품책임판매업자가 준수해야 할 사항(별표2내용)

답 : ⑤

143 책임판매관리자가 수행해야하는 업무로 바르지 않는 것은?

① 안전 확보 업무를 총괄할 것
② 안전 확보 업무가 적정하고 원활하게 수행되도록 총괄할 것
③ 적정하고 원활하게 수행되는 것을 확인하여 기록 · 보관할 것
④ 안전 확보 업무의 수행을 위하여 필요하다고 인정할 때에는 화장품책임판매업자에게 보고 할 것
⑤ 안전 확보 업무의 수행을 위하여 필요하다고 인정할 때에는 화장품책임판매업자에게 보고한 후 보관할 것

해설 [법제5조제2항, 시행규칙 제11조] 화장품책임판매업자가 준수해야 할 사항(별표2내용)

답 : ⑤

144 (　　　)안에 들어갈 내용은?

(　　　)란 화장품의 품질, 안전성 · 유효성 그 밖에 적정 사용을 위한 정보를 말함

해설 [법제5조제2항, 시행규칙 제11조] 화장품책임판매업자가 준수해야 할 사항(별표2내용)

답 : 안전관리 정보

145 고객관리 프로그램 운영에 대한 설명으로 바르지 않는 것은?

① 상품목록을 분류별로 관리 할 수 있어야 한다.
② 고객관리 데이터는 손쉽게 추가, 수정, 삭제할 수 있고 고객별 매출등록을 할 수 있

어야 한다.

③ 고객을 쉽게 검색할 수 있고 정보를 파악할 수 있어야 한다.

④ 통계 기능으로 고객별 선호상품, 기간별 월별 매출변화, 상품판매비율, 고객비율 등을 파악할 수 있어야 한다.

⑤ 데이터 설치는 고객별 매출등록만 관리하면 된다.

해설 고객프로그램 운영에 관한 내용참조

답 : ⑤

146 프로그램 접근시 유의사항에 대해 바른 것은?

① 프로그램 실행시 접근자가 맞춤형화장품업자가 접근자일 경우 ID와 비밀번호는 필요하지 않다.

② 유출방지를 위해 해킹방어시스템 설치를 권장한다.

③ 마스터 계정은 관리자 혹은 맞춤형화장품업자가 관리하는 것을 원칙으로 하고 권장한다.

④ 마스터 계정은 관리자 혹은 맞춤형화장품업자가 관리하는 것을 원칙으로 한다.

⑤ 마스터 계정은 누구나 할 수 있다.

해설 고객프로그램 운영에 관한 내용으로 유출방지를 위해 해킹방어시스테 설치를 한다.

답 : ③

147 개인정보보호법에 근거한 고객정보 입력에 대한 내용으로 옳은 것은?

① 고객 상담 시 개인정보의 처리 목적을 명확하게 하여야 하고 그 목적에 필요한 범위에서 최소한의 개인정보만을 적법하고 정당하게 수집하여야 한다.

② 개인정보의 처리 목적에 필요한 범위에서 적합하게 개인정보를 처리하여야 하며, 그 목적 외의 용도로 활용할 수 있다

③ 개인정보처리자는 개인정보의 실명처리가 가능한 경우에는 실명에 의하여 처리될 수 있도록 하여야 한다.

④ 개인정보 처리자는 개인정보 처리방침 등 개인정보의 처리에 관한 사항을 비공개하여야 열람청구권등 정보주체의 권리를 보장하지 않아도 된다.

⑤ 개인정보처리자는 정보주체의 사생활 침해와 상관없이 개인정보의 처리 방법 및 종류 등에 따라 개인정보처리자가 알아서 처리한다.

해설 [개인정보보호법 제3조]개인정보 보호 원칙의 내용

답 : ①

148 개인정보보호법에 근거한 고객정보 관리의 안전조치 의무에 대한 내용으로 옳은 것은?

① 개인정보를 필요에 따라 제3자 제공 할 수도 있다
② 개인정보가 분실 · 도난 · 유출 · 위조 · 변조 또는 훼손되지 않도록 안정성 확보에 필요한 기술적 · 관리적 및 물리적 조치를 하여야 한다.
③ 정보주체는 개인정보처리자에 대하여 자신의 개인정보 처리의 정지를 요구할 수 있다.
④ 정보주체는 개인정보처리자가 이 법을 위반한 행위로 손해를 입으면 개인정보처리자에게 손해배상을 청구할 수 있다.
⑤ 개인정보처리자의 고의 또는 중대한 과실로 인하여 개인정보가 분실 · 도난 · 유출 · 위조 · 변조 또는 훼손된 경우로서 정보주체 그 손해액의 3배를 넘지 아니하는 범위에서 손해배상액을 정할 수 있다

해설 [개인정보보호법 제29조]안전조치 의무의 내용

답 : ②

149 고객 상담시 개인 정보 법에 따른 민감정보에 해당하는 것은?

① 건강검진 검사에서 얻어진 건강 상태
② 여권번호
③ 주민등록 번호
④ 해외 출입국 기록
⑤ 운전면허의 면허번호

해설 [제23조]민감정보의 처리 제한의 내용

답 : ①

150 화장품 제조업에 속하는 영업 범위의 설명으로 맞는 것은?

① 화장품을 직접제조하거나 제조를 위탁받아 화장품을 제조 또는 화장품 1차 포장에 한하는 경우
② 화장품을 직접 제조해 유통 판매하려는 경우
③ 수입한 화장품의 내용물을 소분(小分)한 화장품으로 유통. 판매하려는 경우
④ 위탁하여 제조한 화장품을 판매하려는 경우
⑤ 수입된 화장품에 다른 화장품의 내용물이나 식품의약품안전처장이 정하는 원료를 추가하는 경우

해설 법 제2조의2제1항제1호 참조

답 : ①

151 화장품책임판매업에 속하는 영업 범위에 대한 설명이다 틀린 것은?

① 직접 제조한 화장품을 유통, 판매하려는 경우
② 수입한 화장품을 유통, 판매하려는 경우
③ 제조한 화장품을 1차 포장하려는 경우
④ 맞춤형화장품을 판매하는 영업을 말한다
⑤ 수입대행형거래 거래(전자상거래만 해당)를 목적으로 화장품을 알선, 수여하려는 경우

해설 화장품 제조법, 화장품책임 판매업, 맞춤형화장품판매업과 내용 구분

답 : ③

152 맞춤형화장품판매업의 영업 범위로 틀린 것은?

① 제조된 화장품의 내용물에 다른 화장품의 내용물 혼합하여 유통 판매하려는 경우
② 수입된 화장품의 내용물에 식품의약품안전처장이 정하는 원료를 혼합한 화장품을 유통 판매하려는 경우
③ 제조한 화장품의 내용물를 소분(小分)한 화장품을 유통, 판매하려는 경우
④ 수입된 화장품의 내용물을 소분(小分)한 화장품을 유통, 판매하려는 경우
⑤ 수입한 화장품을 유통, 판매하려는 경우

해설 화장품 제조법, 화장품책임 판매업, 맞춤형화장품판매업과 내용 구분

답 : ⑤

153 화장품법에 따라 등록이 아닌 신고가 필요한 영업의 형태로 맞는 것은?

① 화장품 수입대행법
② 화장품 책임판매업
③ 맞춤형화장품 판매업
④ 화장품 수입업
⑤ 화장품 제조법

해설 [시행일 : 2020. 3. 14.] 제3조의2, 맞춤형화장품판매업

답 : ③

154 기능성화장품으로 인정받아 판매을 하려는 (㉠), (㉡) 또는 총리령으로 정하는 대학 · 연구소 등은 품목별로 안전성 및 유효성에 관하여 식품의약품안전처장의 심사를 받거나 식품의약품안전처장에게 보고서를 제출하여야 한다. 제출한 보고서나 심사받은 사항을 변경할 때에도 또한 같다. ㉠과 ㉡에 들어갈 내용를 쓰시오?

해설 [시행 2019. 12. 12.] [법률 제15947호, 2018. 12. 11 일부개정]

답: ㉠ 화장품제조업자 ㉡ 화장품책임판매업자

155 화장품에 대한 설명으로 바르지 않는 것은?

① 인체를 청결 · 미화하여 매력을 더하고 용모를 변화시켜준다.
② 피부나 모발의 긴강을 유지 또는 증진하기 위해 사용한다.
③ 피부질환 예방을 위하여 살균, 살충 및 이와 유사한 용도로 사용 할 수 있다.
④ 인체에 바르고 문지르거나 뿌리는 등 이와 유사한 방법으로 사용한다.
⑤ 화장품은 인체에 대한 작용이 경미한 것을 말하며 의약품에 해당하는 물품은 제외한다.

해설 화장품법 제2조1항 참조

답 : ③

156 다음 〈보기〉는 무엇에 대한 설명인가?

가. 피부의 미백의 도움을 주는 제품 나. 피부의 주름개선에 도움을 주는 제품 다. 피부를 곱게 태워주거나 자외선으로부터 피부를 보호하는 데에 도움을 주는 제품 라. 모발의 색상변화 및 제거 또는 영양공급에 도움을 주는 제품 마. 피부나 모발의 기능 약화로 인한 건조함 갈라짐, 빠짐, 각질화 등을 방지하거나 개선하는 데에 도움을 주는 제품

해설 [시행 2019. 12. 12.] [법률 제15947호, 2018. 12. 11., 일부개정]

답: 기능성화장품

157 맞춤형화장품조제관리사 자격시험에 관한 설명으로 틀린 것은?

① 화장품과 원료 등에 대하여 식품의약품안전처장이 실시하는 자격시험에 합격하여야 한다.
② 부정한 방법으로 시험을 합격한 경우 자격이 취소되며 취소된 날로부터 3년간 자격시험을 응시할 수 없다.
③ 자격시험 업무를 효과적으로 수행하기 위해 전문인력과 시설을 갖춘 기관, 단체를 시험운영기관으로 시험업무를 위탁할 수 있다.
④ 제1항 및 제3항에 따른 시험의 시기, 절차, 방법, 시험과목, 자격증의 발급, 시험운영기관의 지정 등 자격시험에 필요한 사항은 총리령으로 정한다.
⑤ 식품의약품안전처장은 맞춤형화장품조제관리사 자격시험을 부정한 방법으로 취득한 경우 자격을 취소하여야 하며, 취소된 날로부터 1년 후 자격시험을 응시 할 수 있다.

해설 [시행일 : 2020. 3. 14.] 제3조의4 참조

답 : ⑤

158 안전용기 포장이란?

① 일회용 제품
② 용기 입구 부분이 펌프 또는 방아쇠로 작동되는 분무용기 제품
③ 만 5세 미만의 어린이가 개봉하기 어렵게 설계·고안된 용기나 포장
④ 에어로졸 제품
⑤ 압축 분무용기 제품

해설 제2조의 개정규정 중 맞춤형화장품, 맞춤형화장품판매업자 및 맞춤형화장품조제관리사와 관련된 부분

답 : ③

159 다음의 성분은 하나에 해당하는 성분을 0.5% 이상 함유하는 제품의 경우에는 해당 품목의 안정성시험 자료를 최종 제조된 제품의 사용기한이 만료되는 날부터 1년 보존해야 한다. 내용에 해당 되지 않는 성분은?

① 계면활성제
② 레티놀(비타민A) 및 그 유도체
③ 과산화화합물
④ 토코페롤(비타민C)
⑤ 효소

해설 아스코빅애시드(비타민C) 및 그 유도체 성분도 해당

답 : ①

160 결격사유(제3조의3)에 따른 화장품 책임판매업 등록이나 맞춤형화장품판매업 신고를 할 수 없는 자는?

① 파산선고를 받고 복권된 자
② 마약류 관리에 관한 법률 제2조제1호에 따른 마약류의 중독자
③ 음주운전으로 면허가 취소된 자
④ 교통법규를 위반하여 벌금형을 받은 자
⑤ 보건범죄 단속에 관한 특별조치법을 위반하여 금고형을 받고 집행을 받고 1년 이상 경과된 자

해설 [시행일:2020. 3. 14.] 제3조의3의 개정규정 중 맞춤형화장품, 맞춤형화장품판매업자 및 맞춤형화장품조제관리사와 관련된 부분

답 : ②

161 기능성화장품의 범위가 아닌 것은?

① 멜라닌색소가 침착하는 것을 방지하여 피부 미백에 도움을 주는 화장품
② 강한 햇볕을 방지하여 피부를 곱게 태워주는 기능을 가진 화장품
③ 일시적으로 모발의 색상을 변화시키는 제품
④ 인체세정용 제품류로 한정한 여드름성 피부 완화에 도움을 주는 화장품
⑤ 아토피성 피부로 인한 건조함 등을 완화하는데 도움을 주는 화장품

해설 [시행 2019. 12. 12.] [법률 제15947호, 2018. 12. 11 일부개정

답 : ③

162 기능성화장품의 안전성에 관한 자료로 제출하여야 하는 자료가 아닌 것은?

① 단회투여독성 시험자료
② 1차피부자극 시험자료
③ 안점막자극 또는 기타점막자극 시험자료
④ 피부감작성 시험자료
⑤ 효력 시험자료

해설 유효성 또는 기능에 관한 자료와 구분

답 : ⑤

163 기능성화장품의 유효성 또는 기능성의 관한 자료로 제출 하여야 하는 것은?

① 인체누적첩포 시험자료
② 광독성 및 광감작성 시험자료
③ 자외선 흡수가 없음을 입증하는 흡광도 시험자료
④ 인체첩포시 시험자료
⑤ 염모효력 시험자료(화장품법 시행규칙 제2조제6호의 화장품에 한함)

해설 안전성의 자료, 유효성 또는 기능에 관한 자료 구분

답 : ⑤

164 맞춤형화장품의 원료로 사용이 가능한 것은?

① 식품의약품안전처장이 고시한 기능성화장품의 효능 · 효과를 나타내는 원료
② 화장품 안전기준 등에 관한 규정 별표1의 원료
③ 맞춤형화장품판매업자에게 원료를 공급하는 화장품책임판매업자가 「화장품법」 제4

조에 따라 해당 원료를 포함하여 기능성화장품에 대한 심사를 받거나 보고서를 제출한 경우

④ 보존제, 자외선 차단제

⑤ 상용상의 제한이 필요한 원료의 사용한도 초과

해설 화장품 안전기준 등에 관한 규정

답 : ①

165 맞춤형화장품의 정의에 대한 설명으로 옳은것을 모두 고르세요.

(ㄱ) 수입대행형 거래를 목적으로 알선 · 수여하는 영업
(ㄴ) 화장품의 품질 및 안전등을 관리하면서 이를 유통 · 판매하는 영업
(ㄷ) 제조 또는 수입된 화장품의 내용물을 소분(小分)한 화장품
(ㄹ) 제조 또는 수입된 화장품의 내용물에 다른 화장품의 내용물이나 식품의약품안전처장이 정하는 원료를 추가하여 혼합한 화장품
(ㅁ) 맞춤형화장품을 판매하려면 신고를 한 후 영업을 할 수 있다.

① (ㄱ), (ㄴ)

② (ㄴ), (ㄷ)

③ (ㄱ), (ㄴ), (ㄷ)

④ (ㄷ), (ㄹ)

⑤ (ㄷ), (ㄹ), (ㅁ)

해설 화장품법 제2조(정의)

답 : ④

166 화장품책임제조업을 등록할 때 제출해야하는 서류가 아닌 것은?

① 시설의 명세서

② 화장품제조업 등록신청서(전자문서로 된 신청서 포함)

③ 정신질환자에 해당하지 않음을 증명하는 의사의 진단서

④ 마약류의 중독자에 해당되지 않음을 증명하는 의사의 진단서

⑤ 화장품의 품질관리 및 책임판매 후 안전관리 기준에 관한 규정 사항

해설 화장품제조업 등록과 화장품책임판매업의 등록시 제출해야할 서류와 구분한다.

답 : ⑤

167 화장품법에 따른 영업등록에 대한 설명으로 옳지 않은 것은?

① 화장품제조업을 등록하려는 자는 총리령으로 정하는 시설기준을 갖추어야 한다.

② 화장품책임판매업을 등록하려는 자는 화장품의 품질관리 및 책임판매 후 안전관리기

준을 갖추어야 한다.

③ 화장품책임판매업을 등록하려는 자는 책임판매관리자를 두어야 한다.

④ 화장품책임판매업을 등록하려는 자는 책임판매관리자의 자격을 확인할 수 있는 서류를 첨부하여야 한다.

⑤ 화장품제조업 등록신청서는 화장품제조업 등록을 하려는 자의 소재지 지방식품의약품안전청장에게 제출하여야 한다.

해설 시행규칙 제5조 등록을 하려는 자의 제조소의 소재지에 관할하는 지방식품의약품안전청장에게 제출한다.

답 : ⑤

168 화장품제조업자가 변경등록을 하여야 하는 경우 옳지 않은 것은?

① 화장품제조업자의 변경(법인인 경우에는 대표자의 변경)

② 화장품제조업자의 상호 변경(법인인 경우에는 법인의 명칭 변경)

③ 책임판매 유형 변경

④ 제조소의 소재지 변경

⑤ 제조 유형의 변경

해설 책임판매 유형 변경은 화장품책임판매업자 변경등록에 해당하는 부분이다.

답 : ③

169 화장품책임판매업자가 변경 등록을 하여야 할 경우 옳지 않은 것은?

① 책임판매 유형 변경

② 책임판매관리자의 변경

③ 화장품책임판매업소의 소재지 변경

④ 화장품책임판매업소의 상호 변경(법인인 경우에는 법인의 명칭 변경)

⑤ 제조소의 소재지 변경

해설 제조소의 소재지 변경은 화장품제조업자 등록 변경에 해당 한다.

답 : ⑤

170 화장품제조업자 또는 화장품책임판매업자의 제1항에 따른 변경등록을 하는 경우 변경 사유에 대한 내용으로 맞지 않는 것은?

① 변경 사유가 발생한 날부터 30일(행정구역 개편에 따른 소재지 변경의 경우에는 90일)이내

② 화장품제조업 변경등록등록 신청서(전자문서로 된 신청서 포함)

③ 화장품책임판매업 변경등록 신청서(전자문서로 된 신청서 포함)
④ 화장품제조업 등록필증 또는 화장품책임판매업 등록필증 구분에 따라 해당서류를 첨부하여 지방식품의약품안전청장에게 제출하여야 한다.
⑤ 화장품제조소 또는 화장품책임판매업소의 소재지 변경의 경우에는 주민등록상 주소 관할지방식품의약품안전청장에게 제출한다.

해설 화장품제조소 또는 화장품책임판매업소의 소재지 변경의 경우에는 새로운 소재지를 관할하는 지방식품의약품안전청장에게 제출하여야 한다.

답 : ⑤

171 화장품제조업자 또는 화장품책임판매업자의 변경(법인의 경우에는 대표자의 변경)을 위한 서류가 아닌 것은?

① 제3조제2항제1호에 해당하는 서류(제조업자만 제출한다)
② 양도 · 양수의 경우에는 이를 증명하는 서류
③ 상속의 경우에는 가족관계증명서
④ 양도 · 상속의 경우에는 이를 증명하는 서류
⑤ 제3조제2항제2호에 해당하는 서류(제조업자만 제출한다)

해설 상속의 경우에는「가족관계의 등록 등에 관한 법률」제15조제1항제1호의 가족관계증명서

답 : ④

172 제조 유형 또는 책임판매 유형 변경의 경우 해당 설명이 옳지 않는 것은?

① 화장품의 포장(1차 포장만 해당한다)을 하는 영업하는 자가 화장품을 직접 제조하는 영업으로 변경하거나 추가하는 경우 제3조제2항제3호에 해당하는 서류 제출
② 화장품의 포장(1차 포장만 해당한다)을 하는 영업하는 자가 화장품 제조를 위탁받아 제조하는 영업으로 변경하거나 추가하는 경우 제3조제2항제3호에 해당하는 서류 제출
③ 수입대행형 거래를 목적으로 화장품을 알선 · 수여(授與)하는 영업하는 자가 수입된 화장품을 유통 · 판매하는 영업 변경하거나 추가하는 경우 제4조제2항제1호 및 제2호에 해당하는 서류 제출
④ 화장품제조업자에게 위탁하여 제조된 화장품을 유통 · 판매하는 제4조제2항제1호 영업자가 수입된 화장품을 유통 · 판매하는 영업으로 변경하거나 추가하는 경우 제4조제2 항제1 호 및 제2호에 해당하는 서류 제출
⑤ 화장품 제조를 위탁받아 제조하는 영업자가 화장품의 포장(1차 포장만 해당한다)을 하는 영업으로 변경 추가하는 경우 책임판매관리자의 자격을 확인할 수 있는 서류 제출

해설 화장품책임판매업의 등록 법 제3조제3항에 따른 책임판매관리자(이하 "책임판매관리자"라한다)의 자격을 확인할 수 있는 서류

답 : ⑤

173 화장품제조업 또는 화장품책임판매업의 변경등록 신청서의 설명으로 옳지 않은 것은?

① 변경등록 신청서를 받은 지방식품의약품안전청장은 법인 등기사항증명서(법인인 경우만 해당한다)를 확인하여야 한다.
② 지방식품의약품안전청장은 제2항 및 제3항에 따른 변경등록 신청사항을 확인
③ 화장품 제조업 등록대장에 변경사항을 적고 화장품 제조업 등록필증 뒷면에 변경사항을 적은 후 내어준다.
④ 화장품판매업 등록대장에 변경사항을 적고 화장품판매업 등록필증 뒷면에 변경사항을 적은 후 내어준다.
⑤ 변경등록 신청사항을 확인한 후 화장품 제조업 또는 화장품판매업 등록대장에만 각각 변경 사항을 적는다.

해설 지방식품의약품안전청장은 제2항 및 제3항에 따른 변경등록 신청사항을 확인한 후 화장품제조업 등록대장 또는 화장품책임판매업 등록대장에 각각의 변경사항을 적고, 화장품제조업 등록필증 또는 화장품책임판매업 등록필증의 뒷면에 변경사항을 적은 후 내아준다.

답 : ⑤

174 화장품제조업을 등록하려는 자가 갖추어야 하는 시설이 아닌 것은?

① 작업대 등 제조에 필요한 시설 및 기구
② 원료 · 자재 및 제품을 보관하는 보관소
③ 보건환경연구원법 제2조에 따른 보건환경연구원
④ 원료 · 자재 및 제품의 품질검사를 위하여 필요한 시험실
⑤ 품질검사에 필요한 시설 및 기구

해설 기관 등에 원료 · 자재 및 제품에 대한 품질검사를 위탁하는 경우에는 제1항제3호 및 제4호의 시설 및 기구에 해당

답 : ③

175 화장품법 시설 기준의 대한 설명으로 바르지 않은 것은?

① 화장품제조업 또는 화장품책임판매업을 하려는 자는 각각 총리령으로 정하는 바에 따라 식품의약품안전처장에게 등록 한다.
② 제1항에 따라 화장품제조업을 등록하려는 자는 총리령으로 정하는 시설기준을 갖춰

야 한다.

③ 화장품 일부 공정만을 제조하는 등 총리령으로 정하는 경우에 해당하는 때에도 시설의 일부를 갖추어야 한다.

④ 화장품책임판매업을 등록하려는 자는 총리령으로 정하는 화장품의 품질관리 및 책임판매 후 안전관리에 관한 기준을 갖추어야 하며, 이를 관리할 수 있는 관리자를 두어야 한다.

⑤ 제1항부터 제3항까지의 규정에 따른 등록 절차 및 책임판매관리자의 자격기준과 직무 등에 관하여 필요한 사항은 총리령으로 정한다.

해설 화장품의 일부 공정만을 제조하는 등 총리령으로 정하는 경우에 해당하는 때에는 시설의 일부를 갖추지 않아도 된다.

답 : ③

176 어느 하나에 해당하는 기관 등에 원료 · 자재 및 제품에 대한 품질검사를 위탁하는 경우가 아닌 것은?

① 보건환경연구원법 제2조에 따른 보건환경연구원
② 제조 작업 시설을 갖춘 화장품제조업자
③ 제1항제3호에 따른 시험실을 갖춘 제조업자
④ 식품 · 의약품분야 시험 · 검사 등에 관한 법률 제6조에 따른 화장품 시험 · 검사기관
⑤ 약사법 제67조에 따라 조직된 사단법인인 한국의약품수출입협회

해설 화장품제조업을 등록하려는 자가 갖추어야 하는 시설

답 : ②

177 화장품의 품질관리기준에 따른 책임판매 후 안전관리기준이 아닌 것은?

① 안전확보 업무에 관련된 조직 및 인원
② 안전관리 정보 수집
③ 안전관리 정보의 검토 및 그 결과에 따른 안전확보 조치
④ 안전확보 조치 실시
⑤ 책임판매관리자의 교육

해설 책임판매관리자의 안전 확보를 위한 업무 수행

답 : ⑤

178 화장품의 안전관리 정보가 아닌 것은?

① 화장품의 품질 ② 안전성

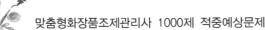

③ 유효성 ④ 정보 수집
⑤ 적정 사용을 위한 정보를 말한다.

해설 안전확보 업무에 관한 내용

답 : ④

179 안전확보 업무에 관한 내용으로 옳은 것은?

① 화장품책임판매 후 안전관리 업무 중 정보수집, 검토 및 그 결과에 따른 필요한 조치
② 책임판매관리자에게 수행하도록 한다.
③ 안전확보 조치를 결정하고 이를 기록 보관할 것
④ 안전확보 조치를 수행할 경우 문서로 보관할 것
⑤ 안전확보 조치를 실시하고 문서로 보고한 후 보관할 것

해설 안전확보 조치의 실시의 내용

답 : ①

180 책임판매관리자의 업무에 관한 내용이 아닌 것은?

① 안전확보 조치를 수행할 경우 문서를 지시하고 이를 보관할 것
② 안전확보 업무를 총괄할 것
③ 안전확보 업무가 적정하고 원활하게 수행되는 것을 확인 기록 · 보관할 것
④ 안전확보 업무의 수행을 위하여 필요하다고 인정할 때에는 화장품책임판매업자에게 문서로 보고한 후 보관할 것
⑤ 화장품책임판매업자는 업무를 책임판매관리자에게 수행하도록 해야 한다.

해설 안전확보 조치의 실시의 내용

답 : ①

181 안전용기 · 포장을 뜻하는 것은?

① 만 5세 미만의 어린이가 개봉하기 어렵게 설계 · 고안된 용기나 포장을 말한다.
② 화장품의 1차 포장
③ 화장품 2차 포장
④ 화장품 내용물을 소분(小分)하여 포장
⑤ 화장품의 용기 포장에 기재하는 문자 숫자, 도형 또는 그림을 말한다.

해설 화장품법 제2조 화장품의 정의 참조

답 : ①

182 화장품책임판매업자는 영유아 또는 어린이가 사용할 수 있는 화장품임을 표시 · 광고하려는 경우에는 제품별로 안전과 품질을 입증할 수 있는 자료 작성 및 보관해야 하는 것이 아닌 것은?

① 화장품의 안전성 평가 자료
② 제품 및 제조방법에 대한 설명 자료
③ 제품의 효능에 대한 증빙자료
④ 제품의 효과에 대한 증빙자료
⑤ 제품의 사용법

해설 제4조의2 영유아 또는 어린이 사용 화장품의 관리 내용으로 사용법은 해당 하지 않음

답 : ⑤

183 영유아 또는 어린이 사용 화장품의 관리에 대한 내용으로 옳지 않은 것은?

① 화장품책임판매업자는 영유아 또는 어린이가 사용할 수 있는 화장품임을 표시 · 광고하려는 경우에는 제품별로 안전과 품질을 입증할 수 있는 자료를 작성 및 보관
② 식품의약품안전처장은 소비자가 제1항에 따른 화장품을 안전하게 사용할 수 있도록 교육 및 홍보를 할 수 있다
③ 식품의약품안전처장은 제1항에 따른 화장품에 대하여 제품별 안전성 자료, 소비자 사용실태, 사용 후 이상사례 등에 대하여 주기적으로 실태조사를 실시하고, 위해요소의 저감화를 위한 계획을 수립
④ 제1항에 따른 영유아 또는 어린이의 연령 및 표시 · 광고의 범위, 제품별 안전성 자료의 작성 범위 및 보관기간 등과 제2항에 따른 실태조사 및 계획 수립의 범위, 시기, 절차 등에 필요한 사항을 총리령으로 정한다.
⑤ 제1항 및 제2항에 따른 심사 또는 보고서 제출의 대상과 절차 등에 관하여 필요한 사항은 총리령으로 정한다.

해설 심사 또는 보고서 제출의 대상과 절차 사항은 제4조의 기능성화장품의 심사에 해당

답 : ⑤

184 맞춤형화장품책임판매업자, 맞춤형화장품조제관리사의 영업자 의무 사항의 내용으로 바르지 않는 것은?

① 화장품제조업자는 화장품의 제조와 관련된 기록 · 시설 총리령으로 정하는 사항 준수
② 화장품책임판매업자는 화장품의 품질관리기준, 책임판매 후 안전관리기준등 총리령으로 정하는 사항을 준수
③ 책임판매관리자 및 맞춤형화장품조제관리사는 화장품의 안전성 확보 및 품질관리에 관한 교육을 매년 받는다.
④ 맞춤형화장품판매업하는 영업자의 경우 종업원 2명이상이면 총리령으로 정하는 자를

책임자로 지정하여 교육을 받게 한다.

⑤ 식품의약품안전처장은 국민 건강상 위해를 방지하기 위하여 필요하다고 인정하면 영업자에 관한 교육을 받을 것을 명한다.

해설 제6항에 따라 교육을 받아야 하는 자가 둘 이상의 장소에서 화장품제조업, 화장품책임 판매업 또는 맞춤형화장품판매업을 하는 경우

답 : ④

185 영업자의 폐업 등의 신고에 관한 내용으로 옳지 않은 것은?

① 폐업 또는 휴업하려는 경우 식품의약품안전처장에게 신고하여야 한다.

② 휴업기간이 1개월 미만이거나 그 기간 동안 휴업하였다가 그 업을 재개하는 경우에도 동일하다.

③ 관할 세무서장에게 폐업신고를 하거나 관할 세무서장이 사업자등록을 말소한 경우에는 등록을 취소할 수 있다.

④ 식품의약품안전처장은 폐업신고 또는 휴업신고를 받은 날부터 7일 이내에 신고수리 여부를 신고인에게 통지하여야 한다.

⑤ 식품의약품안전처장이 제4항에서 정한 기간 내에 신고수리 여부 또는 민원 처리 관련 법령에 따른 처리기간의 연장을 신고인에게 통지하지 아니하면 그 기간날의 다음날에 신고를 수리한 것으로 본다.

해설 휴업기간이 1개월 미만이거나 그 기간 동안 휴업하였다가 그 업을 재개하는 경우에는 총리령으로 정하는 바에 따라 식품의약품안전처장에게 신고하지 않는다.

답 : ②

186 화장품의 1차 포장 또는 2차 포장의 기재 · 표시 사항이 아닌 것은?

① 화장품의 명칭

② 사용기한 또는 개봉 후 사용기간

③ 사용할 때의 주의사항

④ 제조자의 인적사항

⑤ 해당 화장품 제조에 사용된 모든 성분 (인체에 무해한 소량 함유 성분 등 총리령으로 정하는 성분은 제외한다)

해설 제10조의 개정규정 중 맞춤형화장품, 맞춤형화장품판매업자 및 맞춤형화장품조제관리사와 관련 총리령으로 정하는 내용만 기제 할 수 있다.

답 : ④

187 영업자 또는 판매자의 부당한 표시 · 광고 행위 등의 금지 관련한 내용으로 해당하지 않는 것은?

① 의약품으로 잘못 인식할 우려가 있는 표시 또는 광고
② 기능성화장품이 아닌 화장품을 기능성화장품으로 잘못 인식할 우려가 있거나 심사결과와 다른 내용의 표시 또는 광고
③ 천연화장품 또는 유기농화장품이 아닌 화장품을 천연화장품 또는 유기농화장품으로 잘못 인식할 우려가 있는 표시 또는 광고
④ 내용물의 용량 또는 중량
⑤ 사실과 다른 소비자를 속이거나 소비자가 잘못 인식하도록 할 우려가 있는 표시 또는 광고

해설 내용물의 용량 또는 중량은 화장품의 기재사항

답 : ④

188 영업자 및 판매자가 자기가 행한 표시 · 광고 내용의 실증으로 잘못된 내용은?

① 실증자료의 제출을 요청받은 영업자 또는 판매자는 요청받은 날부터 15일 이내에 식품의약품안전처장에게 제출하여야 한다.
② 영업자 및 판매자는 자기가 행한 표시 · 광고 중 사실과 관련한 사항에 대해 실증할 수 있어야 한다.
③ 식품의약품안전처장은 정당한 사유가 있다고 인정하는 경우에는 그 제출기간을 연장할 수 있다.
④ 제출기간 내에 이를 제출하지 아니한 채 계속하여 표시 · 광고를 하는 때에도 실증자료를 제출할 때까지 그 표시 · 광고 행위의 중지를 명하여야 한다.
⑤ 다른 법률에 따른 다른 기관의 자료요청이 있는 경우에는 특별한 사유가 없는 한 이에 응할 필요는 없다.

해설 식품의약품안전처장은 제출받은 실증자료에 대하여 「표시 · 광고의 공정화에 관한 법률」 등 다른 법률에 따른 다른 기관의 자료요청이 있는 경우에는 특별한 사유가 없는 한 이에 응하여야 한다.

답 : ⑤

189 천연화장품 및 유기농화장품에 대한 인증에 관한 설명으로 옳지 않는 것은?

① 식품의약품안전처장이 정하는 기준에 적합한 천연화장품 및 유기농화장품에 대하여 인증할 수 있다.
② 거짓이나 그 밖의 부정한 방법으로 인증을 받은 경우 인증을 취소 한다.

③ 식품의약품안전처장이 정하는 인증기준에 적합하지 않은 경우
④ 전문 인력과 시설을 갖춘 기관 또는 단체를 인증기관으로 지정하여 인증업무를 위탁할 수 있다.
⑤ 인증절차, 인증기관의 지정기준, 인증제도 운영에 필요한 사항은 단체장으로 정한다.

해설 제14조의2제1항부터 제4항까지에 따른 인증절차, 인증기관의 지정기준, 인증제도 운영에 필요한 사항은 총리령으로 정한다.

답 : ⑤

190 인증의 유효기간은?

① 인증 받은 날로부터 1년
② 인증 받은 날로부터 2년
③ 인증 받은 날로부터 3년
④ 인증 받은 날로부터 5년
⑤ 인증 받은 날로부터 10년

해설 제14조의2제1항에 따른 인증의 유효기간은 인증을 받은 날부터 3년으로 한다.

답 : ③

191 인증의 유효기간을 연장 받으려면 만료일 얼마 전에 연장신청을 해야 하는가?

① 만료 15일 전
② 만료 30일 전
③ 만료 60일 전
④ 만료 90일 전
⑤ 만료 120일 전

해설 인증의 유효기간을 연장 받으려는 자는 유효기간 만료 90일 전에 총리령으로 정하는 바에 따라 연장신청을 하여야 한다.

답 ④

192 화장품을 판매하는 영업의 금지 조항에 해당하지 않는 것은?

① 전부 또는 일부가 변패(變敗)된 화장품
② 병원미생물에 오염된 화장품
③ 용기나 포장이 불량하여 해당 화장품이 보건위생상 위해를 발생할 우려가 있는 것
④ 제8항에 따른 유통화장품 안전관리 기준에 적합한 화장품
⑤ 사용기한 또는 개봉 후 사용기간(병행 표기된 제조연월일을 포함한다)을 위조 · 변조한 화장품

해설 제15조의 개정규정 중 맞춤형화장품, 맞춤형화장품판매업자 및 맞춤형화장품조제관리사와 관련된 부분

답 : ④

193 기능성 화장품으로 볼 수 없는 것은?

① 모발의 색상을 변화[탈염(脫染)·탈색(脫色)을 포함한다]시키는 기능을 가진 화장품
② 체모를 제거하는 기능을 가진 화장품
③ 인체세정용 제품류로 한정한 여드름성 피부 완화 제품
④ 자외선을 차단 또는 산란시켜 자외선으로부터 피부를 보호하는 기능을 가진 화장품
⑤ 피부에 침착된 멜라닌색소의 엷게 치료하는 것이 목적인 화장품

해설 기능성화장품의 범위는 화장품법에 따른다.

답 : ⑤

194 기능성 화장품에 대한 설명이다. 바르게 설명한 것은?

① 아토피성 피부로 인한 건조함 등을 완화하는데 도움을 주는 화장품
② 튼살로 인한 붉은 선을 치료하는 제품
③ 코팅 등 물리적으로 모발을 굵게 보이게 하는 제품
④ 물리적으로 체모를 제거하는 제품
⑤ 일시적으로 모발의 색상을 변화시키는 제품

해설 기능성화장품의 범위는 화장품법에 따른다.

답 : ①

195 화장품법 제3조 제1항(제조판매업의 등록 등)에 의거 화장품 또는 수입한 화장품을 유통·판매하거나 수입대행형 거래를 목적으로 알선·수여하려는 자(이하 "제조판매업자"라 한다)는 총리령으로 정하는 바에 따라 어디에 등록해야하는가?

① 지방식품의약품안전청장
② 식품의약품안전처장
③ 관할 시, 군, 구청장
④ 보건복지부 장관
⑤ 공정거래위원장

답 : ②

196 화장품법 시행규칙 제5조 제1항 제1호(제조업 등의 변경등록)에 의거 변경등록을 하며, 법 제3조제1항 후단에 따라 제조업자 또는 제조판매업자가 변경등록을 하여야 하는 경우로 맞는 것은?

① 회사 담당자 변경
② 법인인 경우에는 이사 변경
③ 회사 폐업
④ 제조소의 설계 변경
⑤ 제조업자의 상호 변경

답 : ⑤

197 어린이보호포장 안전요건으로 바르지 않는 것은?

① 어린이보호포장에 대한 요건 및 시험절차는 KS T ISO 8317(ISO 8317) 또는 16CFR 1700 최신판 및 이와 동등한 기준을 적용하여 시험하였을 때 적합하여야 한다.
② 어린이 패널 참가자의 연령분포는 남녀 10% 이상의 편차가 나지 않는 범위에서 42~44개월 30%, 45~48개월 40%, 49~51개월 30%로 하여 50명씩 4그룹으로 나누어 실시하여야 한다.
③ 어린이보호대상제품에 보호용기를 사용하였음을 확인하기 위해 다음과 같은 국제 공인 시험 · 검사기관(ISO/IEC 17025)에서 발행한 국제공인시험 · 검사성적서, 이에 준하는 입증서류를 제출하여야 한다.
④ 어린이보호대상제품에 보호용기를 사용하였음을 확인하기 위해 다음과 같은 국제 공인 시험 · 검사기관(SO/IEC 17020)에서 발행한 국제공인시험 · 검사성적서, 이에 준하는 입증서류를 제출하여야 한다.
⑤ 어린이보호대상제품에 보호용기를 사용하였음을 확인하기 위해 다음과 같은 국제 공인 시험 · 검사기관(ISO/IEC 17025 또는 ISO/IEC 17020)에서 발행한 검사성적서 서류를 제출하여야 한다.

해설 [시행 2017. 8. 29.] [국가기술표준원고시 제2017-337호 참조

답 : ⑤

198 어린이 보호 포장(child-resistant package)이란?

① 제품에 대한 적정한 포장을 할 수 있도록 고안된 유리, 금속, 플라스틱 및 복합재료로 구성된 용기로서 봉함장치를 사용할 수 있도록 마개가 있는 포장재 형태
② 주위 환경 변화에 관계없이 적정한 용기에 완전한 봉함을 할 수 있도록 금속, 플라스틱 및 복합재료로 구성된 캡 또는 안전장치
③ 어린이 보호 포장(child-resistant package) 이 기준의 요구조건에 따라 성인이 개봉하기는 어렵지 않지만 52개월 미만의 어린이가 내용물을 꺼내기 어렵게 설계 · 고안된 포장(용기를 포함한다)
④ 처음 개봉한 뒤 내용물을 흘리지 않고 충분한 횟수의 개봉 및 봉함 작업에도 처음과 같은 안전도를 제공할 정도로 다시 봉함할 수 있는 포장
⑤ 포장 내용물과 유사한 불활성 물질

답 : ③

199 화장품의 사후관리 기준에 대한 설명으로 바르지 않는 것은?

① 우수화장품 제조 및 품질관리기준 적합판정을 실시한다.

② 적합판정을 받은 업소에 대해 별표2의 우수화장품 제조 및 품질관리기준 실시상황평가표에 따라 3년에 1회 이상 실태조사를 실시하여야 한다.
③ 사후관리 결과 부적합 업소에 대하여 일정한 기간을 정하여 시정하도록 지시한다.
④ 사후관리 결과 부적합 업소에 대하여 일정한 기간을 정하여 시정하도록 지시하거나 우수화장품 제조 및 품질관리기준 적합업소 판정을 취소할 수 있다.
⑤ 사후관리 결과 부적합 업소에 대하여 우수화장품 제조 및 품질관리기준 적합업소 판정을 바로 취소 할 수 있다.

답 : ⑤

200 화장품 제조업, 화장품 책임 판매업의 등록 처리 절차로 바른 것은?

① 신청서 작성 - 접수 - 검토 - 결재 - 등록필증 작성 - 등록필증 발급
② 신청서 작성 - 검토 - 접수 - 결재 - 등록필증 작성 - 등록필증 발급
③ 검토 - 신청서 작성 - 접수 - 결재 - 등록필증 작성 - 등록필증 발급
④ 신청서 작성 - 등록필증 작성 - 접수 - 결재 - 검토 - 등록필증 발급
⑤ 신청서 작성 - 등록필증 작성 - 검토 - 결재 - 접수 - 등록필증 발급

해설 화장품법 시행규칙 [시행 2020. 1. 1.] [총리령 제1577호, 2019. 12. 12., 일부개정

답 : ①

201 기능성화장품의 심사의뢰서(제조, 수입) 심사의뢰 품목에 속하지 않는 것은?

① 제품명, 원료 성분 및 배합 비율
② 제형, 효능 · 효과
③ 용법 · 용량, 사용할 때의 주의사항
④ 기준 및 시험방법, 제조소(원)
⑤ 원료사용기준 심사 통과서

해설 [서식7] 기능성화장품의 심사의뢰서(제조, 수입)

답 : ⑤

202 인증기관에 대한 행정처분의 기준(일반기준)에 대한 내용으로 옳지 않는 것은?

① 위반행위가 2이상인 경우로서 그에 해당하는 각각의 처분기준이 다른 경우에는 그 중 무거운 처분기준을 따른다.
② 위반행위의 차수에 따른 행정처문기준은 최근 3년간 같은 위반행위로 행정처분을 받은 경우에 적용한다.
③ [별표5의4]의 나목에 따라 가중된 행정처분을 하는 경우 가중처분의 적용 차수는 그 위반 행정 전 행정처분 차수(기간 내에 행정처분이 둘 이상 있었던 경우는 높은 차수

를 말한다)의 다음 차수로 한다.

④ 처분권자는 위반행위의 동기, 내용 및 위반의 정도 등 정상을 참작할 만한 사유가 있는 때에는 제2호의 개별기준에 정한 업무정지 기간의 2분의 1의 범위에서 경감하여 처분할 수 있다.

⑤ [별표5의4]의 나목에 따라 가중된 행정처분을 하는 경우 가중처분을 적용하여 그 위반 행정 전 차수까지 모두 처분하는 것을 기준으로 한다.

해설 화장품 시행규칙 [별표5의4]참조

답 : ⑤

203 개인정보 보호법에 관한 내용으로 바르지 않는 것은?

① 개인정보처리자는 보유기간의 경과, 개인정보가 불필요하게 되었을 때에는 지체 없이 그 개인정보를 파기하여야 한다.

② 개인정보의 처리 목적을 달성하고 개인정보가 불필요하게 되었을 때에도 고객관리을 위하여 보전한다.

③ 개인정보처리자가 제1항에 따라 개인정보를 파기할 때에는 복구, 재생되지 않도록 한다.

④ 개인정보처리자가 제1항 단서에 따라 개인정보를 파기하지 않고 보존하는 경우에는 해당 개인정보 또는 개인정보파일을 다른 개인정보와 분리하여서 저장 · 관리한다.

⑤ 개인정보의 파기방법 및 절차 등에 필요한 사항은 대통령령으로 정한다.

해설 제21조 개인정보의법 파기의 내용

답 : ②

204 화장품 책임 판매업자가 영업을 위해 고객으로부터 얻은 정보를 관리하는 방법으로 개인정보보호법상 옳지 않은 것은?

① 개인정보처리자는 개인정보가 분실, 도난 되지 않게 한다.

② 개인정보처리자는 개인정보가 유출되지 않도록 관리한다.

③ 개인정보처리자는 개인정보를 위조, 변조 또는 훼손되지 않도록 관리한다.

④ 개인정보 보호책임자를 지정하여 개인정보취급자에 대한 교육을 한다.

⑤ 고객정보를 또 다른 영업을 목적으로 제3자에게 제공 할 수 있다.

해설 개인정보처리자는 법 제22조에 따라 개인정보의 처리에 대하여 정보주체의 동의를 받아야 한다.

답 : ⑤

205 개인정보처리자가 개인정보의 처리에 대하여 정보주체자의 동의를 받는 방법으로 옳지 않은 것은?

① 동의 내용이 적힌 서면을 정보주체에게 직접 발급하거나 우편 또는 팩스 등의 방법으로 전달하고, 정보주체가 서명하거나 날인한 동의서를 받는 방법
② 전화를 통하여 동의 내용을 정보주체에게 알리고 동의의 의사표시를 확인하는 방법
③ 전화를 통하여 동의 내용을 정보주체에게 알리고 정보주체에게 인터넷주소 등을 통하여 동의 사항을 확인하도록 한 후 다시 전화를 통하여 그 동의 사항에 대한 동의의 의사표시를 확인하는 방법
④ 동의 내용이 적힌 전자우편을 발송하여 정보주체로부터 동의의 의사표시가 적힌 전자우편을 받는 방법
⑤ 전화를 통하여 동의 내용을 정보주체에게 알리고 정보주체에게 인터넷주소 등을 통하여 동의 사항을 확인 한다.

해설 법 제22조에 따라 개인정보의 처리에 대하여 정보주체 동의를 받아야 한다.

답 : ⑤

206 민감정보의 범위에 속하지 않은 것은?

① 거주지 주소 변경
② 유전자검사 등의 결과로 얻어진 유전정보
③ 제2조제5호에 따른 범죄경력자료에 해당하는 정보
④ 사생활을 현저히 침해할 우려가 있는 개인정보로서 대통령령으로 정하는 정보
⑤ 사상 · 신념, 노동조합 · 정당의 가입 · 탈퇴, 정치적 견해, 건강, 성생활 등에 관한 정보

해설 [민감정보의 범위] 제18조 법 제23조제1항에 해당하는 사항

답 : ①

207 고유식별 정보의 처리에 따른 식품의약품안전처장의 권한을 위임받은 자가 처리할 수 없는 사무는?

① 법 제3조의4제1항에 따른 맞춤형화장품조제관리사 자격시험에 관한 사무
② 법 제3조의2제1항에 따른 맞춤형화장품판매업의 신고 및 변경신고에 관한 사무
③ 기능성화장품의 심사 등에 관한 사무를 수행하기 위해 불가피한 경우 「개인정보 보호법」제23조에 따른 건강에 관한 정보 자료를 처리할 수 있다.
④ 주민등록증과 외국인 등록증 발급에 관한 사무
⑤ 등록의 취소, 영업소의 폐쇄명령, 품목의 제조 · 수입 및 판매의 금지명령, 업무의 전부 또는 일부에 대한 정지명령에 관한 사무

해설 제15조 민감정보 및 고유식별정보의 처리와 관련된 부분

답 : ④

208 화장품의 제조, 수입, 판매 및 수출 등에 관한 사항을 규정하므로 써 (　　　　　)과 (　　　　　)의 발전에 기여함을 목적으로 한다. (　　　　　)안에 들어갈 말은?

해설 화장품법의 입법취지, 화장품법 제1장제1조(목적)

답 : 국민보건향상, 화장품 산업

209 화장품에 대한 설명중 틀린 것은?

① 인체를 청결 미화하여 매력을 다하고 용모를 밝게 변화시키는 것
② 피부 · 모발의 건강유지 또는 증진 시키는 것
③ 인체에 바르고 문지르거나 뿌리는 등 이와 유사한 방법으로 사용되는 물품
④ 피부를 치료 개선시키는 것
⑤ 인체에 대한 작용이 경미할 것

해설 화장품의 정의, 화장품법 제1장제2조(정의)

답 : ④

210 화장품의 특성으로 틀린 것은?

① 체모를 제거하기 위해서 물리적인 방법을 사용한다.
② 피부에 탄력을 주어 피부의 주름을 완화 또는 개선시킨다
③ 동식물 원료를 함유한 화장품이다
④ 모발의 색상을 변화시키기 위해 염색을 하였다
⑤ 피부에 침착된 멜라닌 색소의 색을 엷게 한다.

해설 화장품의 유형별 특성 참고, 화장품법 제1장제2조(정의)

답 : ①

211 다음 보기에서 설명하는 것은 무엇인가?

(가) 자외선을 방지해준다.
(나) 멜라닌색소가 침착되는 것을 방지한다.
(다) 피부를 곱게 태워준다.
(라) 탈모증상을 완화 시켜준다.
(마) 손상된 피부장벽을 회복시켜 주고 가려움증을 개선한다.

① 맞춤형화장품 ② 천연화장품
③ 기능성화장품 ④ 유기농화장품
⑤ 수입화장품

해설 화장품 유형별 특성 참고, 화장품법 시행규칙 제2조(기능성화장품의 범위)

답 : ③

212 다음 보기에서 설명하는 것은 무엇인가?

1. 제조 또는 수입된 화장품의 내용물에 다른 화장품의 내용물이나 식품의약품안전처장이 정하는 원료를 추가하여 혼합한 화장품 2. 제조 또는 수입된 화장품의 내용물을 소분(小分)한 화장품

① 맞춤형화장품 ② 수입화장품
③ 유기농화장품 ④ 천연화장품
⑤ 기능성화장품

해설 화장품 유형별 특성 참고, 화장품법 제1장제2조(정의)

답 : ①

213 화장품 법에 따른 영업의 종류가 맞는 것은?

① 화장품 제조업, 화장품 판매업, 맞춤형화장품
② 화장품 제조업, 화장품 책임 판매업, 맞춤형화장품판매업
③ 화장품 제조업, 화장품 책임 판매업, 유기농화장품판매업
④ 화장품 제조업, 화장품 책임 판매업, 천연화장품판매업
⑤ 화장품 제조업, 화장품 책임 판매업, 기능성화장품판매업

해설 화장품법 제2조의2(영업의 종류)

답 : ②

214 화장품 제조업의 범위에 속하지 않는 것은?

① 직접제조 ② 위탁제조
③ 화장품포장 ④ 1차 포장
⑤ 2차 포장

해설 화장품법 제2조의(영업의 종류), 화장품시행령 제2조(영업의 세부 종류와 범위)

답 : ⑤

215 **취급하는 화장품의 품질 및 안전등을 관리하면서 이를 유통 판매하거나 수입대행형 거래를 목적으로 알선. 수여하는 영업의 종류로 맞는 것은?**

① 화장품제조업
② 화장품위탁제조업
③ 화장품책임판매업
④ 화장품유통판매업
⑤ 맞춤형화장품판매업

해설 화장품법 제3조(영업의 등록), 화장품시행령 제2조(영업의 세부 종류와 범위)

답 : ③

216 **화장품 책임판매업의 범위가 아닌 것은?**

① 위탁제조 유통판매
② 수입화장품 유통판매
③ 직접제조 유통판매
④ 직접 및 위탁 제조
⑤ 수입대행 알선. 수여

해설 화장품법 제3조(영업의 등록), 화장품시행령 제2조(영업의 세부 종류와 범위)

답 : ④

217 **화장품의 품질요소가 아닌 것은?**

① 안전성
② 방향성
③ 사용성
④ 안정성
⑤ 유효성

답 : ②

218 **위해화장품 회수에 관한 설명이다. 틀린 것은?**

① 국민보건에 위해(危害)를 끼치거나 끼칠 우려가 있는 화장품이 유통 중인 사실을 알게 된 경우에는 지체 없이 해당 화장품을 회수 하여야 한다.
② 회수계획을 식품의약품안전처장에게 미리 보고하여야 한다.
③ 식품의약품안전처장은 회수 또는 회수에 필요한 조치를 성실하게 이행한 영업자에게 행정처분을 감경 또는 면제할 수 있다.
④ 회수 대상 화장품의 회수에 필요한 위해성 등급 및 그 분류기준, 회수계획 보고 및 회수절차 등에 필요한 사항은 총리령으로 정한다.
⑤ 안전용기. 포장을 사용하여야 할 품목 및 용기. 포장의 기준 등에 관하여는 식약처장령으로 정한다.

해설 제5조의2(위해화장품의 회수), [시행일:2020. 3. 14.] 제5조의2의 개정규정 중 맞춤형화장

품, 맞춤형화장품판매업자 및 맞춤형화장품조제관리사와 관련된 부분

답 : ⑤

219 회수대상 화장품의 기준으로 틀린 것은?

① 화장품을 판매할 때에는 어린이가 화장품을 잘못 사용하여 인체에 위해를 끼치는 사고가 발생하지 아니하도록 안전용기 · 포장을 사용하여야 한다.

② 동물실험을 실시한 화장품 원료를 사용하여 제조(위탁제조를 포함한다) 또는 수입한 화장품을 유통 · 판매하여서는 아니 된다.

③ 총리령에 의해 등록한 자가 제조한 화장품 또는 제조, 수입하여 유통 · 판매한 화장품

④ 보존제, 색소, 자외선차단제 등과 같이 특별히 사용상의 제한이 필요한 원료 등을 사용할 수 없다.

⑤ 화장품제조업자 또는 화장품책임판매업자 스스로 국민보건에 위해를 끼칠 우려가 있어 회수가 필요하다고 판단한 화장품

해설 화장품법 제5조의2(위해화장품의 회수), 화장품법 시행령 제14조의2(회수 대상 화장품의 기준 및 위해성 등급 등)

답 : ③

220 화장품 안전기준에서 위해평가 과정의 순서를 맞게 쓰시오.

1. 모든 결과를 종합하여 인체에 미치는 위해 영향을 판단하는 위해도 결정과정
2. 위해요소의 인체노출 허용량을 산출하는 위험성 결정과정
3. 위해요소의 인체 내 독성을 확인하는 위험성 확인과정
4. 위해요소가 인체에 노출된 양을 산출하는 노출평가과정

(   )

해설 화장품법 제8조제3항, 화장품 시행규칙 제17조(화장품 원료 등의 위해평가)

답 : 3 → 2 → 4 → 1

221 책임판매관리자의 직무 수행으로 맞지 않은 것은?

① 화장품책임판매업자는 판매관리사를 채용한다.

② 제품의 품질관리기준에 따른 품질관리 업무

③ 책임판매 후 안전관리기준에 따른 안전 확보업무

④ 원료 및 자재의 입. 출고 관리업무

⑤ 시험. 검사 또는 검정에 대하여 제조업자를 관리. 감독하는 업무

해설 화장품 시행규칙 제8조(책임판매관리자의 자격기준 등)

답 : ①

222 화장품을 판매하거나, 판매할 목적으로 제조. 수입. 보관. 또는 진열하여서는 안 되는 것에 대한 내용이다. 옳지 않는 것은?

① 심사를 받지 아니하거나 보고서를 제출하지 아니한 기능성화장품
② 화장품에 사용할 수 없는 원료를 사용하였거나 유통화장품 안전관리 기준에 적합하지 아니한 화장품
③ 용기나 포장이 불량하여 해당 화장품이 보건위생상 위해를 발생할 우려가 있는 것
④ 사용기한 또는 개봉 후 사용기간을 표시한 화장품
⑤ 코뿔소 뿔 또는 호랑이 뼈와 그 추출물을 사용한 화장품

해설 화장품법 제 15조(영업의 금지)

답 : ④

223 다음 중 민감정보에 해당되는 것은?

① 고객의 주소
② 고객의 건강검진 자료
③ 고객의 전화번호
④ 고객의 이메일주소
⑤ 고객의 SNS주소

해설 개인정보보호법 제2조(정의), 개인정보보호법 제23조(민감정보의 처리 제한)

답 : ②

224 개인정보처리자는 개인정보의 수집, 이용할 시 다음의 사항을 고객에게 알려야 한다. 해당되지 않는 것은?

① 개인정보의 수집. 이용 목적
② 수집하려는 개인정보의 항목
③ 개인정보의 보유 및 이용 기간
④ 동의를 거부할 권리가 있다는 사실
⑤ 정보처리자의 주민번호

해설 개인정보보호법 제15조(개인정보의 수집. 이용), 개인정보보호법 제 17조(개인정보의 제공)

답 : ⑤

225 개인정보처리자가 개인정보 수집하는 과정으로 옳지 않는 것은?

① 사생활 침해를 최소한으로 한다.
② 개인정보의 처리 목적을 명확히 설명한다.

③ 개인 정보의 처리에 관한 사항을 공개하여야한다.
④ 목적 범위에서 최대한 개인정보만을 적당하게 수집한다.
⑤ 열람청구권등 정보주체의 권리를 보장하여야한다.

해설 개인정보보호법 제16조(개인정보의 수집 제한)

답 : ④

226 개인정보 처리자가 개인정보를 목적 외의 용도로 이용 할 수 있는 경우가 아닌 것은?

① 생명, 신체, 재산의 이익을 위해 필요한 경우라면 개인정보를 이용 할 수 있다.
② 정보주체와의 계약이 있을 때
③ 정보주체의 동의를 받은 경우
④ 법률에 특별한 규정이 있거나 법령상 의무를 준수하기 위해 불가피한 경우
⑤ 공공기관이 법령 등에서 정하는 소관업무의 수행을 위해서 불가피한 경우

해설 개인정보보호법 제18조(개인정보의 목적 외 이용. 제공 제한)

답 : ①

227 다음 중 기능성화장품에 포함되지 않는 것은?

① 인체를 청결 · 미화하여 매력을 더하고 용모를 밝게 변화시키는 제품
② 피부의 주름개선에 도움을 주는 제품
③ 피부를 곱게 태워주거나 자외선으로부터 피부를 보호하는 데에 도움을 주는 제품
④ 모발의 색상 변화 · 제거 또는 영양공급에 도움을 주는 제품
⑤ 피부나 모발의 기능 약화로 인한 건조함, 갈라짐, 빠짐, 각질화 등을 방지하거나 개선하는 데에 도움을 주는 제품

해설 기능성화장품으로 정한 것 중 빠진 것은 피부의 미백에 도움을 주는 제품

답 : ①

228 화장품에 관련된 설명으로 잘못된 것은?

① "화장품제조업"이란 화장품의 전부 또는 일부를 제조(2차 포장 또는 표시만의 공정은 제외한다)하는 영업을 말한다.
② 맞춤형화장품판매업은 제조 화장품의 내용물에 다른 화장품의 식품의약품안전처장이 정하여 고시하는 원료를 추가하여 혼합한 화장품을 판매하는 영업
③ 맞춤형화장품판매업제조 또는 수입된 화장품의 내용물을 소분(小分)한 화장품을 판매하는 영업

④ 맞춤형화장품판매업은 제조 화장품의 내용물에 천연 화장품 원료를 추가하여 혼합한 화장품을 판매하는 영업
⑤ 맞춤형화장품판매업은 수입된 화장품의 내용물에 다른 화장품의 내용물을 추가하여 혼합한 화장품을 판매하는 영업

해설 다른 화장품의 내용물이나 식품의약품안전처장이 정하여 고시하는 원료만을 추가할 수 있다.

답 : ④

229 화장품의 유형에 대해 설명한 것으로 올바르지 않는 것은?

① 영 · 유아용은 만 3세 이하의 어린이용을 말한다.
② 의약 외품은 제외한다.
③ 가모, 헤어 오일, 포마드, 흑채는 두발용 제품류이다.
④ 향수, 분말향, 향낭(香囊), 콜롱 등은 방향용 제품류이다.
⑤ 액체 비누 및 화장비누는 화장품이다.

해설 가모는 화장품이 아님, 비누도 화장품에 포함된다.

답 : ③

230 목욕용 화장품류에 포함되지 않는 것은?

① 마른 쑥　　② 오일
③ 정제　　④ 캡슐
⑤ 소금류

해설 버블배스도 여기 포함된다.

답 : ①

231 기초화장용 제품류에 포함되지 않은 것은?

① 립스틱
② 수렴 · 유연 · 영양 화장수(face lotions)　　③ 마사지 크림
④ 에센스, 오일　　⑤ 파우더

해설 립스틱은 색조 화장류에 포함된다.

답 : ①

232 맞춤형화장품판매업자의 준수사항에 해당하지 않는 것은?

① 맞춤형화장품 판매시 해당 맞춤형화장품의 혼합 또는 소분에 사용되는 내용물 및 원

료, 사용 시의 주의사항에 대하여 생산자에게 설명할 것

② 둘 이상의 책임판매업자와 계약하는 경우 사전에 각각의 책임판매업자에게 고지한 후 계약을 체결하여야 하며, 맞춤형화장품 혼합 · 소분 시 책임판매업자와 계약한 사항을 준수할 것

③ 보건위생상 위해가 없도록 맞춤형화장품 혼합 · 소분에 필요한 장소, 시설 및 기구를 정기적으로 점검하여 작업에 지장이 없도록 위생적으로 관리 · 유지할 것

④ 혼합 · 소분 시 오염방지를 위하여 다음 각 목의 안전관리기준을 준수할 것

⑤ 맞춤형화장품과 관련하여 안전성 정보(부작용 발생 사례를 포함한다)에 대하여 신속히 책임판매업자에게 보고할 것

해설 소비자에게 설명해야 한다.

답 : ①

233 화장품의 품질요소에 해당하지 않는 것은?

① 안전성(safety)
② 안정성(stability)
③ 천연성(naturality)
④ 사용성(usability)
⑤ 유효성(efficacy)

답 : ③

234 화장품판매업에 관한 설명으로 맞지 않는 것은?

① 맞춤형화장품판매업을 하려는 자는 총리령으로 정하는 바에 따라 식품의약품안전처장에게 신고하여야 한다.

② 맞춤형화장품판매업을 신고한 자(이하 "맞춤형화장품판매업자"라 한다)는 총리령으로 정하는 바에 따라 맞춤형화장품의 혼합 · 소분 업무에 종사하는 자를 두어야 한다.

③ 화장품제조업을 등록하려는 자는 총리령으로 정하는 시설기준을 갖추어야 한다. 다만, 화장품의 일부 공정만을 제조하는 등 총리령으로 정하는 경우에 해당하는 때에는 시설의 일부를 갖추지 아니할 수 있다.

④ 화장품책임판매업을 등록하려는 자는 총리령으로 정하는 화장품의 품질관리 및 책임판매 후 안전관리에 관한 기준을 갖추어야 하며, 이를 관리할 수 있는 맞춤형화장품조제관리사를 두어야 한다.

⑤ 책임판매관리자의 자격기준과 직무 등에 관하여 필요한 사항은 총리령으로 정한다.

해설 화장품책임판매업을 등록하려는 자는 총리령으로 정하는 화장품의 품질관리 및 책임판매 후 안전관리에 관한 기준을 갖추어야 하며, 이를 관리할 수 있는 관리자(이하 "책임판매관리자"라 한다)를 두어야 한다.

답 : ④

235 화장품책임판매업의 등록이나 맞춤형화장품판매업의 신고를 할 수 있는 사람은?

① 「중증 지체장애인 및 정신질환자 복지서비스 지원에 관한 법률」에 따른 정신질환자.
② 피성년후견인 또는 파산선고를 받고 복권되지 아니한 자
③ 「마약류 관리에 관한 법률」에 따른 마약류의 중독자로 그 형 집행중인 자
④ 이 법 또는「보건범죄 단속에 관한 특별조치법」을 위반하여 금고 이상의 형을 선고받고 그 집행이 끝나지 아니하거나 그 집행을 받지 아니하기로 확정되지 아니한 자
⑤ 제24조(등록의 취소 등)에 따라 등록이 취소되거나 영업소가 폐쇄(이 조 제1호부터 제3호까지의 어느 하나에 해당하여 등록이 취소되거나 영업소가 폐쇄된 경우는 제외한다)된 날부터 1년이 지나지 아니한 자

해설 화장품법 제3조의3

답 : ①

236 화장품제조업을 등록할 자격이 제한된 설명으로 맞지 않는 것은?

① 「정신건강증진 및 정신질환자 복지서비스 지원에 관한 법률」 에 따른 정신질환자. 다만, 전문의가 화장품제조업자로서 적합하다고 인정하는 사람은 제외한다.
② 피성년후견인 또는 파산선고를 받고 복권되지 아니한 자
③ 「마약류 관리에 관한 법률」에 따른 마약류의 중독자
④ 「보건범죄 단속에 관한 특별조치법」을 위반하여 금고 이상의 형을 선고받고 그 집행이 끝나지 아니하거나 그 집행을 받지 아니하기로 확정되지 아니한 자
⑤ 제24조(등록의 취소 등)에 따라 등록이 취소되거나 영업소가 폐쇄된 날부터 2년이 지나지 아니한 자

해설 제24조(등록의 취소 등)에 따라 등록이 취소되거나 영업소가 폐쇄된 날부터 1년이 지나지 아니한 자

답 : ⑤

237 화장품책임판매업의 설명이 아닌 것은?

① 화장품을 직접 제조하여 유통 · 판매하는 영업
② 화장품제조업자에게 위탁하여 제조된 화장품을 유통 · 판매하는 영업
③ 수입된 화장품을 유통 · 판매하는 영업
④ 수입대행형 거래(「전자상거래 등에서의 소비자보호에 관한 법률」 제2조제1호에 따른 전자상거래만 해당한다)를 목적으로 화장품을 알선 · 수여(授與)하는 영업
⑤ 수입된 화장품의 내용물을 소분(小分)한 화장품을 판매하는 영업

해설 ⑤는 맞춤형화장품조제관리사의 업무이다.

답 : ⑤

238 화장품제조업을 등록하려는 할 때 갖추어야 하는 시설이 아닌 것은?

① 생산 제품의 견본을 진열하는 시설
② 작업대 등 제조에 필요한 시설 및 기구
③ 가루가 날리는 작업실은 가루를 제거하는 시설
④ 쥐 · 해충 및 먼지 등을 막을 수 있는 시설
⑤ 원료 · 자재 및 제품의 품질검사를 위하여 필요한 시험실

해설 더 추가되는 것은 원료 · 자재 및 제품을 보관하는 보관소, 품질검사에 필요한 시설 및 기구

답 : ①

239 기능성화장품의 심사에 필요하지 않는 것은?

① 기원(起源) 및 개발 경위에 관한 자료
② 천연성에 관한 자료
③ 안전성에 관한 자료
④ 유효성 또는 기능에 관한 자료
⑤ 자외선 차단지수 및 자외선A 차단등급 설정의 근거자료

해설 자외선을 차단 또는 산란시켜 자외선으로부터 피부를 보호하는 기능을 가진 화장품의 경우에는 자외선 차단지수 및 자외선A 차단등급 설정의 근거자료도 필요하다.

답 : ②

240 기능성화장품의 안전성에 관한 자료에 해당하지 않는 것은?

① 2차 피부 자극시험 자료
② 단회 투여 독성시험 자료
③ 안(眼)점막 자극 또는 그 밖의 점막 자극시험 자료
④ 피부 감작성시험(感作性試驗) 자료
⑤ 광독성(光毒性) 및 광감작성 시험 자료

해설 그밖에 1차 피부 자극시험 자료, 인체 첩포시험(貼布試驗) 자료.

답 : ①

241 화장품제조업자의 준수사항에 해당하지 않는 것은?

① 제조관리기준서 · 제품표준서 · 제조관리기록서 및 품질관리기록서(전자문서 형식을 포함한다)를 작성 · 보관할 것
② 혼합 · 소분 시 오염방지를 위하여 다음 각 목의 안전관리기준을 준수할 것
③ 보건위생상 위해(危害)가 없도록 제조소, 시설 및 기구를 위생적으로 관리하고 오염되지 아니하도록 할 것
④ 화장품의 제조에 필요한 시설 및 기구에 대하여 정기적으로 점검하여 작업에 지장이 없도록 관리 · 유지할 것
⑤ 작업소 에는 위해가 발생할 염려가 있는 물건을 두어서는 아니 되며, 작업소에서 국민보건 및 환경에 유해한 물질이 유출되거나 방출되지 아니하도록 할 것

해설 2번은 맞춤형화장품판매업자에 해당한다.

답 : ②

242 기초화장용 제품류에 포함되지 않은 것은?

① 바디 제품 ② 팩, 마스크
③ 눈 주위 제품 ④ 메이크업 리무버
⑤ 메이크업 픽서티브

해설 메이크업 픽서티브는 색조화장류이다.
기초화장류는
1) 수렴 · 유연 · 영양 화장수(face lotions) 2) 마사지 크림 3) 에센스, 오일
4) 파우더 5) 바디 제품 6) 팩, 마스크 7) 눈 주위 제품 8) 로션, 크림
9) 손 · 발의 피부연화 제품
10) 클렌징 워터, 클렌징 오일, 클렌징 로션, 클렌징크림 등 메이크업 리무버

답 : ⑤

243 맞춤형화장품 판매내역(전자문서 형식을 포함한다)을 작성 · 보관할 내용이 아닌 것은?

① 맞춤형화장품 식별번호 ② 판매일자
③ 판매량 ④ 판매가격
⑤ 사용기한 또는 개봉 후 사용기간

답 : ④

244 두발용 제품류에 포함되지 않은 것은?

① 포마드 ② 샴푸, 린스
③ 퍼머넌트 웨이브 ④ 흑채

⑤ 제모제

해설 체모 제거용 제품류

답 : ⑤

245 맞춤형화장품의 사용기한 또는 개봉 후 사용기간은 맞춤형화장품의 혼합 또는 소분에 사용되는 (   )의 사용기한 또는 개봉 후 사용 기간을 초과할 수 없다.

답 : 내용물

246 화장품 법은 (   )와(과) 화장품 산업의 발전에 기여함을 목적으로 한다.

답 : 국민보건향상

247 (   )(이)란 인체를 청결 · 미화하여 매력을 더하고 용모를 밝게 변화시키거나 피부 · 모발의 건강을 유지 또는 증진하기 위하여 인체에 바르고 문지르거나 뿌리는 등 이와 유사한 방법으로 사용되는 물품으로서 인체에 대한 작용이 경미한 것을 말한다.

답 : 화장품

248 화장품책임판매업자는 수입한 화장품에 대하여, 제품명 또는 국내에서 판매하려는 명칭, 원료성분의 규격 및 함량, 제조국, 제조회사명 및 제조회사의 소재지, 기능성화장품심사결과통지서 사본 사항을 적거나 또는 첨부한 (   )를(을) 작성 · 보관해야 한다.

답 : 수입관리기록서

249 "1차 포장"이란 화장품 제조 시 내용물과 직접 접촉하는 (   )를(을) 말한다.

답 : 포장용기

250 "2차 포장"이란 1차 포장을 수용하는 1개 또는 그 이상의 포장과 보호재 및 (   )으로 한 포장을 말한다.

답 : 표시의 목적

251 (   )(이)란 취급하는 화장품의 품질 및 안전 등을 관리하면서 이를 유통 · 판매하거나 수입대행형 거래를 목적으로 알선 · 수여(授與)하는 영업을 말한다.

답 : 화장품책임판매업

252 (　　)(이)란 화장품 중에서, 피부의 미백에 도움을 주는 것, 피부의 주름개선에 도움을 주는 것, 피부를 곱게 태워주거나 자외선으로부터 피부를 보호하는 데에 도움을 주는 것 등 총리령으로 정하는 화장품을 말한다.

답 : 기능성화장품

253 화장품책임판매업자는 영유아 또는 어린이가 사용할 수 있는 화장품임을 표시 · 광고하려는 경우에는 다음 각 호의 자료를 작성 및 보관하여야 한다.
① 제품 및 제조방법에 대한 설명 자료 ② 화장품의 (　　) 평가 자료

답 : 안전성

254 (　　)(이)란 동식물 및 그 유래 원료 등을 함유한 화장품으로서 식품의약품안전처장이 정하는 기준에 맞는 화장품을 말한다.

답 : 천연화장품

255 (　　)(이)란 유기농 원료, 동식물 및 그 유래 원료 등을 함유한 화장품으로서 식품의약품안전처장이 정하는 기준에 맞는 화장품을 말한다.

답 : 유기농화장품

256 유기농화장품은 유기농 함량이 전체 제품에서 10%이상이어야 하며, 유기농 함량을 포함한 천연 함량이 전체 제품에서 (　　) 이상으로 구성되어야 한다.

답 : 95%

257 (　　)(이)란 제조 또는 수입된 화장품의 내용물에 다른 화장품의 내용물이나 식품의약품안전처장이 정하는 원료를 추가하여 혼합한 화장품이나 제조 또는 수입된 화장품의 내용물을 소분(小分)한 화장품이다.

답 : 맞춤형화장품

258 천연화장품은 중량 기준으로 천연 함량이 전체 제품에서 (　　) 이상으로 구성되어야 한다.

답 : 95%

259 안전용기 · 포장"이란 만 ( )세 미만의 어린이가 개봉하기 어렵게 설계 · 고안된 용기나 포장을 말한다.

답 : 5

260 "사용기한"이란 화장품이 ( )부터 적절한 보관 상태에서 제품이 고유의 특성을 간직한 채 소비자가 안정적으로 사용할 수 있는 최소한의 기한을 말한다.

해설 제조한날, 제조일, 생산일도 답이 된다.

답 : 제조된 날

261 맞춤형화장품 ( )는(은) 맞춤형화장품의 혼합 또는 소분에 사용되는 내용물 및 원료의 제조번호와 혼합 · 소분 기록을 포함하여 맞춤형화장품판매업자가 부여한 번호를 말한다.

답 : 식별번호

262 화장품은 인체를 청결 · 미화하여 매력을 더하고 용모를 밝게 변화시키거나 피부 · 모발의 건강을 유지 또는 증진하기 위하여 인체에 바르고 문지르거나 뿌리는 등 이와 유사한 방법으로 사용되는 물품으로서 ( )이 경미한 것을 말한다. ( )안에 들어갈 내용은?

답 : 인체에 대한 작용

해설 [화장품법 2조1] 화장품의 정의

263 〈보기〉에 해당하는 화장품은?

(가) 피부의 미백에 도움을 주는 제품
(나) 피부의 주름개선에 도움을 주는 제품
(다) 피부를 곱게 태워주거나 자외선으로부터 피부를 보호하는 데에 도움을 주는 제품
(라) 모발의 색상 변화 · 제거 또는 영양공급에 도움을 주는 제품
(마) 피부나 모발의 기능 약화로 인한 건조함, 갈라짐, 빠짐, 각질화 등을 방지하거나 개선하는데 도움을 주는 제품

해설 [화장품법 2조2] 기능성화장품의 내용

답 : 기능성 화장품

264 가. 동식물 및 그 유래 원료 등을 함유한 화장품으로서 식품의약품안저처장이 정하는 기준에 맞는 화장품을 (㉠)(이)라고 한다.

나. 유기농 원료, 동식물 및 그 유래 원료 등을 함유한 화장품으로서 식품의약품안전처장이 정하는 기준에 맞는 화장품을 (㉡)(이)라고 한다. ㉠, ㉡에 들어갈 내용은?

해설 [화장품법 2조2의2,3] 천연화장품과 유기농화장품의 내용

답 : ㉠ 천연화장품 ㉡ 유기농화장품

265 맞춤형화장품에 대한 설명으로 ( )안에 공통으로 들어갈 내용은?

> 가. 제조 또는 수입된 화장품의 ( )에 다른 화장품의 ( )이나 식품의약품안전처장이 정하는 원료를 추가하여 혼합한 화장품
> 나. 제조 또는 수입된 화장품의 ( )을 소분(小分)한 화장품

해설 [화장품법 2조3의2] 맞춤형화장품의 내용

답 : 내용물

266 화장품 제조 시 내용물과 직접 접촉하는 포장용기를(㉠)이라고 하며, (㉠)을 수용하는 1개 또는 그 이상의 포장과 보호재 및 표시의 목적으로 하는 것을 (㉡)이라고 한다. ㉠, ㉡에 들어갈 내용은?

해설 [화장품법 2조6, 7] 1차포장 2차포장 내용

답 : ㉠ 1차 포장 ㉡ 2차 포장

267 ㉠, ㉡에 들어갈 단어는?

> 가. 화장품의 전부 또는 일부를 제조하는 영업을 (㉠)(이)라고 한다.
> 나. 취급하는 화장품의 품질 및 안전 등을 관리하면서 이를 유통 · 판매하거나 수입대행형 거래를 목적으로 알선 · 수여(授與)하는 영업을 (㉡)(이)라고 한다.

답 : ㉠ 화장품제조업 ㉡ 화장품책임판매업

268 화장품제조업 또는 화장품책임판매업을 등록하려는 자는 총리령이 정하는 시설기준을 갖추어야 하며, 화장품의 ( ) 및 책임판매 후 안전관리에 관한 기준을 갖추어야 하며, 이를 관리할 수 있는 책임판매관리자를 두어야 한다.

해설 [화장품법 제3조]영업의 등록의 내용

답 : 품질관리

269 **(　　　　　　　)(이)가 되려는 사람은 화장품과 원료 등에 대하여 식품의약품안전 처장이 실시하는 자격시험에 합격하여야 하며, 식품의약품안전처장은 거짓이나 그 밖의 부정한 방법으로 시험에 합격한 경우에는 자격을 취소하여야 하며, 자격이 취소된 날부터 3년간 자격시험에 응시할 수 없다. (　)안에 들어갈 내용은?**

해설 [화장품법 제3조의4] 맞춤형화장품조제관리사 자격시험의 내용

답 : 맞춤형화장품조제관리사

270 **화장품책임판매업자은 영유아 또는 어린이가 사용할 수 있는 화장품임을 표시 · 광고하려는 경우에는 제품별 (　　　　　)를 작성 및 보관하여야 한다. (　)안에 들어갈 내용은?**

해설 [제4조의2]영유아 또는 어린이 사용 화장품의 관리중의 내용

답 : 안전성 자료

271 **(　　)(이)란 화장품의 사용 중 발생한 바람직하지 않고 의도하지 아니한 징후, 증상 또는 질병을 말하며, 해당 화장품과 반드시 인과관계를 가져야 하는 것은 아니다. (　)안에 들어갈 내용은?**

해설 [시행규칙11조10호] 화장품 안정성 정보관리규정(제2조의1)의 내용

답 : 유해사례

272 **화장품의 1차 포장 또는 2차 포장에 기재 · 표시하여야 할 사항으로 내용량이 소량인 화장품의 포장 등 총리령으로 정하는 포장에는 화장품의 명칭, 화장품책임판매업자 및 맞춤형화장품판매업자의 상호, 가격, 제조번호와 (　　　　　　　　)만을 기재 · 표시 할 수 있다.**

해설 [제10조] 화장품의 기재사항 내용

답 : 사용기한 또는 개봉 후 사용기간

273 **식품의약품안전처장 또는 지방식품의약품안전청장은 화장품 안전관리를 위하여 제17조(단체 설립)에 따라 설립된 단체 또는 「소비자기본법」에 따라 등록한 소비자단체의 임직원 중 해당 단체의 장이 추천한 사람이나 화장품 안전관리에 관한 지식이 있는 사람을 (소비자화장품안전관리감시원)으로 위촉할 수 있다. (　　　　　　　　)에 알맞은 용어는?**

답 : 소비자화장품안전관리감시원 또는 소비자화장품감시원

274 **맞춤형화장품판매업의 신고에 관한 내용으로 옳지 않는 것은?**

① 맞춤형화장품판매업 신고를 하려는 자는 식품의약품안전처장에게 제출하여야 한다.

② 제1항에 따라 신고서를 받은 지방식품의약품안전청장은 「전자정부법」 제36조제1항 에 따른 행정정보의 공동이용을 통하여 법인 등기사항증명서(법인인 경우만 해당한다)를 확인하여야 한다.

③ 지방식품의약품안전청장은 제2항에 따른 신고가 요건을 갖춘 경우에는 맞춤형화장품 판매업 신고대장에 다음 각 호의 사항을 적고, 별지 제4호의2서식의 맞춤형화장품판매업 신고필증을 발급하여야 한다.

④ 맞춤형화장품조제관리사의 자격증(2명 이상의 맞춤형화장품조제관리사를 두는 경우 대표하는 1명의 자격증만 제출할 수 있다)

⑤ 법 제2조제3호의2에 따른 맞춤형화장품의 혼합 또는 소분에 사용되는 내용물 및 원료를 제공하는 책임판매업자(영 제2조제2호라목의 화장품책임판매업자와 대외무역법 제12조에 따라 화장품을 병행으로 수입하여 유통 · 판매하려는 책임판매업자는 제외)와 체결한 계약서 사본(다만, 책임판매업자와 맞춤형화장품판매업자가 동일한 경우에는 계약서 제출을 생략할 수 있다)

해설 화장품법 제4조의2, 소재지별로 별지 제3호의2서식의 맞춤형화장품판매업 신고서(전자문서로 된 신고서를 포함한다)에 다음 각 호의 서류(전자문서를 포함한다)를 첨부하여 맞춤형화장품판매업소의 소재지를 관할하는 지방식품의약품안전청장에게 제출하여야 한다.

답 : ①

275 맞춤형화장품판매업 신고필증을 발급시 기재사항이 아닌 것은?

① 맞춤형화장품 재료 생산업체 상호나 법인명칭
② 맞춤형화장품판매업소의 소재지
③ 맞춤형화장품조제관리사의 성명 및 생년월일
④ 맞춤형화장품조제관리사의 자격증 번호
⑤ 맞춤형화장품 사용 계약을 체결한 책임판매업자의 상호나 법인명칭)

답 : ①

해설 제4조의2(맞춤형화장품판매업의 신고)에 의하면, 이외에 신고번호 및 신고연월일, 맞춤형화장품판매업자의 성명 및 생년월일(법인인 경우에는 대표자의 성명 및 생년월일), 맞춤형화장품판매업자의 상호나 법인 명칭이 기재된다.

276 맞춤형화장품판매업자가 변경신고에 관한 설명이다. 맞지 않는 것은?

제5조의2(맞춤형화장품판매업의 변경신고) ① 법 제3조의2제1항 후단에 따라 맞춤형화장품판매업자가 변경신고를 하여야 하는 경우는 다음 각 호와 같다.

① 맞춤형화장품판매업자의 변경(법인인 경우에는 대표자의 변경) 시 신고

② 맞춤형화장품 사용계약을 체결한 화장품제조업자의 변경 시 신고
③ 맞춤형화장품판매업소의 소재지 변경 시 신고
④ 맞춤형화장품조제관리사의 변경 시 신고
⑤ 맞춤형화장품 사용계약을 체결한 책임판매업자의 변경 시 신고

해설 제5조의2(맞춤형화장품판매업의 변경신고)에 의하면, 2. 맞춤형화장품판매업자의 상호 변경(법인인 경우에는 법인의 명칭 변경) 시에도 신고

답 : ②

277 맞춤형화장품판매업자가 준수하여야 할 사항이 아닌 것은?

① 맞춤형화장품판매업소마다 맞춤형화장품조제관리사를 둘 것
② 둘 이상의 책임판매업자와 계약하는 경우 사전에 각각의 책임판매업자에게 고지한 후 계약을 체결하여야 하며, 맞춤형화장품 혼합 · 소분 시 책임판매업자와 계약한 사항을 준수할 것
④ 보건위생상 위해가 없도록 맞춤형화장품 혼합 · 소분에 필요한 장소, 시설 및 기구를 정기적으로 점검하여 작업에 지장이 없도록 위생적으로 관리 · 유지할 것
⑤ 맞춤형화장품과 관련하여 안전성 정보(부작용 발생 사례를 포함한다)에 대하여 신속히 제조업자에게 보고할 것

해설 제12조의2(맞춤형화장품판매업자의 준수사항 등)에 의하면, 맞춤형화장품과 관련하여 안전성 정보(부작용 발생 사례를 포함한다)에 대하여 신속히 책임판매업자에게 보고한다.

답 : ⑤

278 맞춤형화장품판매업자가 작성 보관해야할 의무 사항이 아닌 것은?

① 맞춤형화장품 식별번호
② 판매일자
③ 판매량
④ 사용기한 또는 개봉 후 사용기간
⑤ 혼합 또는 소분일자

해설 제12조의2

답 : ⑤

279 (   )에 맞는 용어를 넣으세요.

맞춤형화장품의 사용기한 또는 개봉 후 사용기간은 맞춤형화장품의 혼합 또는 소분에 사용되는 (   )의 사용기한 또는 개봉 후 사용기간을 초과할 수 없다.

해설 제12조의2

답 : 내용물

280 **(　　)에 맞는 용어를 채우세요.**

> 화장품을 회수하거나 회수하는 데에 필요한 조치를 하려는 영업자로서 맞춤형화장품의 경우 맞춤형화장품판매업자와 사용계약을 체결한 (　　　　)을(를) 회수의무자로 본다.

해설 제14조의3(위해화장품의 위해등급평가 및 회수절차 등)

답 : 책임판매업자

281 **(　　)에 맞는 용어를 채우세요.**

> 회수의무자는 그가 제조 또는 수입하거나 유통 · 판매한 화장품이 제14조의2에 따른 회수대상화장품으로 의심되는 경우에는 지체없이 다음 각 호의 기준에 따라 해당 화장품에 대한 (위해성 등급)을(를) 평가하여야 한다.

해설 제14조의3(위해화장품의 위해등급평가 및 회수절차 등)

답 : 위해성 등급

282 **회수대상화장품의 2등급 위해성에 대한 설명이다. (　　)를 채우세요.**

> 가. 화장품 사용으로 인하여 인체건강에 미치는 위해영향이 크지 않거나 일시적인 경우
> 나. 식품의약품안전처장이 정하여 고시한 화장품에 사용할 수 없는 원료를 사용하였거나 사용상의 제한이 필요한 원료의 사용기준을 위반하여 사용한 경우 또는 ( )에 적합하지 않은 경우

해설 제14조의3(위해화장품의 위해등급평가 및 회수절차 등)

답 : 유통화장품 안전관리 기준

제2과목

화장품 제조 및 품질관리

적중예상문제

1 **정제수의 특징으로 틀린 것은?**

① 정제수는 제품의 10% 이상을 차지하는 매우 중요한 성분이다.
② 정제수는 모든 색조화장품에 필수적인 원료이다.
③ 정제수는 정제시키고 UV램프로 살균한 물을 사용한다.
④ 정제수는 피부보습의 기초물질이다.
⑤ 정제수는 화장품에 있어 가장 중요한 성분 가운데 하나이다.

해설 정제수는 일부 색조화장품(립스틱, 아이섀도)을 빼놓고는 필수적인 원료이다.

답 : ②

2 **화장품의 성분 중 유성원료의 특징으로 틀린 것은?**

① 피부 및 모발에 유연성, 윤활작용, 광택부여
② 피부에 소수성 피막을 형성해 외부 유해물질 침투 억제작용
③ 피부 표면의 수분증발 억제에 의한 피부건조 방지
④ 자외선흡수제, 비타민유, 석수(염료) 등 특수성분을 쉽게 녹여줌
⑤ 제품 사용 시 감촉에 주는 영향이 커, 각종의 수용성 고분자가 목적에 따라 선택적으로 사용

해설 ⑤은 점증제의 특징이다.

답 : ⑤

3 **수성원료의 알코올에 대한 설명으로 틀린 것은?**

① 청량감을 준다.
② 건조촉진제등 으로 이용된다.
③ 에틸알코올은 아스트리젠트, 화장수 등으로 사용된다.
③ 휘발성이 좋다
④ 소독, 살균작용으로 사용된다.
⑤ 민감성, 건성피부에 사용하면 좋다.

해설 민감성, 건성피부에 사용하면 건조함 촉진시킬 수 있다.

답 : ⑤

4 **수성원료의 성분으로 틀린 것은?**

① 에틸알코올
② 에틸렌글리콜
③ 글리세린
④ 스쿠알렌
⑤ 솔비톨

해설 ④은 동물성오일의 성분중 하나이다.

답 : ④

5 **유성원료의 특징으로 맞는 것은?**

① 식물성 오일은 식물의 잎이나 열매에서 추출하며, 피부흡수가 좋다.
② 동물성 오일은 동물의 피하조직 등에서 추출하며 피부친화성이 좋으나 피부흡수가 늦다.
③ 합성오일은 화학적으로 합성한 오일로 쉽게 변질된다.
④ 왁스류는 기초화장품이나 메이크업화장품에 널리 사용되는 고형의 유성성분이다.
⑤ 유성원료는 바셀린, 밍크오일, 호호바유, 닥나무추출물 등이 있다.

해설 식물성오일은 피부의 흡수가 느려 마사지로 흡수를 도와줄 수 있고, 동물성오일은 흡수가 빠르고 피부친화력이 좋은 장점이 있으며, 합성오일은 화학적으로 합성한 오일로 식물성오일이나 광물성오일에 비해 쉽게 변질되지 않는다. 닥나무 추출물은 미백에 도움을 주는 제품의 성분이다.

답 : ⑤

6 **다음 중 맞게 짝지어진 원료는?**

① 트리에틸렌글리콜, 시트로넬롤
② 벤조페논, 벤조나이트
③ 구아검, 산탄검
④ B.H.A, 아데노신
⑤ 참나무이끼추출물, 닥나무추출물

해설 점증 제는 제품의 점도를 조절하는 목적으로 사용한다.

답 : ③

7 **다음 중 원료의 특징이 틀린 것은?**

① 아밀신남알
② 벤질벤조이이트
③ 파네솔
④ 나무이끼추출물
⑤ 6-히르록시인돌

해설 알레르기 유발성분과 염모제를 구별한다.

답 : ⑤

8 다음 〈보기〉에서 ㉠에 적합한 용어를 찾으시오.

> 계면활성제의 종류 중 세정작용과 기포형성작용이 우수하여 비누, 샴푸, 클렌징품 등에 사용되는 것은 (㉠)계면활성제이다.

① 음이온
② 양이온
③ 비이온성
④ 양쪽성
⑤ 분산

답 : ①

9 계면활성제의 특징으로 옳은 것은?

① 음이온 계면활성제: 세정력과 기포형성이 우수하며 샴푸와 헤어린스등에 사용된다.
② 양이온 계면활성제: 살균, 소독, 정전기 발생을 억제하므로 클렌징 폼에 사용된다.
③ 비이온성 계면활성제: 세정작용이 있으며 피부자극이 적어 저자극 샴푸, 베이비샴푸 등에 사용된다.
④ 양쪽성 계면활성제: 피부자극이 적어 화장수의 가용화제, 메이크업화장품 등에 사용된다.
⑤ 계면활성제를 분류하면 유화제, 가용화제, 분산제 등을 구분할 수 있다.

해설

음이온계면활성제	세정력, 기포형성/ 비누, 샴푸, 클렌징제품,
양이온계면활성제	살균, 소독, 정전기억제/ 헤어린스, 트리트먼트
양쪽성계면활성제	피부작극이 적음/ 저 자극샴푸, 베이비샴푸
비이온계면활성제	피부자극이 적음/ 기초, 메이크업 화장품

답 : ⑤

10 계면활성제의 피부자극 순서로 올바른 것은?

① 양이온성〉양쪽성〉음이온성〉비이온성
② 비이온성〉양쪽성〉음이온성〉양이온성
③ 음이 온성〉비이온성〉양이온성〉양쪽성
④ 양이온성〉음이 온성〉양쪽성〉비이온성
⑤ 양쪽성〉양이온성〉음이온성〉비이온성

해설 계면활성제의 피부자극은 양이온성〉음이온성〉양쪽성〉비이온성 순이다.

답 : ④

11 자외선차단제 성분과 최대 함량이 옳게 짝지어진 것은?

① 벤조페논-3 : 25%
② 징크옥사이드 : 25%
③ 티나늄디옥사이드 : 10%
④ 옥토그릴렌 : 5%
⑤ 벤조페논 -4 : 10%

해설 벤조페논-3,4,5 : 5%, 징크옥사이드, 티타늄디옥사이드 : 25%, 옥토그릴렌: 10%

답 : ②

12 주름개선에 도움을 주는 제품의 성분으로 옳지 않은 것은?

① 알부틴
② 레티놀
③ 레티닐팔미테이트
④ 아데노신
⑤ 폴리에톡실레이티드레틴아마이드

해설 알부틴은 미백에 도움을 주는 제품의 성분이다.

답 : ①

13 화장품의 함유 성분별 사용 시 주의사항으로 옳지 않은 것은?

① 과산화수소: 눈에 접촉을 피하고 눈에 들어갔을 때는 즉시 씻어낼 것
② 살리실릭애씨드 및 그염류: 만 3세 이하 어린이에게는 사용하지 말 것
③ 카민 함유 제품: 카민성문에 과민하거나 알레르기가 있는 사람은 신중히 사용할 것
④ 포름알데하이드 0.05%이상 검출된 제품: 포름알데하이드 성분에 과민한 사람은 신중히 사용할 것
⑤ 실버나이트레이트함유 제품: 눈에 접촉을 피하고 눈에 들어갔을 때는 즉시 씻어낼 것

해설 살리실릭애씨드 및 그염류: 만 13세 이하 어린이에게는 사용하지 말 것

답 : ②

14 화장품에 사용되는 원료의 특징을 설명한 것으로 옳은 것은?

① 금속이온봉쇄제는 주로 점도증가, 피막형성 등의 목적으로 사용된다.
② 계면활성제는 계면에 흡착하여 계면의 성질을 현저히 변화시키는 물질이다.
③ 고분자화합물은 원료 중에 혼입되어 있는 이온을 제거할 목적으로 사용된다.
④ 산화방지제는 수분의 증발을 억제하고 사용감촉을 향상시키는 등의 목적으로 사용된다.
⑤ 유성원료는 산화되기 쉬운 성분을 함유한 물질에 첨가하여 산패를 막을 목적으로 사용된다.

해설 • 금속이온봉쇄제: 산화, 산패방지
• 고분자화합물: 네일에나멜의 피막제, 팩, 헤어스프레이
• 산화방지제: 항산화제
• 유성원료: 피지막을 형성하여 피부의 수분증발을 억제, 유연성과 윤활성을 부여

답 : ②

15 화장품을 개봉한 후 미생물에 의한 변질을 막기위해 사용하는 원료의 성분으로 틀린 것은?

① 파라벤
② 페녹시에탄올
③ 이미다졸리디닐우레아
④ 페노닙
⑤ 부틸렌글라이콜

해설 부틸렌글라이콜은 보습제

답 : ⑤

16 미백에 도움을 주는 제품의 성분 및 함량이 맞게 짝지어진 것은?

① 닥나무 추출물 : 2~5%
② 알부틴 : 2%
③ 나이아신마이드 : 2~5%
④ 유용성감초추출물 : 2%
⑤ 아스코르빌글루코사이드 : 2~5%

해설

연번	성분명	함량
1	닥나무추출물	2%
2	알부틴	2~5%
3	에칠아스코빌에텔	1~2%
4	유용성감초추출물	0.05%
5	아스코빌글루코사이드	2%
6	마그네슘아스코빌포스페이트	3%
7	나이아신아마이드	2~5%
8	알파-비사보롤	0.5%
9	아스코빌테트라이소팔미테이트	2%

답 : ③

17 식물성 오일에 속하지 않는 것은?

① 올리브유
② 호호바유
③ 팜유
④ 아몬드유
⑤ 밍크유

해설 식물성오일은 올리리유, 호호바유, 팜유, 아몬드유등이 있다.

답 : ⑤

18 **산화 방지제 성분으로 옳은 것은?**

① BHA, BHT
② 아밀신남알
③ 이소유제놀
④ 벤질신나메이트
⑤ 시트랄

해설 아밀신남알, 이소유제놀, 벤질신나메이트, 시트랄은 알레르기 유발성분의 착향제이다.

답 : ①

19 **천연원료와 천연유래원료에 대한 설명으로 옳지 않은 것은?**

① 유기농 원료는 유기농 수산물 또는 이를 고시에서 허용하는 물리적 공정에 따라 가공한 것
② 식물 원료는 해조류와 같은 해양식물, 버섯과 같은 균사체를 포함한 것
③ 동물성원료는 동물 그 자체(세포, 조직, 장기)는 제외하고, 이 고시에서 허용하는 물리적 공정에 따라 가공한 것
④ 미네랄 원료란 화석연료로부터 기원한 물질을 포함한 이 고시에서 허용하는 물리적 공정에 따라 가공한 원료
⑤ 천연유래원료는 이 고시에서 허용하는 화학적 또는 생물학적 공정에 따라 가공한 원료

해설 미네랄원료란 지질학적 작용에 의해 자연적으로 생성된 물질을 가지고 이 고시에서 허용하는 물리적 공정에 따라 가공한 화장품 원료, 화석연료로부터 기원한 물질은 제외

답 : ④

20 **유기농화장품의 제조 공정에서 금지되는 공정이 아닌 것은?**

① 탈색, 탈취, 방사선조사, 설폰화, 수은화합물을 사용한 처리, 포름알데하이드사용 등
② 유전자 변형 원료 배합
③ 니트로스아민류 배합 및 생성
④ 일면 또는 다면의 외형 또는 내부구조를 가지도록 의도적으로 만들어진 불용성이거나 생체지속성인 1~100나노미터 크기의 물질 배합
⑤ 공기, 산소, 질소, 이산화탄소, 아르곤 가스 분사제 사용

해설 유기농화장품 원료의 제조공정은 간단하고 오염을 일으키지 않으며, 원료 고유의 품질이 유지될 수 있어야 한다.

답 : ⑤

21 **유기농 화장품 함량으로 옳은 것은?**

① 유기농함량이 5%이상, 유기농 함량을 포함한 천연함량이 전체제품에 90%이상 구성되어야한다.
② 유기농함량이 10%이상, 유기농 함량을 포함한 천연함량이 전체제품에 90%이상 구성되어야한다.
③ 유기농함량이 20%이상, 유기농 함량을 포함한 천연함량이 전체제품에 90%이상 구성되어야한다.
④ 유기농함량이 5%이상, 유기농 함량을 포함한 천연함량이 전체제품에 95%이상 구성되어야한다.
⑤ 유기농함량이 10%이상, 유기농 함량을 포함한 천연함량이 전체제품에 95%이상 구성되어야한다.

해설 천연화장품과 유기농화장품의 원료조성에 대해서 알아본다.

답 : ⑤

22 **천연화장품과 유기농화장품에 대한 설명으로 옳지 않은 것은?**

① 용기와 포장에 폴리염화비닐(Polyvinyl chloride (PVC)), 폴리스티렌폼(Polystyrene foam)을 사용할 수 없다.
② 천연화장품과 유기농화장품의 인증은 의무사항이다.
③ 천연화장품은 천연함량이 전체 제품에서 95% 이상으로 구성되어야 한다.
④ 표시 및 포장 전 상태의 유기농화장품은 다른 화장품과 구분하여 보관하여야 한다.
⑤ 천연화장품 및 유기농화장품의 제조에 사용할 수 있는 원료 천연원료, 천연유래원료, 물 등이 있다.

답 : ②

23 **천연원료에서 석유화학용제를 이용하여 추출할 수 있는 허용 기타원료에서 천연화장품에만 허용하는 원료는?**

① 베타인, 카라기난
② 오리자놀, 콘크리트
③ 앱솔루트, 레지노이드
④ 앱솔루트, 라롤린
⑤ 잔탄검, 알긴베타인

해설 앱솔루트, 콘크리트, 레지노이드는 천연화장품에만 허용된 석유화학용제 추출물이다.

답 : ③

24 **화장품법상 화장품의 정의에 대한 내용이다. 괄호안의 내용이 맞는 것은?**

> 인체를 (ㄱ), 미화하여 매력을 더하고 용모를 밝게 변화시키거나 피부, (ㄴ)의 (ㄷ)을 유지 또는 증진하기 위하여 인체에 바르고 문지르거나 뿌리는 등 이와 유사한 방법으로 사용되는 물품으로서 인체에 대한 작용이 (ㄹ)한 것을 말한다.
> 다만, 약사법 제2조 제4호의 (ㅁ)에 해당하는 물품은 제외한다.

① ㄱ－청결
② ㄴ－두피
③ ㄷ－질병
④ ㄹ－민감
⑤ ㅁ－의약외품

해설 화장품이란 인체를 청결, 미화하여 매력을 더하고 용모를 밝게 변화시키거나 피부, 모발의 건강을 유지 또는 증진하기 위하여 인체에 바르고 문지르거나 뿌리는 등 이와 유사한 방법으로 사용되는 물품으로서 인체에 대한 작용이 경미한 것을 말한다.
다만, 약사법 제2조 제4호의 의약품에 해당하는 물품은 제외한다.

답 : ①

25 **화장품의 4대 품질이 아닌 것은?**

① 안전성
② 안정성
③ 유용성
④ 사용성
⑤ 지속성

해설 화장품의 4대 요건 : 안전성, 안정성, 유용성, 사용성

답 : ⑤

26 **화장품의 효과로 볼 수 없는 것은?**

① 피부를 세정하고 피부를 보호해준다.
② 피부에 탄력을 주어 피부의 주름완화에 도움을 준다.
③ 피부에 침착된 멜라닌색소의 색을 엷게 해주는데 도움을 준다.
④ 자외선으로부터 피부를 보호해 준다.
⑤ 아토피성 피부로 인한 건주함을 치료해 준다.

답 : ⑤

27 **기능성 화장품의 범위에 해당 되지 않는 것은?**

① 미백에 도움을 주는 화장품
② 자외선으로부터 피부를 보호하는 기능을 주는 화장품

③ 튼 살로 인한 붉은 선을 엷게하는데 도움을 주는 화장품
④ 주름을 완화 또는 개선하는 기능을 가진 화장품
⑤ 물리적으로 모발을 굵게 보이게 하는 화장품

해설 기능성화장품2조 8호 : 탈모증상의 완화에 도움을 주는 화장품, 다만 코팅 등 물리적으로 모발을 굵게 보이게 하는 제품은 제외된다.

답 : ⑤

28 **기능성 화장품에 대한 설명으로 맞는 것은?**

① 모발의 색상을 변화시키는 기능을 가진 화장품. 다만, 일시적으로 모발의 색상을 변화시키는 제품은 포함한다.
② 체모를 제거하는 기능을 가진 화장품. 다만, 물리적으로 체모를 제거하는 제품은 포함한다.
③ 탈모 증상의 완화에 도움을 주는 화장품. 다만, 코팅 등 물리적으로 모발을 굵게 보이게 하는 제품은 포함한다.
④ 여드름성 피부를 완화하는 데 도움을 주는 화장품. 다만, 인체세정용 제품류로 한정한다.
⑤ 튼 살로 인한 붉은 선을 엷게 하는 데 도움을 주는 화장품

해설 기능성 화장품의 범위를 확인한다.

답 : ④

29 **자외선 차단제에 대한 설명으로 틀린 것은?**

① 자외선차단제는 자외선 흡수제와 자외선 산란제로 구분 된다
② 자외선 차단 제는 일광에 노출하기 전에 바르는 것이 좋다
③ 자외선 차단 제는 2~3시간 마다 덧바르는 것이 좋다
④ 자외선 차단 제에서 PA는 UVA차단을 표시한다.
⑤ 피부 평변이 있는 부위에 사용해도 무관하다

해설 SPF지수가 높을수록 징크옥사이드나 티타늄옥사이드 같은 피부자극을 주는 성분이 많이 함유되어있어 염증이 생길 위험이 크다.

답 : ⑤

30 **기능성 화장품 중 종류와 성분이 맞게 짝지어 진 것은?**

① 자외선차단제 : 징크옥사이드
② 미백화장품 : 참나무이끼 추출물
③ 주름개선화장품 : 아데노신
④ 체모의 제거 : 치오글리콜산80%

⑤ 염모제 : o-아미노페놀

해설 참나무이끼추출물은 알레르기 유발하는 착향제중 하나이다.

답 : ②

31 기능성 화장품의 성분과 함량으로 옳은 것은?

① 살리실릭애씨드 : 0.5%
② 치오글리콜산80% : 치오글리콜산으로서 3.0~4.5%
③ 벤조페논-8 : 3%
④ 아데노신 : 0.04%
⑤ 아스코빌글루코사이드 : 0.01%

해설 아스코빌글루코사이드(2%)는 미백화장품의 성분중 하나이다.

답 : ⑤

32 "질병의 예방 및 치료에 의한 의약품이 아님"이라는 문구기재가 필요하지 않는 기능성화장품은?

① 탈모
② 염모
③ 여드름
④ 아토피
⑤ 튼살

해설 기능성화장품 중 탈모, 여드름, 아토피, 튼살은 "질병의 예방 및 치료에 의한 의약품이 아님"이라는 문구기재를 해야 한다.

답 : ②

33 맞춤형 화장품에 대한 설명으로 옳지 않은 것은?

① 개인의 피부타입, 선호도 등을 반영하여 판매장에서 즉석으로 제품을 혼합, 소분한 제품을 말한다.
② 화장품의 내용물에 다른 화장품의 내용물 또는 식약처장이 정하는 원료를 혼합한 화장품이다.
③ 맞춤형 화장품을 판매하고자하는 자는 맞춤형화장품 판매업으로 식약처 관할 지방청에 신고하여야 한다.
④ 맞춤형 화장품 판매장에는 혼합, 소분 등을 담당하는 맞춤형조제관리사를 두어야한다.
⑤ 맞춤형 화장품 판매업자는 화장품의 원료의 혼합, 소분하는 업무를 담당할 수 있다.

해설 화장품의 원료의 혼합 소분하는 업무를 담당하는 자는 국가자격시험을 통과한 맞춤형조제관리사다.

답 : ⑤

34 **맞춤형화장품 조제관리사가 올바르게 업무를 진행한 경우를 모두 고르시오.**

ㄱ. 고객으로부터 선택된 맞춤형화장품을 조제관리사가 매장 조제실에서 직접 조제하여 전달하였다.
ㄴ. 조제관리사는 썬 크림을 조제하기 위하여 에틸헥실메톡시신나메이트를 10%로 배합, 조제하여 판매하였다.
ㄷ. 책임판매업자가 기능성화장품으로 심사 또는 보고를 완료한 제품을 맞춤형화장품 조제관리사가 소분하여 판매하였다.
ㄹ. 맞춤형화장품 구매를 위하여 인터넷 주문을 진행한 고객에게 조제관리사는 전자상거래 담당자에게 직접 조제하여 제품을 배송까지 진행하도록 지시하였다.

답 : ㄱ, ㄷ

35 **맞춤형화장품의 내용물 및 원료에 대한 품질검사결과를 확인해 볼 수 있는 서류로 옳은 것은?**

① 품질규격서
② 품질성적서
③ 제조공정도
④ 포장지시서
⑤ 칭량지시서

해설 맞춤형 화장품의 내용물 및 원료의 입고 시 품질관리를 확인하고 책임판매업자가 제공하는 품질성적서를 구비해야한다.

답 : ②

36 **맞춤형화장품 매장에 근무하는 조제관리사에게 향료 알레르기가 있는 고객이 제품에 대해 문의를 해왔다. 조제관리사가 제품에 부착된 〈보기〉의 설명서를 참조하여 고객에게 안내해야 할 말로 가장 적절한 것은?**

- 제품명: 유기농 모이스춰로션
- 제품의 유형: 액상 에멀젼류
- 내용량: 50g
- 전성분: 정제수, 1,3부틸렌글리콜, 글리세린, 스쿠알란, 호호바유, 모노스테아린산글리세린, 피이지 소르비탄지방산에스터, 1,2헥산디올, 녹차추출물, 황금추출물, 참나무이끼추출물, 토코페롤, 잔탄검, 구연산나트륨, 수산화칼륨, 벤질알코올, 유제놀, 리모넨

① 이 제품은 유기농 화장품으로 알레르기 반응을 일으키지 않습니다.
② 이 제품은 알레르기는 면역성이 있어 반복해서 사용하면 완화될 수 있습니다.

③ 이 제품은 조제관리사가 조제한 제품이어서 알레르기 반응을 일으키지 않습니다.

④ 이 제품은 알레르기 완화 물질이 첨가되어 있어 알레르기 체질개선에 효과가 있습니다.

⑤ 이 제품은 알레르기를 유발할 수 있는 성분이 포함되어 있어 사용 시 주의를 요합니다.

해설 참나무이끼추출물, 벤질알코올, 유제놀, 리모넨은화장품 사용 시의 주의사항 및 알레르기 유발성분 표시에 관한 규정에 의한 성분이다.

답 : ⑤

37 맞춤형화장품의 원료로 사용할 수 있는 경우로 적합한 것은?

① 보존 제를 직접 첨가한 제품

② 자외선차단제를 직접 첨가한 제품

③ 화장품에 사용할 수 없는 원료를 첨가한 제품

④ 식품의약품안전처장이 고시하는 기능성화장품의 효능 · 효과를 나타내는 원료를 첨가한 제품

⑤ 해당 화장품책임판매업자가 식품의약품안전처장이 고시하는 기능성화장품의 효능 · 효과를 나타내는 원료를 포함하여 식약처로 부터 심사를 받거나 보고서를 제출한 경우에 해당하는 제품

답 : ⑤

38 맞춤형 화장품 표시, 기재사항을 모두 고르시오.

ㄱ-화장품 명칭
ㄷ-식별번호
ㄴ-가격
ㄹ-사용기한 또는 개봉 후 사용기간
ㅁ-책임판매업자 및 맞춤형화장품판매업자 상호

① ㄱ
② ㄱ, ㄴ
③ ㄱ,ㄴ,ㄷ
④ ㄱ, ㄴ, ㄷ, ㄹ
⑤ ㄱ, ㄴ, ㄷ, ㄹ, ㅁ

해설 맞춤형화장품의 표시, 기재사항은 화장품명칭, 가격, 식별번호, 사용기한 또는 개봉 후 사용기간, 책임판매업자 및 맞춤형화장품판매업자 상호가 기재되어야 한다.

답 : ⑤

39 **위해평가 결과 및 해외 규제동향을 고려하여 화장품에 사용되는 사용금지 원료로 개정된 원료?**

① 만수국꽃 추출물
② 땅콩오일
③ 클로로펜
④ 천수국꽃 추출물
⑤ 메칠이소치아졸리논

해설 • 만수국꽃 추출물, 땅콩오일 : 사용제한원료, 땅콩오일, 메칠이소치아졸리논 : 사용제한 보존제
• 천수국꽃 추출물 : 사용금지원료(2019.10.17.개정,2020.4.18시행)

답 : ④

40 **화장품에 사용되는 사용제한 원료인 만수국 꽃 추출물 또는 오일에 대한 설명으로 옳지 않은 것은?**

① 사용 후 씻어내는 제품에 0.1%
② 사용 후 씻어내지 않는 제품에 0.01%
③ 자외선 차단제품 또는 자외선을 이용한 태닝을 목적으로 하는 제품에는 사용금지
④ 원료중 알파 테르티에닐(테르티오펜) 함량은 0.35%이하
⑤ 인체세정용 제품류에 2%

해설 만수국 꽃 추출물은 사용제한 원료로 사용 후 씻어내는 제품에 0.1%, 사용 후 씻어내지 않는 제품에 0.01%, 자외선 차단제품 또는 자외선을 이용한 태닝을 목적으로 하는 제품에는 사용금지, 원료 중 알파 테르티에닐(테르티오펜) 함량은 0.35%이하로 사용할 수 있다.

답 : ⑤

41 **화장품에 사용되는 보존제의 사용제한 원료의 사용한도가 틀리게 연결된 것은?**

① 디메칠옥사졸리딘－0.005%
② p－클로로－m－크레졸－0.04
③ 클로로펜－0.05%
④ 프로니오닉애씨드 및 그 염류－0.9%
⑤ 메칠이소치아졸리논－0.0015%

해설 디메칠옥사졸리딘－0.05%

답 : ①

42 **사용제한 원료가 아닌 것은?**

① 만수국꽃추출물또는 오일
② 땅콩오일
③ 하이드롤라이즈드밀단백질
④ 만수국아재비꽃 추출물 또는 오일
⑤ 천수국꽃 추출물 또는 오일

해설 사용제한 원료와 사용금지 원료를 구분한다.

답 : ⑤

43 화장품에 사용되는 사용제한이 필요한 보존제의 특징으로 옳지 않은 것은?

① 벤제토늄클로라이드: 점막에 사용되는 제품에는 사용금지
② p-클로로-m-클레졸:에어로졸(스프레이에 한함) 제품에는 사용금지
③ 데하이드로아세틱애씨드:에어로졸(스프레이에 한함) 제품에는 사용금지
④ 클로로부탄올:에어로졸(스프레이에 한함) 제품에는 사용금지
⑤ 폴리에이치씨엘:에어로졸(스프레이에 한함) 제품에는 사용금지

해설 p-클로로-m-클레졸:점막에 사용되는 제품에는 사용금지

답 : ②

44 사용상의 제한이 필요한 보존제 성분 중 아이오도프로피닐부틸카바메이트(아이피비씨)에 대한 설명으로 옳지 않은 것은?

① 사용 후 씻어내는 제품에 0.02%
② 사용 후 씻어내지 않는 제품에 0.01%
③ 다만, 데오드란트에 배합할 경우에 0.0075%
④ 입술에 사용되는 제품, 에어로졸(스프레이에 한함)제품, 바디로션 및 바디크림에는 사용금지
⑤ 영유아용 제품류 또는 만 3세이하 어린이가 사용할 수 있음을 특정하여 표시하는 제품에는 사용금지(목욕용제품, 샤워젤류, 및 삼푸류 제외)

해설 영유아용 제품류 또는 만13세 이하 어린이가 사용할 수 있음을 특정하여 표시하는 제품에는 사용금지(목욕용제품, 샤워젤류, 및 삼푸류 제외)

답 : ⑤

45 여드름피부를 완화하는데 도움을 주는 제품의 성분 및 함량이 바르게 연결된 것은?

① 세틸피리디늄클로라이드-0.08%
② 엠디엠하이단토인-0.02%
③ 살리실릭애씨드-0.5%
④ 클로로자이레놀-0.5%
⑤ 페녹시에탄올-1.0%

해설 세틸피리디늄클로라이드-0.08%, 엠디엠하이단토인-0.02%,클로로자이레놀-0.5%,페녹시에탄올-1.0%는 사용상의 제한이 필요한 보존제 성분이다.

답 : ③

46 안전성의 우려로 인하여 영유아용 재품류 또는 만 13세 이하 어린이에게만 사용금지인 보존제를 모두 고르시오.

ㄱ-살리실릭애씨드 및 그 염류 ㄴ-소듐아이오데이트 ㄷ-징크피리치온 ㄹ-클로로자이레놀 ㅁ-아이오도프로피닐부틸카바메이트(아이피비씨)

① ㄱ
② ㄱ, ㄴ
③ ㄷ, ㄹ, ㅁ
④ ㄷ, ㅁ
⑤ ㄱ, ㅁ

해설 살리실릭애씨드 및 그 염류, 아이오도프로피닐부틸카바메이트(아이피비씨)영유아용 제품류 또는 만13세 이하 어린이가 사용할 수 있음을 특정하여 표시하는 제품에는 사용금지

답 : ⑤

47 염모제로 사용할 수 있는 성분과 농도가 옳지 않게 짝지어진 것은?

① 2-아미노-3-하드록시피리딘:산화염모제에 1.0%
② 4-아미노-m-크레솔:산화염모제에 0.4%
③ 5-아미노-6-클로로-o-크레솔:산화염모제에 0.5%
④ 히드록시벤조모르포린: 산호염모제에 1.0%
⑤ 6-히드록시인돌: 산화염모제에 0.5%

해설 4-아미노-m-크레솔:산화염모제에 1.5%

답 : ②

48 화장품을 제조하면서 물질을 인위적으로 첨가하지 않았으나 제조 또는 보관 중 포장재로부터 이행되는 등 비의도적 유래물질이 발생하기도 한다. 무질의 검출 허용한도가 틀린 것은?

① 납: 점토를 원료로 사용한 분말제품은 50㎍/g이하, 그 밖의 제품은 20㎍/g이하
② 비소: 10㎍/g이하
③ 수은 : 1㎍/g이하
④ 안티몬 : 10㎍/g이하
⑤ 카드뮴 : 10㎍/g이하

해설 납 : 점토를 원료로 사용한 분말제품은 50㎍/g이하, 그 밖의 제품은 20㎍/g이하, 니켈: 눈 화장용 제품은 35㎍/g 이하, 색조 화장용 제품은 30㎍/g이하, 그 밖의 제품은 10㎍/g 이하. 비소 : 10㎍/g이하, 수은 : 1㎍/g이하, 안티몬 : 10㎍/g이하, 카드뮴 : 5㎍/g이하, 디옥산 : 100㎍/g이하, 메탄올 : 0.2(v/v)%이하, 물휴지는 0.002%(v/v)이하, 포름알데하이드 : 2000㎍/g이하, 물휴지는 20㎍/g이하, 프탈레이트류(디부틸프탈레이트, 부틸벤질프탈레이트 및 디에칠헥실프탈레이트에 한함) : 총 합으로서 100㎍/g이하

답 : ⑤

49 살리실릭애씨드 및 그 염류에 대한 설명이다. 옳지 않은 것은?

① 인체세정용 제품류에 살리실릭애씨드로서 2%
② 사용 후 씻어내는 두발용 제품류에 살리실릭애씨드로서 3%
③ 영유아용 제품류 또는 만13세 이하 어린이가 사용할 수 있음을 특정하여 표시하는 제품에는 사용금지(다만, 샴푸는 제외)
④ 기능성화장품의 유효성분으로 사용하는 경우에 한하며 기타 제품에는 사용금지
⑤ 사용 후 씻어내지 않는 제품에 2.5%

해설 트리알킬아민: 사용 후 씻어내지 않는 제품에 2.5%

답 : ⑤

50 치오글라이콜릭애씨드, 그 염류 및 에스텔류에 대한 설명 중 틀린 것은?

① 비듬 및 가려움을 덜어주고 씻어내는 제품(샴푸, 린스) 및 탈모증상의 완화에 도움을 주는 화장품에 총 1.0%
② 퍼머넌트웨이브용 및 헤어스트레이트너 제품에 치오글라이콜릭애씨드로서 11%
③ 제모용 제품에 치오글라이콜릭애씨드로서 5%
④ 염모제에 치오글라이콜릭애씨드로서 1%
⑤ 사용 후 씻어내는 두발용 제품류에 2%

해설 징크피리치온:비듬 및 가려움을 덜어주고 씻어내는 제품(샴푸, 린스) 및 탈모증상의 완화에 도움을 주는 화장품에 총 징크피리치온으로서 1.0%

답 : ①

51 착향제의 구성 성분 중 알레르기를 유발하는 성분의 명칭을 기재, 표시 해야 하는 것은?

① 알부틴
② 아데노신
③ 카민
④ 시트로넬롤
⑤ 헥산디올

답 : ④

52 **착향제의 구성 성분 중 알레르기 유발성분이 아닌 것은?**

① 아밀신나밀알코올
② 파네솔
③ 알파-이소메칠이오논
④ 아니스에탄올
⑤ 코치닐추출물

답 : ⑤

53 **착향제의 구성 성분 중 화장품의 포장에 성분의 명칭을 기재, 표시하여야 하는 알레르기 유발성분으로 연결된 것은?**

① 나무이끼추출물, 포름알데하이드
② 신나밀알코올, 리모넨
③ 헥실신남알, 부틸파라벤
④ 알파-비사보롤, 이소유제놀
⑤ 유용성감초추출물, 벤질알코올

답 : ②

54 **착향제의 구성 성분 중 화장품의 포장에 성분의 명칭을 기재, 표시하여야하는 알레르기 유발성분을 모두 고르시오.**

ㄱ-제라니올	ㄴ-메칠2-옥티오에이트
ㄷ-하이드록시시트로넬알	ㄹ-쿠마린
ㅁ-참나무이끼추출물	ㅂ-과산화수소

① ㄱ, ㄴ
② ㄱ, ㄴ, ㄷ
③ ㄱ, ㄴ, ㄷ, ㄹ, ㅁ
④ ㄱ, ㄴ, ㄷ, ㄹ, ㅁ
⑤ ㄱ, ㄴ, ㄷ, ㄹ, ㅁ, ㅂ

해설 51~54

답 : ⑤

연번	성분명	연번	성분명
1	아밀신남알	14	벤질신나메이트
2	벤질알코올	15	파네솔
3	신나밀알코올	16	부틸페닐메칠프로피오날
4	시트랄	17	리날룰
5	유제놀	18	벤질벤조에이트
6	하이드록시시트로넬알	19	시트로넬롤
7	이소유제놀	20	헥실신남알
8	아밀신나밀알코올	21	리모넨
9	벤질살리실레이트	22	메칠2-옥티노에이트
10	신남알	23	알파-이소메칠이오논
11	쿠마린	24	참나무이끼추출물
12	제라니올	25	나무이끼추출물
13	아니스에탄올		

※ 다만, 사용 후 씻어내는 제품에는 0.01% 초과, 사용 후 씻어내지 않는 제품에는 0.001% 초과 함유하는 경우에 한한다.

55 화장품의 함유 성분별 사용 시 주의사항 문구로 옳지 않은 것은?

① 과산화수소 및 과산화수소 생성물질 함유 제품: 눈에 접촉을 피하고 눈에 들어갔을 때는 즉시 씻어낼 것

② 벤잘코늄클로라이드, 벤잘코늄브로마이드 및 벤잘코늄사카리네이트 함유 제품: 신장질환이 있는 사람은 사용 전에 의사, 약사, 한의사와 상의할 것, 스테아린산아연 함유 제품(기초화장용 제품류 중 파우더 제품에 한함): 사용 시 흡입되지 않도록 주의할 것

③ 살리실릭애씨드 및 그 염류 함유제품 (샴푸 등 사용 후 바로 씻어내는 제품 제외):만 13세 이하 어린이에게는 사용하지 말 것

④ 실버나이트레이트 함유제품: 눈에 접촉을 피하고 눈에 들어갔을 때는 즉시 씻어낼 것

⑤ 테아린산아연 함유제품(기초화장용 제품류 중 파우더 제품에 한함): 사용 시 흡입되지 않도록 주의할 것

답 : ②

56 화장품의 함유 성분별 주의사항 문구로 옳지 않은 것은?

① 알부틴 2% 이상 함유 제품: 인체적용 시험자료에서 구진과 경미한 가려움이 보고된 예가 있음

② 카민 함유 제품: 카민 성분에 과민하거나 알레르기가 있는 사람은 신중히 사용할 것

③ 코치닐추출물 함유 제품: 코치닐추출물 성분에 과민하거나 알레르기가 있는 사람은 신중히 사용할 것

④ 포름알데하이드 0.05% 이상 검출된 제품: 포름알데하이드 성분에 과민한 사람은 신중히 사용할 것

⑤ 폴리에톡실레이티드레틴아마이드 0.2% 이상 함유 제품: 만3세 이하 어린이의 기저귀가 닿는 부위에는 사용하지 말 것

답 : ⑤

57 아이오도프로피닐부틸카바메이트(IPBC) 함유 제품 (목욕용 제품, 샴푸류 및 바디클렌저 제외)의 표시 문구로 옳은 것은?

① 사용 시 흡입되지 않도록 주의할 것

② 눈에 접촉을 피하고 눈에 들어갔을 때는 즉시 씻어낼 것

③ 만3세 이하 어린이에게는 사용하지 말 것

④ 신장 질환이 있는 사람은 사용 전에 의사, 약사, 한의사와 상의할 것
⑤ 성분에 과민한 사람은 신중히 사용할 것

해설 55~57 화장품의 함유 성분별 사용상 주의 사항 표시문구 답 : ③

연번	대상 제품	표시 문구
1	과산화수소 및 과산화수소 생성물질 함유 제품	눈에 접촉을 피하고 눈에 들어갔을 때는 즉시 씻어낼 것
2	벤잘코늄클로라이드, 벤잘코늄브로마이드 및 벤잘코늄사카리네이트 함유 제품	눈에 접촉을 피하고 눈에 들어갔을 때는 즉시 씻어낼 것
3	스테아린산아연 함유 제품(기초화장용 제품류 중 파우더 제품에 한함)	사용 시 흡입되지 않도록 주의할 것
4	살리실릭애씨드 및 그 염류 함유 제품 (샴푸 등 사용 후 바로 씻어내는 제품 제외)	만 3세 이하 어린이에게는 사용하지 말 것
5	실버나이트레이트 함유 제품	눈에 접촉을 피하고 눈에 들어갔을 때는 즉시 씻어낼 것
6	아이오도프로피닐부틸카바메이트(IPBC) 함유 제품 (목욕용 제품, 샴푸류 및 바디클렌저 제외)	만 3세 이하 어린이에게는 사용하지 말 것
7	알루미늄 및 그 염류 함유 제품 (체취방지용 제품류에 한함)	신장 질환이 있는 사람은 사용 전에 의사, 약사, 한의사와 상의할 것
8	알부틴 2% 이상 함유 제품	알부틴은 「인체적용시험자료」에서 구진과 경미한 가려움이 보고된 예가 있음
9	카민 함유 제품	카민 성분에 과민하거나 알레르기가 있는 사람은 신중히 사용할 것
10	코치닐추출물 함유 제품	코치닐추출물 성분에 과민하거나 알레르기가 있는 사람은 신중히 사용할 것
11	포름알데하이드 0.05% 이상 검출된 제품	포름알데하이드 성분에 과민한 사람은 신중히 사용할 것
12	폴리에톡실레이티드레틴아마이드 0.2% 이상 함유 제품	폴리에톡실레이티드레틴아마이드는 「인체적용시험자료」에서 경미한 발적, 피부건조, 화끈감, 가려움, 구진이 보고된 예가 있음
13	부틸파라벤, 프로필파라벤, 이소부틸파라벤 또는 이소프로필파라벤 함유 제품(영·유아용 제품류 및 기초화장용 제품류(만 3세 이하 어린이가 사용하는 제품) 중 사용 후 씻어내지 않는 제품에 한함)	만 3세 이하 어린이의 기저귀가 닿는 부위에는 사용하지 말 것

58 화장품 유형의 분류에 따른 기초화장품이 아닌 것은?

① 애프터세이브 로션
② 수렴, 유연화장수
③ 마사지크림, 에센스 오일
④ 파우더, 바디제품
⑤ 팩, 마스크

해설 화장품유형과 사용 시 주의 사항

답 : ①

59 기초화장품에 대한 설명으로 틀린 것은?

① 세정, 정돈, 보호의 목적이 있다.
② 세정은 세안크림과 폼이 있다.
③ 정돈은 화장수, 팩 등이 있다.
④ 보호는 유액, 모이스쳐크림이 있다.
⑤ 마무리단계는 선 케어까지 해준다.

해설 선 케어는 기능성화장품의기능이다.

답 : ⑤

60 제한, 방취에 사용되는 바디용 화장품은?

① 제모크림
② 액체세정료
③ 비누
④ 데오도란트
⑤ 입욕제

답 : ④

61 두발용 화장품의 사용목적에 따라 옳게 연결된 것은?

① 세정-샴푸
② 트리트먼트- 린스, 헤어트리트먼트
③ 정발-헤어컬러
④ 퍼머넌트웨이브-퍼머넌트웨이브 로션
⑤ 염모, 탈색-헤어컬러, 헤어탈색

해설 정발-헤어무스, 에어리퀴드, 포마드

답 : ③

62 화장품 유형 중 인체세정용 제품에 해당하지 않는 것은?

① 폼클렌저
② 바디클렌저
③ 버블배스
④ 물휴지
⑤ 액체비누

해설 목욕용 제품: 목욕용오일, 목욕용소금, 버블배스 등

답 : ③

63 화장품 유형의 분류에 따른 기초화장품인 것은?

① 손, 발의 피부연화제품
② 포마드, 흑채
③ 네일폴리시, 네일에나멜 리무버
④ 페이스파우더, 볼연지
⑤ 립글로스, 립밤

해설 포마드, 흑채: 두발용 제품류. 네일폴리시, 네일에나멜 리무버: 손발톱용제품류.
페이스파우더, 볼연지, 립글로스, 립밤: 색조 화장품 제품류

답 : ①

64 화장품 유형중 두발 염색용 제품에 해당되지 않는 것은?

① 염모제
② 헤어토닉
③ 헤어틴트
④ 탈염, 탈색용 제품
⑤ 헤어 컬러스프레이

해설 헤어토닉: 두발용 제품

답 : ②

65 화장품의 사용방법으로 맞지 않은 것은?

① 덜어내는 용기의 제품은 깨끗하게 관리된 주걱을 이용하여 사용할 만큼만 덜어서 사용한다.
② 먼지나 미생물의 유입방지를 위해 사용 후 항상 뚜껑을 바르게 닫는다.
③ 여러 사람이 같이 사용해도 된다.
④ 화장에 사용되는 도구는 늘 깨끗하게 관리한다.
⑤ 직사광선을 피해 서늘한 곳에 보관한다.

해설 화장품을 여러 사람이 같이 사용하면 감염, 오염의 위험이 있다.

답 : ③

66 외음부 세정제에 대한 주의 사항이다 옳지 않은 것은?

① 정해진 용법과 용량을 잘 지켜 사용할 것
② 만3세 이하 어린이에게는 사용하지 말 것
③ 털을 제거한 직후에는 사용하지 말 것
④ 프로필렌글리콜(Propylene glycol)을 함유하고 있으므로 이 성분에 과민하거나 알

레르기 병력이 있는 사람은 신중히 사용할 것(프로필렌글리콜 함유제품만 표시한다)
⑤ 임신 중에는 사용하지 않는 것이 바람직하며, 분만 직전의 외음부 주위에는 사용하지 말 것

해설 ③은 체취 방지용 제품의 주의사항

답 : ③

67 화장품의 사용 시 주의사항이다 공통사항으로 옳지 않은 것은?

① 화장품 사용 시 또는 사용 후 직사광선에 의하여 사용부위가 붉은 반점, 부어오름 또는 가려움증 등의 이상 증상이나 부작용이 있는 경우 전문의 등과 상담할 것
② 상처가 있는 부위 등에는 사용을 자제할 것
③ 어린이의 손이 닿지 않는 곳에 보관할 것
④ 직사광선을 피해서 보관할 것
⑤ 섭씨 15도 이하의 어두운 장소에 보존하고, 색이 변하거나 침전된 경우에는 사용하지 말 것

해설 퍼머넌트 웨이브 제품 및 헤어스트레이트너 제품 주의사항: 섭씨 15도 이하의 어두운 장소에 보존하고, 색이 변하거나 침전된 경우에는 사용하지 말 것

답 : ⑤

68 미세한 알갱이가 함유되어 있는 스크러브 세안제의 주의사항으로 틀린 것은?

① 알갱이가 눈에 들어갔을 때는 물로 즉시 씻어낸다
② 눈 주위를 피해서 사용한다.
③ 이상이 있을 경우에는 맞춤형 조제관리사와 상담한다.
④ 피부에 상처가 있는 사람은 사용을 피해야 한다.
⑤ 알갱이가 눈에 들어갔을 때에는 물로 씻어내고, 이상이 있는 경우에는 전문의와 상담해야 한다.

해설 미세한 알갱이가 함유되어 있는 스크러브세안제 사용 시 알갱이가 눈에 들어갔을 때에는 물로 씻어내고, 이상이 있는 경우에는 전문의와 상담할 것

답 : ③

69 퍼머넌트 웨이브 제품 및 헤어스트레이트너 제품 사용 시 주의 사항이 아닌 것은?

① 두피 · 얼굴 · 눈 · 목 · 손 등에 약액이 묻지 않도록 유의하고, 얼굴 등에 약액이 묻었을 때에는 즉시 물로 씻어낼 것

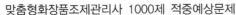

② 특이체질, 생리 또는 출산 전후이거나 질환이 있는 사람 등은 사용을 피할 것
③ 머리카락의 손상 등을 피하기 위하여 용법 · 용량을 지켜야 하며, 가능하면 일부에 시험적으로 사용하여 볼 것
④ 섭씨 15도 이하의 어두운 장소에 보존하고, 색이 변하거나 침전된 경우에는 사용하지 말 것
⑤ 사용 후 물로 씻어내지 않으면 탈모 또는 탈색의 원인이 될 수 있으므로 주의할 것

해설 ⑤은 모발용 샴푸의 주의사항

답 : ⑤

70 **화장품의 사용방법의 설명이다 바르지 않은 것은?**

① 판매점의 테스트용 제품을 사용할 때는 일회용 도구를 사용한다.
② 퍼프나 아이섀도우 팁 등의 화장도구는 정기적으로 미지근한 물에 중성세제로 깨끗이 세탁한 후 완전히 건조시켜서 사용한다.
③ 사용기한이 표시된 제품은 반드시 표시기간 내 사용한다.
④ 사용하고 있는 화장품의 내용물의 색상이나 향취가 변했을 경우 버린다.
⑤ 화장품은 일반적으로 상온보관용으로 제조되기 때문에 상온에만 보관하면 된다.

해설 직사광선을 피해 서늘한 곳에 보관하는 것이 좋다.

답 : ⑤

71 **고압가스를 사용하는 에어로졸 제품의 사용 시 주의 사항으로 옳지 않은 것은?**

① 같은 부위에 연속해서 10초 이상 분사하지 말 것
② 가능하면 인체에서 20센티미터 이상 떨어져서 사용할 것
③ 눈 주위 또는 점막 등에 분사하지 말 것. 다만, 자외선 차단제의 경우 얼굴에 직접 분사하지 말고 손에 덜어 얼굴에 바를 것
④ 분사 가스는 직접 흡입하지 않도록 주의할 것
⑤ 자외선 차단제의 경우 얼굴에 직접 분사하지 말고 손에 덜어 얼굴에 바를 것

해설 같은 부위에 연속해서 3초 이상 분사하지 말 것

답 : ①

72 **고압가스를 사용하는 에어로졸 제품의 보관 및 취급상의 주의사항으로 옳지 않은 것은?**

① 섭씨 30도 이상의 장소 또는 밀폐된 장소에 보관하지 말 것
② 사용 후 남은 가스가 없도록 하고 불 속에 버리지 말 것

③ 불꽃을 향하여 사용하지 말 것
④ 밀폐된 실내에서 사용한 후에는 반드시 환기를 할 것
⑤ 불 속에 버리지 말 것

해설 섭씨 40도 이상의 장소 또는 밀폐된 장소에 보관하지 말 것

답 : ①

73 알파-하이드록시애시드(α -hydroxyacid, AHA) 사용 시 주의 사항으로 옳지 않은 것은?

① 햇빛에 대한 피부의 감수성을 증가시킬 수 있으므로 자외선 차단제를 함께 사용할 것
② 일부에 시험 사용하여 피부 이상을 확인할 것
③ 고AHA 성분이 10%를 초과하여 함유되는 경우는 제품에 표시하고 전문의 등에게 상담
④ AHA 성분이5% 이하도 사용 시 주의 사항 기제
⑤ 고농도의 AHA 성분이 들어 있는 경우 부작용이 발생할 우려가 있으므로 전문의와 상담

해설 AHA 성분이 10%를 초과하여 함유되어 있거나 산도가 3.5 미만인 제품만 표시한다.

답 : ④

74 염모제를 사용해도 되는 적절한 사람은?

① 제품에 배합되어 있는 '과황산염'이 함유된 탈색제로 몸이 부은 경험이 있는 경우, 사용 중 또는 사용 직후에 구역, 구토 등 속이 좋지 않았던 분
② 염모제를 사용할 때 피부이상반응(부종, 염증 등)이 있었거나, 염색 중 또는 염색 직후에 발진, 발적, 가려움 등이 있거나 구역, 구토 등 속이 좋지 않았던 경험이 있었던 분
③ 피부시험(패취테스트, patch test)의 결과, 이상이 발생한 경험이 있는 분
④ 두피, 얼굴, 목덜미에 부스럼, 상처, 피부병이 있는 분
⑤ 고혈압이나 당뇨성 질환이 있는 분

해설 ⑤은 염모제를 사용해서 안 되는 사람이라고 볼 수 없다.

답 : ⑤

75 염모제 사용전의 주의 사항으로 옳지 않은 것은?

① 염색 전 2일전(48시간 전)에는 다음의 순서에 따라 매회 반드시 패취테스트(patch test)를 실시한다.
② 눈썹, 속눈썹 등은 위험하므로 사용하지 않는다.

③ 면도 직후에 염색해도 상관없다
④ 염모 전후 1주간은 파마 · 웨이브(퍼머넨트웨이브)를 하지 않는다.
⑤ 두발 이외에는 염색하지 말아 한다.

해설 면도 직후에는 염색하지 말아야 한다.

답 : ③

76 염모 시의 주의사항이다. 틀린 것은?

① 염모액 또는 머리를 감는 동안 그 액이 눈에 들어가지 않도록 하여 주십시오. 만일, 눈에 들어갔을 때는 절대로 손으로 비비지 말고 바로 물 또는 미지근한 물로 15분 이상 잘 씻어 주시고 임의로 안약 등을 사용하십시오.
② 염색 중에는 목욕을 하거나 염색 전에 머리를 적시거나 감지 말아 주십시오.
③ 염모 중에 발진, 발적, 부어오름, 가려움, 강한 자극감 등의 피부이상이나 구역, 구토 등의 이상을 느꼈을 때는 즉시 염색을 중지하고 염모 액을 잘 씻어내 주십시오.
④ 염모액이 피부에 묻었을 때는 곧바로 물 등으로 씻어내 주십시오. 손가락이나 손톱을 보호하기 위하여 장갑을 끼고 염색하여 주십시오.
⑤ 환기가 잘 되는 곳에서 염모하여 주십시오.

해설 눈에 들어갔을 때는 절대로 손으로 비비지 말고 바로 물 또는 미지근한 물로 15분 이상 잘 씻어 주시고 곧바로 안과 전문의의 진찰을 받으십시오. 임의로 안약 등을 사용하지 마십시오.

답 : ①

77 염모제의 보관 및 취급상 주의 사항이다. 옳지 않은 것은?

① 혼합한 염모액을 밀폐된 용기에 보존해야 한다.
② 혼합한 액의 잔액은 효과가 없으므로 잔액은 반드시 바로 버려야 한다.
③ 용기를 버릴 때는 반드시 뚜껑을 열어서 버려야 한다.
④ 사용 후 혼합하지 않은 액은 직사광선을 피해서 보관한다.
⑤ 공기와 접촉을 피하여 서늘한 곳에 보관하여 주십시오.

해설 혼합한 염모액을 밀폐된 용기에 보존하지 말아 주십시오. 혼합한 액으로부터 발생하는 가스의 압력으로 용기가 파손될 염려가 있어 위험합니다. 또한 혼합한 염모 액이 위로 튀어 오르거나 주변을 오염시키고 지워지지 않게 됩니다.

답 : ①

78 탈염 · 탈색제 사용 시 피부과 전문의와 상의 후 신중하게 사용해야 할 사람은?

① 두피, 얼굴, 목덜미에 부스럼, 상처가 있는 분

② 피부병이 있는 분
③ 출산 후, 병중이거나 또는 회복 중에 있는 분, 그 밖에 신체에 이상이 있는 분
④ 생리 중, 임신 중 또는 임신할 가능성이 있는 분
⑤ 특이체질, 신장질환, 혈액질환 등의 병력이 있는 분

해설 ①②③④는 사용해서는 안 되는 사람이다.

답 : ⑤

79 탈염 · 탈색제 사용 전의 주의사항으로 옳지 않은 것은?

① 눈썹에는 사용해도 된다.
② 두발 이외의 부분(손발의 털 등)에는 사용하지 말아야 한다.
③ 면도 직후에는 사용하지 말아야 한다.
④ 속눈썹에는 위험하므로 사용하지 말아야 한다.
⑤ 사용을 전후하여 1주일 사이에는 퍼머넌트웨이브 제품 및 헤어스트레이트너 제품을 사용하지 말아야 한다.

해설 눈썹, 속눈썹에는 위험하므로 사용하지 말아야 한다.

답 : ①

80 탈염 · 탈색제 사용 시 주의사항으로 옳지 않은 것은?

① 제품 또는 머리 감는 동안 제품이 눈에 들어가지 않도록 하여야 한다.
② 사용 중에 목욕을 하거나 사용 전에 머리를 적시거나 감아야 한다.
③ 사용 중에 발진, 발적, 부어오름, 가려움, 강한 자극감 등 피부의 이상을 느끼면 즉시 사용을 중지하고 잘 씻어내야 한다.
④ 제품이 피부에 묻었을 때는 곧바로 물 등으로 씻어내야 한다. 손가락이나 손톱을 보호하기 위하여 장갑을 끼고 사용한다.
⑤ 환기가 잘 되는 곳에서 사용하여야 한다.

해설 사용 중에 목욕을 하거나 사용 전에 머리를 적시거나 감지 말아 주십시오. 땀이나 물방울 등을 통해 제품이 눈에 들어갈 염려가 있습니다.

답 : ②

81 제모제(치오글라이콜릭애씨드 함유 제품에만 표시함)를 사용해도 되는 사람(부위)은?

① 생리 전후, 산전, 산후, 병후의 환자
② 얼굴, 상처, 부스럼, 습진, 짓무름 등이 있는 피부기타의 염증, 반점 또는 자극이 있는 피부

③ 유사 제품에 부작용이 나타난 적이 있는 피부
④ 약한 피부 또는 남성의 수염부위
⑤ 고혈압 및 당뇨질환을 가지고 있는 사람

해설 ⑤는 제모제를 사용해도 안 되는 사람에 포함되지 않는다.

답 : ⑤

82 제모제(치오글라이콜릭애씨드 함유 제품에만 표시함)의 사용 시 주의사항으로 옳지 않은 것은?

① 부종, 홍반, 가려움, 피부염(발진, 알레르기), 광과민반응, 중증의 화상 및 수포 등의 증상이 나타날 수 있으므로 이러한 경우 이 제품의 사용을 즉각 중지하고 의사 또는 약사와 상의하여야 한다.
② 사용 중 따가운 느낌, 불쾌감, 자극이 발생할 경우 즉시 닦아내어 제거하고 찬물로 씻으며, 불쾌감이나 자극이 지속될 경우 의사 또는 약사와 상의하여야 한다.
③ 이 제품을 5분 이상 피부에 방치하거나 피부에서 건조시키지 않는다.
④ 이 제품의 사용 전후에 비누류를 사용하면 자극감이 나타날 수 있으므로 주의하여야 한다.
⑤ 제모에 필요한 시간은 모질(毛質)에 따라 차이가 있을 수 있으므로 정해진 시간 내에 모가 깨끗이 제거되지 않은 경우 2~3일의 간격을 두고 사용하여야 한다.

해설 이 제품을 10분 이상 피부에 방치하거나 피부에서 건조시키지 않아야 한다.

답 : ③

83 위해사례란 무엇인가?

① 위해사례와 화장품 간의 인과 관계 가능성이 있다고 보고된 정보로서 그 인과 관계가 알려지지 아니하거나 입증자료가 불충분 한 것을 말한다.
② 화장품의 사용 중 발생한 바람직하지 않고 의도되지 아니한 징후, 증상 또는 질병을 말하며, 당해 화장품과 반드시 인과관계를 가져야 하는 것은 아니다.
③ 화장품 관련하여 국민보건에 직접 영향을 미칠 수 있는 안전성, 유효성에 관한 새로운 자료, 유해사례 정보 등을 말한다.
④ 중대한 유해사례 또는 이와 관련하여 식품의약품안전청장이 보고를 지시한다.
⑤ 화장품의 사용 중 발생한 바람직한 징후, 증상을 말한다.

답 : ②

84 위해사례에 대한 설명으로 틀린 것은?

① 위해요소란 인체 건강에 유해영향을 일으킬 수 있는 화학적, 물리적, 미생 물적 요인을 말한다.
② 위해평가란 인체가 식품등 또는 화장품에 존재하는 위해요소에 노출되었을 때 발생할 수 있는 유해영향과 발생확률을 과학적으로 예측하는 일련의 과정의 단계를 말한다.
③ 위험성 확인이란 인체 내 독성을 나타내는 잠재적 성질을 과학적으로 확인하는 과정을 말한다.
④ 위험성 결정이란 동물독성자료, 인체독성자료 등을 토대로 위해요소의 인체노출 허용량 등을 정량적 또는 정성적으로 산출하는 과정을 말한다.
⑤ 위해평가 결과는 고정 불변한 것이다

해설 위해평가 결과는 고정 불변한 것이 아니며, 새로운 독성 값이 보고되는 등 새로운 과학적 사실이 밝혀지는 경우 재평가 할 수 있다.

답 : ⑤

85 중대한 위해사례가 아닌 것은?

① 사망을 초래하거나 생명을 위협하는 경우
② 화장품의 안전성과 유효성이 증명된 경우
③ 선천적기형 또는 이상을 초래하는 경우
④ 입원 또는 입원기간의 연장이 필요한 경우
⑤ 지속적 또는 중대한 불구나 기능저하를 초래하는 경우

답 : ②

86 위해 평가 4단계가 아닌 것은?

① 위험성 확인　② 위험성 결정
③ 노출평가　④ 위해요소
⑤ 위해도 결정

해설 위해평가의 방법
1. 위험성 확인: 위해요소에 노출됨에 따라 발생할 수 있는 독성의 정도와 영향의 종류 등을 파악한다.
2. 위험성 결정: 동물 실험결과, 동물대체 실험결과 등의 불확실성 등을 보정하여 인체노출 허용량을 결정한다.
3. 노출평가: 화장품의 사용을 통하여 노출되는 위해요소의 양 또는 수준을 정량적 또는 정성적으로 산출한다.
4. 위해도 결정: 위해요소 및 이를 함유한 화장품의 사용에 따른 건강상영향, 인체노출 허용량 또는 수준 및 화장품 이외의 환경 등에 의하여 노출되는 위해요소의 양을 고려하여 사람에게 미칠 수 있는 위해의 정도와 발생빈도 등을 정량적 또는 정성적으로 예측한다.

답 : ④

87 위해화장품의 회수의무자는 그가 제조 또는 수입하거나 유통, 판매한 화장품이 회수대상 화장품으로 의심되는 경우, 지체없이 해당 화장품에 대한 위해성 등급을 평가하여야 하는데 다음 중 위해성 등급이 "가" 등급으로 평가되는 경우는?

① 화장품 사용으로 인하여 인체건강에 미치는 위해영향이 크지 않거나 일시적인 경우
② 식품의약품안전처장이 정하여 고시한 화장품에 사용할 수 없는 원료를 사용하였거나 사용상의 제한이 필요한 원료의 사용기준을 위반하여 사용한 경우
③ 화장품 사용으로 인하여 인체건강에 미치는 위해영향은 없으나 유효성이 입증되지 않은 경우
④ 화장품 사용으로 인하여 인체건강에 미치는 위해영향은 없으나 제품의 변질, 용기, 포장의 훼손 등으로 유효성에 문제가 있는 경우
⑤ 화장품의 사용으로 인하여 인체건강에 미치는 위해영향이 크거나 중대한 경우

해설 ①,② "나" 등급, ③,④ "다" 등급

답 : ⑤

88 화장품 위해사례 보고에서 화장품 사용 중 발생한 바람직하지 않고 의도되지 아니한 징후, 증상 또는 질병으로 안전성이 문제가 된 경우 의사, 약사. 간호사, 판매자, 소비자, 관련 단체장은 누구에게 보고 하여야 하는가?

① 식품의약품안전처 맞춤형화장품정책과
② 해당 화장품 판매업자
③ 식품의약품안전처장
④ 관할 시, 군, 구청장
⑤ 식품의약품안전처 화장품 정책과 또는 해당 화장품 제조업자

답 : ⑤

89 화장품 안전성 정보 정기보고 대상자는?

① 화장품정책과
② 의사, 약사, 간호사, 판매자, 소비자, 관련단체 등의 장
③ 화장품 전문판매업자
④ 화장품 제조판매업자
⑤ 식품의약품안전처장

답 : ④

90 화장품 위해 여부 판단 여부가 아닌 것은?

① 어린이가 화장품을 잘못 사용하여 인체에 위해를 끼치는 사고가 발생하지 아니하도록 안전용기, 포장을 사용하여야 한다.
② 전부 또는 일부가 변패된 화장품
③ 화장품에 사용할 수 없는 원료를 사용한 화장품
④ 유통화장품 안전관리 기준에 적합하지 아니한 화장품
⑤ 화장품에 유용한 원료를 사용하고 기준에 적합한 화장품

답 : ⑤

91 위해화장품의 회수계획 및 회수절차 등의 내용으로 옳지 않은 것은?

① 화장품 제조업자 또는 화장품 책임판매업자는 해당 화장품에 대하여 즉시 판매중지 등 필요한 조치를 해야 한다.
② 회수화장품이라는 사실을 안 날부터 5일 이내 회수계획서를 제출하여야 한다.
③ 회수 기간 내에 회수가 곤란하다고 판단되는 경우에는 회수기간을 연장을 요청할 수 있다.
④ 회수기간 연장요청-위해성 등급이 가 등급인 화장품: 회수시작한 날부터 10일 이내
⑤ 회수기간 연장요청-위해성 등급이 나 또는 다 등급인 화장품: 회수시작한 날부터 30일 이내

해설 회수기간 연장요청-위해성 등급이 가 등급인 화장품 :회수시작한 날부터 15일 이내

답 : ④

92 위해사례 보고 중 옳지 않은 것은?

① 회수계획서를 작성하고 서류를 첨부하여 지방식품의약품안전청장에게 제출한다.
② 회수대상화장품의 판매자는 직접 방문하여 회수계획을 통보할 수 있다.
③ 통보 사실을 입증할 수 있는 자료를 회수종료일부터 2년간 보관하여야 한다.
④ 폐기를 한 회수 의무자는 폐기확인서를 작성하여 2년간 보관하여야 한다.
⑤ 회수의무자는 회수대상화장품의 회수를 완료한 경우에는 회수종료신고서와 서류를 첨부하여 지방식품의약품안전청장에게 제출하여야 한다.

해설 ②회수대상화장품의 판매자는 방문, 우편, 전화, 전보, 전자우편, 팩스 또는 언론매체를 통한 공고 등을 통하여 회수계획을 통보할 수 있다.

답 : ②

93 **(　)안에 들어갈 용어를 작성하시오.**

'화장품'이란 인체를 청결, 미화하여 매력을 더하고 용모를 밝게 변화시키거나 피부, 모발의 건강을 유지 또는 증진하기 위하여 인체에 바르고 문지르거나 뿌리는 등 이와 유사한 방법으로 사용되는 물품으로서 인체에 대한 작용이 (　)한 것을 말한다.

답 : 경미

94 **다음 〈보기〉에서 ㉠에 적합한 용어를 작성하시오.**

계면활성제의 종류 중 모발에 흡착하여 유연효과나 대전방지효과, 모발의 정전기 방지, 린스, 살균제, 손 소독제 등에 사용되는 것은 (　㉠　)계면활성제이다.

답 : 양이온

95 **다음 〈보기〉에서 ㉠에 적합한 용어를 찾으시오.**

계면활성제의 종류 중 세정작용과 기포형성작용이 우수하여 비누, 샴푸, 클렌징품 등에 사용되는 것은 (　㉠　)계면활성제이다.

답 : 음이온

96 **다음 〈보기〉에서 ㉠에 적합한 용어를 찾으시오.**

계면활성제의 종류 중 세정작용이 있으며 피부자극이 적어 베이비샴푸, 저 자극 등에 사용되는 것은 (　㉠　)계면활성제이다.

답 : 양쪽성

97 **다음 〈보기〉에서 ㉠에 적합한 용어를 찾으시오.**

계면활성제의 종류 중 피부자극이 적어 기초, 메이크업 화장품등에 사용되는 것은 (　㉠　)계면활성제이다.

답 : 비이온성

98 **수성원료 중 수렴, 청결, 살균, 가용화제, 건조촉진제로 이용되는 원료는?**

답 : 에틸알코올

99 **화장품에 특별한 효능을 부여하기 위해 사용하는 물질로 각 제품의 특징을 나타내는 역할을 한다. 미백, 주름개선 및 자외선 차단의 효과를 내는 대표적인 성분을 무엇인가?**

답 : 활성성분

100 **다음 〈보기〉에서 (　　)에 적합한 용어를 찾으시오.**

자료제출이 생략되는 기능성 화장품 중 여드름성 피부를 완화하는데 도움을 주는 성분으로 (ㄱ)는 (ㄴ %) 사용가능 하다. (용법, 용량은 "본품 적당량을 취해 피부에 사용한 후 물로 깨끗이 씻어낸다" 로 제한함)

답 : ㄱ: 살리실릭애씨드, ㄴ: 0.5%

101 **(　　　　　)는 화장품에 사용도는 기름이나 왁스 등의 물질도 공기 중에 분자상 산소를 흡수하여 자동산화를 일으키게 되는데, 이것을 방지하기 위해 BHA, BHT등이 사용된다.**

답 : 산화방지제

102 **다음 내용은 무엇을 설명하는가?**

화장품을 미생물에 의해 부패되거나 산화에 변질되는데 이를 막기 위해 페녹시에탄올, 파라벤등이 사용된다.

답 : 방부제

103 **기능성 화장품에서 "질병의 예방 및 치료에 의한 의약품이 아님"의 문구기재를 해야 하는 화장품은?**

답 : 탈모, 여드름, 아토피, 튼살

104 **다음 〈보기〉에서 ㉠에 적합한 용어를 찾으시오.**

안전성의 우려로 인하여 현재 만3세 이하 어린이에게만 사용금지인 보존제 2종(살리실릭애씨드 및 그 염류, 아이오도프로피닐부틸카바메이트)에 대하여 만 (㉠)세 이하 어린이용 표시 대상 제품까지 사용금지를 추가, 확대되었다

답 : 13

105 **착향제의 구성성분 중 알레르기를 유발하는 성분의 조건으로 들어갈 내용을 〈보기〉에서 ㉠㉡에 적합한 용어를 찾으시오.**

> 사용 후 씻어내는 제품에는(㉠)%초과, 사용 후 씻어내지 않는 제품에는 (㉡)%초과 함유하는 경우에 한 한다.

답 : ㉠:0.01 ㉡:0.001

106 **맞춤형 화장품의 표시 · 기재사항 중 빠진 항목을 쓰시오.**

> ① 명칭 ② 식별번호 ③ 사용기한 또는 개봉 후 사용기간,
> ④ 책임판매업자 및 맞춤형화장품판매업자 상호

답 : 가격

107 **맞춤형화장품의 내용물 및 원료에 대한 품질검사결과를 확인해 볼 수 있는 서류는 무엇인가?**

답 : 품질성적서

108 **다음 〈보기〉에서 ㉠에 적합한 용어를 작성하시오.**

> (㉠)(이)란 화장품의 사용 중 발생한 바람직하지 않고 의도되지 아니한 징후, 증상 또는 질병을 말하며, 해당 화장품과 반드시 인과관계를 가져야 하는 것은 아니다.

답 : 유해사례

109 **다음 〈보기〉에서 ㉠㉡에 적합한 용어를 작성하시오.**

> 위해화장품의 회수 절차에서 회수기간 이내에 회수하기가 곤란하다고 판단되는 경우 그 사유를 밝히고 회수기간 연장을 요청할 수 있다.
> 1. 위해성 등급이 가 등급인 화장품: 회수를 시작한 날부터 (㉠)일 이내
> 2. 위해성 등급이 나 등급 또는 다 등급인 화장품: 회수를 시작한 날부터 (㉡)일 이내

답 : ㉠15, ㉡30

110 천연 원료가 아닌 것은?

① 미네랄원료
② 유기농원료
③ 식물원료
④ 동물성원료
⑤ 유기농유래원료

해설 [위임행정규칙 제2조]천연화장품 및 유기농화장품의 기준에 관한 규정중의 내용

답 : ⑤

111 "미네랄 원료"란?

① 지질학적 작용에 의해 자연적으로 생성된 물질을 가지고 이 고시에서 허용하는 물리적 공정에 따라 가공한 화장품원료
② 화석연료로부터 기원한 물질의원료
③ 동물로부터 자연적으로 생산되는 것을 가지고 이 고시에서 허용하는 물리적 공정에 따라 가공한원료
④ 유기농 원료를 이 고시에서 허용하는 화학적 또는 생물학적 공정에 따라 가공한원료
⑤ 유기농수산물 또는 이를 이 고시에서 허용하는 물리적 공정에 따라 가공한원료

해설 [위임행정규칙 제2조4]천연화장품 및 유기농화장품의 기준에 관한 규정 중 미네랄 원료의 내용

답 : ①

112 유기농원료에 대한 내용으로 바르지 않는 것은?

① 국제유기농업운동연맹(IFOAM)에 등록된 인증기관으로부터 유기농원료로 인증 받은 원료
② 「친환경농어업 육성 및 유기식품 등의 관리 · 지원에 관한 법률」에 따른 유기농수산물 또는 이를 이 고시에서 허용하는 물리적 공정에 따라 가공한원료
③ 유기농 원료를 이 고시에서 허용하는 화학적 또는 생물학적 공정에 따라 가공한원료
④ 외국 정부(미국, 유럽연합, 일본 등)에서 정한 기준에 따른 인증기관으로부터 유기농수산물로 인정받거나 이를 이 고시에서 허용하는 물리적 공정에 따라 가공한원료
⑤ 유기농 원료를 유기농화장품에 기준에서 허용하는 물리적 공정에 따라 가공한원료

해설 [위임행정규칙 제2조1] 천연화장품 및 유기농화장품의 기준에 관한 규정 중 유기농원료의 내용

답 : ③

113 식물 원료에 대한 설명으로 옳은 것은?

① 해조류와 같은 해양식물, 버섯과 같은 균사체를 포함하여 그 자체로서 가공하지 않거나, 이 식물을 가지고 이 고시에서 허용하는 물리적 공정에 따라 가공한 화장품원료
② 식물 원료를 가지고 이 고시에서 허용하는 화학적 공정 또는 생물학적 공정에 따라 가공한원료
③ 유기농수산물 또는 이를 이 고시에서 허용하는 물리적 공정에 따라 가공한원료
④ 동물성 원료를 가지고 이 고시에서 허용하는 화학적 공정 또는 생물학적 공정에 따라 가공한원료
⑤ 화석연료로부터 얻어지는 원료

해설 [위임행정규칙 제2조2]천연화장품 및 유기농화장품의 기준에 관한 규정 중 식물 원료의 내용

답 : ①

114 동물성원료에 대한 설명으로 바르지 않는 것은?

① 동물에서 생산된 그 자체의 원료
② 동물 그 자체(세포, 조직, 장기)를 제외한 동물로부터 자연적으로 생산된 것을 가지고 이 고시에서 허용하는 물리적 공정에 따라 만들어진 원료
③ 이 고시에서 허용하는 물리적 공정에 따라 가공한 계란 등의 화장품원료
④ 이 고시에서 허용하는 물리적 공정에 따라 가공한 우유 등의 화장품원료
⑤ 천연화장품 및 유기농화장품의 기준에 의해 만들어진 우유단백질 등의 화장품원료

답 : ①

115 다음 〈보기〉에서 천연유래 원료를 모두 고르시오.

가. 식물 그 자체로서 가공하지 않거나, 식물을 자지고 허용하는 물리적 공정에 따라 가공한 화장품원료
나. 동물 그 자체를 제외하고 동물로부터 자연적으로 생산된 것으로서 가공하지 않거나 동물로부터 자연적으로 생산되는 원료
다. 유기농 원료를 이 고시에서 허용하는 화학적 또는 생물학적 공정에 따라 가공한 원료
라. 식물, 동물성 원료를 가지고 이 고시에서 허용하는 화학적 공정 또는 생물학적 공정에 따라 가공한 원료
마. 지질학적 작용에 의해 자연적으로 생성된 물질을 가지고 이 고시에서 허용하는 물리적 공정에 따라 가공한 화장품원료

해설 천연원료와 천연유래의 내용을 구분하는 내용

답 : 다, 라

116 천연화장품 및 유기농화장품의 기준에 의해 사용 할 수 없는 원료는?

① 천연 원료
② 천연유래 원료
③ 석유화학 용제를 이용하여 추출한 원료
④ 관련 법령에 따른 허용 합성 원료
⑤ 천연화장품 및 유기농화장품의 품질 또는 안전을 위해 필요하면 모든 합성원료 사용 가능

해설 합성원료는 천연화장품 또는 유기농화장품의 품질 또는 안전을 위해 필요하나 따로 자연에서 대체하기 곤란한 경우 허용합성 원료는 5% 이내에서 사용할 수 있다. 이 경우에도 석유화학 부분(petrochemical moiety의 합)은 2%를 초과할 수 없다.

답 : ⑤

117 천연화장품, 유기농화장품에 사용할 수 있는 원료는?

① 물
② 10% 이내의 미네랄 원료
③ 5% 이내의 석유 화학원료
④ 방향족 유래용제
⑤ 화석연료로부터 기원한 원료

해설 천연화장품 및 유기농화장품의 기준에 의해[제1항 제4호의 원료] 5%이내 사용하며, 석유화학 부분은 2%이내며, 방향족 유해 용제와 화석연료로 부터 기원한 원료는 사용 불가능

답 : ①

118 천연 화장품 및 유기농화장품 원료의 제조공정에 대해 바르지 않는 것은?

① 원료의 제조공정은 간단하고 오염을 일으키지 않으며, 원료 고유의 품질을 유지한다.
② 허용되는 공정 또는 금지되는 공정을 구분 한다.
③ 원료의 제조공정은 모두 허용된다.
④ 허용되는 공정으로 물리적 공정이 있다.
⑤ 화학적 · 물리적 공정도 허용된다.

해설 천연화장품 및 유기농화장품의 기준에 관한 규정[제4조,제조공정]내용

답 : ③

119 화장품 제조 공정 중 물리적 공정이란?

① 물이나 자연에서 유래한 천연 용매로 추출해야 한다.
② 화학적 공정을 사용하여 추출해야 한다.
③ 생물학적 공정을 사용하여 추출해야 한다.
④ 석유 화학적 용재를 사용하여 추출해야 한다.
⑤ 동물에서 유래된 공정에서 추출해야 한다.

해설 천연화장품 및 유기농화장품의 기준에 관한 규정[제4조,제조공정]내용 중 물리적 공정과 화학적 · 생물학적 구분하는 내용(별표5)

답 : ①

120 물리적 공정이 아닌 것은?

① 흡수/흡착, 탈색/탈염(불활성 지지체)
② 분쇄, 원심분리
③ 원심분리, 상층액분리
④ 탈(脫)고무, 탈(脫)유
⑤ 응축/부가

해설 천연화장품 및 유기농화장품의 기준에 관한 규정[제4조,제조공정]내용 중 물리적 공정과 화학적 · 생물학적 구분하는 내용으로 응축/부가는 화학적 · 생물학적 공정에 해당

답 : ⑤

121 다음 공정들의 공통점은?

공정명	비고
탈색, 탈취(Bleaching-Deodorization)	동물유래
방사선 조사(Irradiation)	알파선, 감마선
설폰화(Sulphonation)	
에칠렌 옥사이드, 프로필렌 옥사이드 또는 다른 알켄 옥사이드 사용(Use of ethylene oxide propylene oxide or other alkylene oxides)	
수은화합물을 사용한 처리(Treatments using mercury)	
포름알데하이드 사용(Ues of formaldehyde)	

해설 천연화장품 및 유기농화장품의 기준에 관한 규정[제4조,제조공정]내용 중 사용이 금지되는 공정 부분(별표5)

답 : 사용이 금지되는 공정

122 천연화장품 및 유기농화장품의 제조에 대해 금지되는 공정은?

① 니트로아민류 원료배합
② 유전자 변형 원료 배합
③ 일면 또는 다면의 외형 또는 내부구조를 가지도록 의도적으로 만들어진 불용성이거나 생체지속성인 1~100나노미터 크기의 물질 배합
④ 공기, 산소, 질소, 이산화탄소, 아르곤 가스 외의 분사제 사용
⑤ 물리적 공정에 의해 천연 용매로 추출

해설 [제4조]제조공정의 내용

답 : ⑤

123 천연화장품 및 유기농화장품의 제조에 사용할 수 있는 원료를 오염 시킬 수 있는 성분을 모두 고르시오.

㉠ 중금속, 방향족 탄화수소, 농약
㉡ 다이옥신 및 폴리염화비페닐, 방사능, 곰팡이 독소
㉢ 디소듐포스페이스, 디칼슘포스페이트, 징크옥사이드
㉣ 카올린, 알루미늄, 실리카, 구리가루

해설 미네랄유래 원료와 오염물질 구분

답 : ㉠ ㉡

124 다음 원료 중 오염물질로 자연적으로 존재하는 것 보다 많은 양이 제품에서 존재해서는 안 되는 물질은?

① 골드, 포타슘 알룸
② 앱솔루트, 레지노이드, 콘크리트
③ 알킬베타인, 카라기난
④ 벤조익애씨드 및 그 염류
⑤ 질산염, 니트로사민

해설 미네랄유래 원료, 허용기타 원료(천연화장품에만 허용), 허용합성 원료, 오염물질 구분한다.

답 : ⑤

125 천연화장품 및 유기농화장품의 중량 기준에 대한 설명으로 바르지 않는 것은?

① 천연 함량 계산 방법에 따라 계산했을 때 중량 기준으로 천연 함량이 전체 제품에서

95% 이상으로 구성되어야 함

② 유기농함량 계산방법에 따라 계산했을 때 중량 기준으로 유기농 함량이 전체 제품에서 10% 이상이어야 함

③ 유기농함량을 포함한 천연 함량이 전체 제품에서 95% 이상으로 구성되어야 함

④ 천연함량 계산방법은 천연 함량 비율% = 물 비율 + 천연 원료 비율 + 천연유래 원료 비율이다.

⑤ 유기농원료의 경우 천연함량 계산방법으로 한다.

해설 천연화장품 및 유기농화장품의 기준에 관한 규정[제4조]제조공정 별표7의 내용

답 : ⑤

126 **2020년 1월 1일부터 화장품 성분 중 (　　)의 경우, (　　)에 포함되어 있는 알레르기 유발성분의 표시의무화가 시행 되었다. 이에 따른 표시 대상, 표시 방법 등에 대한 지침서를 따라야 한다. (　)에 들어갈 내용은?**

해설 [화장품 사용 시의 주의사항 및 알레르기 유발성분 표시에 관한 규정] 화장품 향료 중 알레르기 유발물질 표시 지침 내용

답 : 향료

127 **알레르기 유발성분(리보넨, 리날톨이 포함된 경우) 함량에 따른 표기 방법으로 바른 것은?**

① A, B, C, D 향료(리모넨, 리날룰)

② 향료(리모넨, 리날룰), A, B, C, D

③ A, B, 리모넨, C, D, 향료, 리날룰(함량 순으로 기재)

④ A, B, C, D, 향료, 리모넨, 리날룰(알레르기 유발성분)

⑤ A, B, 향료, C, D, (리모넨, 리날룰)

해설 전 성분 표시 방법을 적용하길 권장하며, 예→(리모넨, 리날룰)소비자의 오해 · 오인 우려로 불가함

답 : ③

128 **알레르기 유발성분의 기재 사항과 관련하여 내용이 바르지 않는 것은?**

① 향료중에 포함된 알레르기 유발성분의 표시는 "전 성분 표시제"의 표시대상 범위를 확대한 것으로서 '사용 시의 주의사항'에 기재될 사항은 아님

② 향료에 포함된 알레르기 성분을 표시토록 하는 것의 취지는 전성분에 표시된 성분 외에도 추가적으로 향료성분에 대한 정보를 제공

③ 향료성분에 대한 정보를 제공하여 알레르기가 있는 소비자의 안전을 확보하기 위한

것임

④ 알레르기 유발성분임을 별도로 표시하면 해당 성분만 알레르기를 유발하는 것으로 소비자가 오인할 우려가 있어 부적절함

⑤ 알레르기 유발성분임을 별도로 표시하거나 "사용 시의 주의사항"에 기재하여야 한다.

해설 화장품법 시행규정 [별표4] 화장품 포장의 표시기준 및 표시방법

답 : ⑤

129 알레르기 유발성분의 표시 기준인 0.01%, 0.001%의 산출 방법에 대한 예)이다. 바른 것은?

예) 사용 후 씻어내지 않는 바디로션(250g) 제품에 리모넨이 0.05g 포함 시,

① 0.05g÷250g×100 = 0.02% → 0.001% 초과하므로 표시 대상

② 0.05g÷250g×200 = 0.04% → 0.001% 초과하므로 표시 대상

③ 0.05g÷250g×50 = 0.01

④ 0.05g×250g÷100 = 0.01

⑤ 0.05g×250g÷50 = 0.01

해설 해당 알레르기 유발성분이 제품의 내용 량에서 차지하는 함량의 비율로 계산

답 : ①

130 내용량 10mL(g)초과 50mL(g) 이하인 소용량 화장품의 경우 착향제 구성 성분 중 알레르기 유발성분 표시 여부에 관한 내용으로 바른 것은?

① 기존 규정과 동일하게 표시 · 기재를 위한 면적이 부족한 사유로 생략이 가능하나 해당 정보는 홈페이지 등에서 확인할 수 있도록 해야 한다.

② 소용량 화장품일지라도 표시 면적이 확보되는 경우는 알레르기 유발 성분을 표시 하여야 한다.

③ 내용량 10mL(g)초과 인 경우는 표시 하지 않으며 50mL(g)이하인 경우는 표시를 해야 한다

④ 홈페이지로만 공지 한다

⑤ 기존 규정과 동일하게 표시 · 기재를 한다.

해설 소용량 화장품일지라도 표시 면적이 확보되는 경우에는 해당 알레르기 유발 성분을 표시하는 것을 권장함

답 : ①

131 천연오일 또는 식물 추출물에 함유된 알레르기 유발성분의 표기 여부에 대한 설명으로 바른 것은?

① 식물의 꽃에서만 추출한 에센셜오일이나 추출물일 경우 알레르기 유발성분을 표시 · 기재함
② 식물의 잎과 줄기에서만 추출한 에센셜오일이나 추출물일 경우 알레르기 유발성분을 표시 · 기재함
③ 식물의 꽃 · 잎 · 줄기 등에서 추출한 에센셜오일은 알레르기 유발성분 표시 · 기재하지 않아도 됨
④ 식물의 꽃과 줄기에서 추출한 에센셜오일이나 추출물일 경우 알레르기 유발성분을 표시 · 기재하지 않아도 됨
⑤ 식물의 꽃 · 잎 · 줄기 등에서 추출한 에센셜오일이나 추출물이 착향의 목적으로 사용되었거나 또는 해당 성분이 착향제의 특성이 있는 경우에는 알레르기 유발성분을 표시 · 기재함

해설 [화장품 사용 시의 주의사항 및 알레르기 유발성분 표시에 관한 규정] 화장품 향료 중 알레르기 유발물질 표시 지침 내용

답 : ⑤

132 2019년(시행 전) 제조된 부자재로 2020년(부자재 유예기간) 제조한 화장품을 2021년(부자재사용 경과조치 기간 종료 후)에 유통판매가능 한지에 대한 설명으로 바른 것을 모두 고르시오.

㉠ 부자재 유예기간 종료 전에 기존 부자재를 사용하여 제조한 화장품은 그 화장품의 사용기한까지 유통할 수 있음 ㉡ 부자재 유예기간 종료 후에 기존 부자재를 사용하여 제조한 화장품은 그 화장품의 사용기한까지 유통할 수 있음 ㉢ 소비자 건강보호라는 동 제도의 취지를 고려할 때 오버레이블링등을 통해 알레르기 유발 성분을 표시하여 유통하는 것을 권장 ㉣ 부자재 유예기간 종료 전에 기존 부자재를 사용하여 제조한 화장품은 그 화장품의 사용기한까지 유통할 수 없음

해설 화장품 포장의 기재사항에 관한 경과조치(부칙, 제5조) 부칙 제1조제2호에 따른 시행일부터 1년 동안 사용할 수 있다.

답 : ㉠, ㉢

133 책임판매업자 홈페이지, 온라인 판매처 사이트에서 알레르기 유발성분을 표시하는 방법의 내용으로 바른 것은?

① 기존 부자재 사용으로 실제 유통 중인 제품과 온라인상의 표시사항에 차이가 나는 경우 유통 화장품의 표시사항과 온라인상의 표시사항에 차이가 날 수 있음을 안내하는 문구를 기재하는 것을 권장

② 온라인상에서는 전 성분 표시사항에 향료 중 알레르기 유발성분을 표시하지 않아도 됨.

③ 소비자의 오해나 혼란이 없도록 온라인상에도 필수 기재사항이다.

④ 실제 유통 중인 제품과 온라인상의 표시사항에 차이가 나는 경우 온라인상에는 표시사항이 아니다.

⑤ 소비자 건강보호라는 동 제도의 취지를 고려할 때 오버레이블링등을 통해 알레르기 유발 성분을 표시하여 유통하는 것을 권장

해설 온라인상에서도 전 성분 표시사항에 향료 중 알레르기 유발성분을 표시하여야 함.

답 : ①

134 화장품 사용 성분에 대한 설명으로 바르지 않는 것은?

① 착향제는 "향료"로 표시 할 수 있다.

② 착향제의 구성성분 중 식품의약안전처장이 정하는 성분 사용

③ 착향제의 구성성분 중 알레르기 유발성분이 있는 경우에는 향료로 표시할 수 없다.

④ 알레르기 유발성분의 명칭 기재 · 표기해야 한다.

⑤ 착향제의 구성성분 중 식품의약품안전처장이 정하여 고시한 경우에는 알레르기 유발성분도 향료로 모두 표시 할 수 있다.

해설 화장품법 시행규칙 [별표4] 화장품 포장의 표시기준 및 표시방법(제19조제6항 관련)

답 : ⑤

135 알레르기 유발 성분(제 3조와 관련)을 모두 고르시오.

㉠ 아밀신남알, 벤질알코올

㉡ 갈란타민, 갈라민트리에치오다이드

㉢ 참나무이끼추출물, 나무이끼추출물

㉣ 메칠소르신, 메칠렌글라이콜

해설 사용할 수 없는 원료[제3조, 별표1] 구분

답 : ㉠, ㉢

136 화장품의 기능과 효과에 대한 내용으로 옳은 것은?

① 미백화장품 - 기미 · 주근깨를 제거하여 미백에 도움을 주는 화장품
② 주름개선화장품 - 피부에 탄력을 주어 주름을 제거해 주는 화장품
③ 자외선차단제 - 자외선으로부터 피부를 보호하는데 도움을 주는 화장품
④ 여드름화장품 - 여드름성 피부를 완화하는데 도움을 주는 화장품
⑤ 기초화장품 - 피부의 보습을 주어 피부 재생을 도와주는 화장품

해설 의약품으로 오인 될 수 있는 표현은 할 수 없다.

답 : ③

137 〈보기〉는 화장품에 사용되는 성분의 특성상 주의가 필요한 성분에 대한 설명으로 해당되는 성분은?

〈함유제품-0.5%함유된 제품은 제외〉
가. 햇빛에 대한 피부의 감수성을 증가시킬 수 있으므로 자외선 차단제를 함께 사용할 것
나. 일부에 시험 사용하여 피부 이상을 확인할 것
다. 고농도의 성분이 들어 있어 부작용이 발생할 우려가 있으므로 전문의 등에게 상담할 것(성분이 10%를 초과하여 함유되어 있거나 산도가 3.5 미만인 제품만 표시)

해설 [화장품법 시행규칙 제19조제3항관련] 화장품 유형과 사용 시의 주의사항(별표3)

답 : 알파-하이드록시애시드(α -hydroxyacid, AHA)

138 화장품 사용 시 공통으로 주의해야 하는 사항으로 옳은 것은?

① 상처가 있는 부위 등에는 사용을 자제할 것
② 만3세 이하 어린이에게는 사용하지 말 것
③ 눈 주위를 피하여 사용할 것
④ 눈에 들어갔을 때에는 즉시 씻어낼 것
⑤ 정해진 용법과 용량을 잘 지켜 사용할 것

해설 화장품법 시행규칙 제19조제3항관련] 화장품 유형과 사용 시의 주의사항(별표3)내용

답 : ①

139 고압가스를 사용하는 에어로졸 제품에 대한 주의사항으로 옳은 것은?

① 섭씨 40도 이상의 장소 또는 밀폐된 장소에서 보관하지 말 것

② 개봉한 제품은 7일 이내에 사용할 것
③ 섭씨 15도 이하의 어두운 장소에 보존할 것
④ 털을 제거한 직후에는 사용하지 말 것
⑤ 가능하면 같은 부위에 연속해서 분사하지 말 것

해설 화장품법 시행규칙 제19조제3항관련] 화장품 유형과 사용 시의 주의사항(별표3)내용

답 : ①

140 염모제의 사용 시의 주의사항에 대한 내용으로 (   )들어갈 성분은?

이 제품에 첨가제로 함유된 (   )에 의하여 알레르기를 일으킬 수 있으므로 이 성분에 과민하거나 알레르기 반응을 보였던 적이 있는 분은 사용 전에 의사 또는 약사와 상의하여 주십시오.

답 : 프로필렌글리콜

141 위해요소를 바르게 설명한 것은?

① 인체적용제품에 존재하는 위해요소가 인체에 유해한 영향을 미치는 고유의 성질을 말함
② 인체의 건강을 해치거나 해칠 우려가 있는 화학적 · 생물학적 · 물리적 요인을 말함
③ 인체적용제품에 존재하는 위해요소가 다양한 매체와 경로를 통하여 인체에 미치는 영향을 종합적으로 평가하는 것을 말함
④ 인체적용제품에 존재하는 위해요소가 다양한 매체와 경로를 통하여 인체에 미치는 영향을 말함
⑤ 사람이 섭취 · 투여 · 접촉 · 흡입 등을 함으로써 인체에 영향을 줄 수 있는 것으로서 말함

해설 [화장품시행규칙 제17조]에 따른 위임행정규칙(인체적용제품의 위해성평가 등에 관한 규정) 내용

답 : ②

142 유해사례의 설명으로 옳은 것은?

① 화장품의 사용 중 발생한 바람직하지 않고 의도되지 아니한 징후, 증상 또는 질병을 말하며, 해당 화장품과 반드시 인과관계를 가져야 하는 것은 아니다.
② 신속보고 되지 아니한 화장품의 안전성 정보를 서식에 따라 작성한 후 매 반기 종료 후 1월 이내에 식품의약품안전처장에게 보고하여야 한다.

③ 유해사례 등 안전성 정보의 보고가 규정에 적합하지 아니하거나 추가 자료가 필요하다고 판단하는 경우 일정 기한을 정하여 자료의 보완을 요구 할 수 있다.
④ 식품의약품안전처장은 화장품 안전성 정보를 검토 및 평가하며 필요한 경우 정책자문위원회 등 전문가의 자문을 받을 수 있는 것을 말한다.
⑤ 식품의약품안전처장은 화장품 안전성 정보를 검토 및 평가한 후 보고하는 것을 말한다.

해설 [화장품시행규칙 11조10호]에 따른 화장품 안정성 정보관련 규정의 내용

답 : ①

143 (　　)안에 들어갈 용어는?

(　　)란 화장품과 관련하여 국민보건에 직접 영향을 미칠 수 있는 안전성 유효성에 관한 새로운 자료, 유해사례 정보 등을 말한다.

해설 [화장품시행규칙 11조10호]에 따른 화장품 안정성 정보관련 규정의 내용

답 : 안전성 정보

144 유해사례 안전성 정보의 신속보고(정보를 알게 된 날로부터 15일 이내)에 대한 내용으로 옳은 것은?

① 의사, 약사, 간호사는 화장품의 사용 중 발생하였거나 알게 된 유해사례에 대하여 식품의약품안전처장에게 보고를 지시한 경우
② 중대한 유해사례 또는 이와 관련하여 식품의약품안전처장이 보고를 지시한 경우
③ 판매중지나 회수에 준하는 유해사례를 식품의약안전처장이 보고를 지시한 경우
④ 안전성 정보의 신속보고는 식품의약품안전처 홈페이지를 통해 보고하는 경우
⑤ 외국정부의 조치 또는 이와 관련하여 식품의약품안전처장이 보고를 지시한 경우

해설 화장품 안정성 정보관련 규정의 내용 중 안전성 정보의 신속보고(제5조)

답 : ②

145 화장품 유해사례 정보의 기제 내용이 아닌 것은?

① 증상발현일
② 증상종료일
③ 유해사례명
④ 유해사례 진행결과
⑤ 의약전문가의견

해설 [제6조]화장품 안정성 정보관련 규정화장품 (별지 제3호)안전성 정보 일람표 참조

답 : ⑤

146 화장품의 4대요건이 아닌 것은?

① 유효성 ② 안전성
③ 점증성 ④ 안정성
⑤ 사용성

답 : ③

147 화장품에 사용되는 원료의 특성으로 틀린 것은?

① 물질의 부패를 확산 시킨다
② 피부 미백과 주름개선에 도움을 주고 자외선으로부터 피부를 보호해 준다.
③ 피부의 건조함을 막아 피부를 부드럽고 촉촉하게 한다.
④ 유성성분의 산화와 산패를 방지한다.
⑤ 정전기를 방지하고 세정력이 좋아진다.

해설 제8조(화장품 안전기준 등)

답 : ①

148 사용한도를 나타낸 것이다. 〈보기〉의 성분은 무엇인가?

파라벤 - 0.4%	페녹시에탄올 - 1%
이미다졸리디닐우레아 - 0.6%	페녹시 에탄올 - 1.0%

① 점증제 ② 방부제
③ 산화방지제 ④ 보습제
⑤ 향료

해설 화장품법제8조(화장품 안전기준 등), 화장품 시행규칙 제17조의3(원료의 사용기준 지정 및 변경 신청 등)

답 : ②

149 주름개선에 도움을 주는 제품의 성분 및 함량이다. 틀린 것은?

① 레티놀 - 2,500IU/g
② 레티닐팔미테이트 - 10,000IU/g
③ 아데노신 - 0.04%
④ 폴리에톡실레이티드레틴아마이드 - 0.05~0.2%
⑤ 알부틴 - 2~5%

해설 화장품 시행규칙 제9조(기능성화장품의 심사) 참조

답 : ⑤ (미백성분)

150 여드름성 피부를 갖고 있는 고객이 맞춤형화장품 매장을 방문하였다. 각질이 많이 쌓이고 피부가 칙칙하여 어떤 성분이 함유한 제품을 안내하는 게 적절한가?

① 살리실릭애씨드 0.5% 함유 제품
② 치오글리콜산 3.0~4.5% 함유 제품
③ 아데노신 0.04% 함유 제품
④ 징크옥사이드 25% 함유 제품
⑤ 벤조페논 5% 함유 제품

해설 화장품 시행규칙 제9조(기능성화장품의 심사) 참조

답 : ①

151 물과 기름의 경계면에 흡착하여 그 표면의 장력을 감소시키는 물질로서, 피부자극과 독성이 적고 정전기 발생을 억제 하며 세정력과 피부 안정성이 좋다. 베이비제품이나 저작극성 샴푸, 클렌저 제품 등에 많이 사용되은 이 성분은 무엇인가? (　　　　)

해설 화장품 시행규칙 제17조의2(지정 · 고시된 원료의 사용기준의 안전성 검토), 화장품법 제8조 제6항

답 : 양쪽성 계면활성제

152 (　　　　) 이란 개인의 피부타입, 선호도 등을 반영하여 판매장에서 즉석으로 제품을 혼합. 소분한 제품을 말한다. (　　　　) 안에 들어갈 말은 무엇인가?

답 : 맞춤형화장품

153 맞춤형 화장품에 사용 가능한 원료에 대한 설명이다. 틀린 것은?

① 화장품에 사용상의 제한이 필요한 원료
② 보존제, 자외선 차단제 등은 사용할 수 없다.
③ 화장품에 사용할 수 없는 원료
④ 기능성화장품에 대한 심사를 받거나 보고서를 제출한 경우를 포함한다.
⑤ 식품의약품안전처장이 고시한 기능성화장품의 효능 · 효과를 나타내는 원료

해설 화장품법 제2조제3호의2, 화장품법 제8조, 화장품 안전기준등에 관한 규정 제5조

답 : ④

154 원료 품질 검사성적서 인정 기준으로 틀린 것은?

① 제조업체의 원료에 대한 자가품질검사 또는 공인검사기관 성적서
② 대한화장품협회 자가품질검사 성적서
③ 제조판매업체의 원료에 대한 자가품질검사 또는 공인검사기관 성적서
④ 원료업체의 원료에 대한 공인검사기관 성적서
⑤ 원료업체의 원료에 대한 자가 품질 검사 시험성적서

해설 화장품법 시행규칙 제12조
- 화장품법 제3조제3항(영업의 등록), 화장품법 시행규칙 제7조(화장품의 품질관리기준등)
- 화장품법 제5조(영업자의 의무 등) ,화장품법 시행규칙제11조(화장품책임판매업자의 준수사항)

155 어느 하나에 해당하는 성분을 0.5퍼센트 이상 함유하는 제품의 경우에는 해당 품목의 안정성시험 자료를 최종 제조된 제품의 사용기한이 만료되는 날부터 1년간 보존해야 한다. 틀린 것은?

① 레티놀(비타민A) 및 그 유도체
② 아스코빅애시드(비타민C) 및 그 유도체
③ 토코페롤(비타민E)
④ 과산화화합물
⑤ 향료

해설 화장품법 시행규칙제11조(화장품책임판매업자의 준수사항)

답 : ⑤

156 페녹시 에탄올, 파라벤 대신 많이 사용 하는 보존제 성분은 무엇인가?

① 피이지
② 1,3부틸렌글리콜
③ 1,2헥산디올
④ 잔탄검
⑤ 벤질알코올

해설 화장품법 시행규칙 제19조제6항

답 : ③

157 맞춤형화장품 매장에 만 8세 아이의 바디로션을 구매하려 고객님이 방문하였다. 유의해야 할 성분으로 맞는 것은?

① 살리실릭 애씨드
② 리모넨

③ 녹차추출물 ④ 황금추출물
⑤ 피이지

해설 화장품법 시행규칙 제19조, 화장품법 제8조

답 : ①

158 안전성의 우려로 인하여 현재 만 3세 이하 어린이에게만 사용금지인 보존제 2종에 대하여 만 13세 이하 어린이용 표시 대상 제품까지 사용금지로 확대하였다. 보존 제는 무엇인가?

① 살리실릭 애씨드, 벤질헤미포름알
② 살리실릭 애씨드, 아이오도프로피닐부틸카바메이트
③ 살리실릭 애씨드, 벤질 알코올
④ 살리실릭 애씨드, 포믹애씨드 및 소듐포메이드
⑤ 살리실릭 애씨드, 소듐라우로일사코시네이트

해설 화장품법 시행규칙 제19조, 화장품법 제8조

답 : ②

159 화장품의 1차 포장 또는 2차 포장에는 총리령으로 정하는 바에 따라 기재, 표시하여야 한다. 이중 표시 하지 않아도 되는 것은?

① 사용기한 또는 개봉 후 사용기간 ② 화장품의 명칭
③ 제조번호 ④ 내용물의 용량 또는 중량
⑤ 판매처의 상호 및 주소

해설 화장품법 제 10조(화장품 기재사항)

답 : ⑤

160 내용 량이 10밀리리터 초과 50밀리리터 이하 또는 중량이 10그램 초과 50그램 이하 화장품의 포장인 경우에는 다음의 성분을 제외할 수 있다. 이중 아닌 것은?

① 샴푸와 린스에 들어 있는 인산염의 종류
② 과일산(AHA)
③ 은박
④ 기능성화장품의 경우 그 효능 · 효과가 나타나게 하는 원료
⑤ 식품의약품안전처장이 배합 한도를 고시한 화장품의 원료

해설 화장품법 시행규칙 제19조, 화장품법 제10조

답 : ③

161 화장품의 원료와 포장재등 보관방법으로 틀린 것은?

① 원자재, 반제품 및 벌크 제품은 보관기한을 설정하여야 한다.
② 원자재, 반제품 및 벌크 제품은 바닥과 벽에 닿지 아니하도록 보관하여야 한다.
③ 원자재, 시험 중인 제품 및 부적합품은 각각 구획된 장소에서 보관하여야 한다.
④ 선입선출에 의하여 입고할 수 있도록 보관하여야 한다.
⑤ 설정된 보관기한이 지나면 사용의 적절성을 결정하기 위해 재평가시스템을 확립하여야 한다.

답 : ④

162 화장품의 사용상 주의사항중 공통으로 주의해야 할 사항으로 맞는 것은?

① 상처가 있는 부위 등에 사용을 권장할 것
② 직사광선에 의하여 사용부위가 붉은 반점, 부어오름 또는 가려움증 등의 이상 증상이나 부작용이 있는 경우 전문의 등과 상담 할 것
③ 어린이와 함께 사용할 것
④ 직사광선이 있는 곳에서 보관할 것
⑤ 눈에 들어 갔을때 즉시 씻어낼 것

답 : ②

163 화장품 원료 등의 위해평가는 다음의 과정을 거쳐 실시한다. 다음중 틀린 것은?

① 위해요소의 인체 내 독성을 확인하는 위험성 확인과정
② 위해요소의 인체노출 허용량을 산출하는 위험성 결정과정
③ 위해요소가 인체에 노출된 양을 산출하는 노출평가과정
④ 결과를 종합하여 인체에 미치는 위해 영향을 판단하는 위해도 결정과정
⑤ 식품의약품안전처장이 정하는 기준에 따라 위해 여부를 결정한다.

해설 화장품 시행규칙 제17조(화장품 원료 등의 위해평가)

답 : ⑤

164 회수의무자가 회수계획서를 제출하는 경우에는 위해성 등급을 구분하여 회수 기간을 기재해야 한다. 다만, 회수 기간 이내에 회수하기가 곤란하다고 판단되는 경우에는 지방 식품의 약품안전청장에게 그 사유를 밝히고 회수 기간 연장을 요청할 수 있다. 요청기간이 맞는 것은?

① 위해성 등급이 가등급인 화장품 : 회수를 시작한 날부터 15일 이내
② 위해성 등급이 가등급인 화장품 : 회수를 시작한 날부터 10일 이내

③ 위해성 등급이 나등급인 화장품 : 회수를 시작한 날부터 15일 이내
④ 위해성 등급이 다등급인 화장품 : 회수를 시작한 날부터 15일 이내
⑤ 위해성 등급이 나등급 또는 다등급인 화장품 : 회수를 시작한 날부터 15일 이내

해설 화장품 시행규칙 제14조의3(위해화장품의 회수계획 및 회수절차 등)

답 : ①

165 식품의약품안전처에서는 우수화장품 제조 및 품질관리기준(CGMP)의 세부사항을 정하고 우수한 화장품을 제조, 공급 및 품질관리하기 위한 기준으로서 직원, 시설 · 장비 및 원자재, 반제품, 완제품 등의 취급과 실시방법을 정한 것이다. 이에 CGMP의 3대요소인 것은?

① 인위적인 과오의 최대화
② 미생물오염 및 교차오염으로 인한 품질저하 방지
③ 품질관리체계의 무시
④ 미생물오염으로 인한 품질향상 수립
⑤ 잠재적인 문제를 상승 시킴

답 : ②

166 화장품 제조업자가 준수해야 할 사항이 아닌 것은?

① 제조관리기준서・제품표준서・제조관리기록서 및 품질관리기록서를 작성・보관할 것
② 제조 또는 품질검사를 위탁하는 경우 제조 또는 품질검사가 적절하게 이루어지고 있는지 수탁자에 대한 관리・감독은 수탁에게 맡길 것
③ 작업소에는 위해가 발생할 염려가 있는 물건을 두어서는 아니 되며, 작업소에서 국민보건 및 환경에 유해한 물질이 유출되거나 방출되지 아니하도록 할 것
④ 보건위생상 위해가 없도록 제조소, 시설 및 기구를 위생적으로 관리하고 오염되지 아니하도록 할 것
⑤ 화장품의 제조에 필요한 시설 및 기구에 대하여 정기적으로 점검하여 작업에 지장이 없도록 관리・유지할 것

해설 화장품법 제5조 제2항 제조업자 등의 의무, 화장품법 시행규칙 제 12조 제조업자의 준수사항

답 : ②

167 (   )이란 제품이 적합 판정 기준에 충족될 것이라 신뢰를 제공하는데 필수적인 모든 계획되고 체계적인 활동을 말한다. 괄호안에 들어갈 말은 무엇인가?

① 제조단위　　② 유지보수
③ 벌크제품　　④ 품질보증

⑤ 유지관리

답 : ④

168 제조 및 품질관리 관련하여 공정 또는 시험의 일부를 직원이나 회사 또는 조직을 대신하여 작업을 수행하는 사람, 회사 또는 외부조직에게 위탁할 수 있다. 여기에 해당하는 명칭은?

① 위탁자
② 제조업자
③ 수탁자
④ 내부감사
⑤ 외부감사

해설 화장품법 시행규칙 제6조 제2항 제2호에 해당하는 기관

답 : ③

169 CGMP를 실행하려면 CGMP 운영 조직을 만들어야 한다. 조직구조는 회사의 조직과 직능을 명확하게 정의하도록 규정되어야 하며 문서화되어야 한다. 조직구조를 구성할 때에는 고려해야할 사항이 아닌 것은?

① 조직구조(조직도)에 기재된 직원의 역량은 각각의 명시된 직능에 적합해야 한다.
② 조직내의 주요 인사의 직능과 보고책임을 명확하게 정의하여 규정하여야 하며 문서화 되어야 한다.
③ 품질 단위의 독립성을 나타내어야 한다.
④ 제조하는 제품과 회사의 규모에 대해 조직도가 적절한 지를 확인하기 위한 주의가 필요하다.
⑤ 조직구조에 기재된 직원의 역량은 각각의 명시된 직능과 관계없다.

답 : ⑤

170 직원의 책임이 아닌 것은?

① 조직 구조 내에 있는 그들의 지위는 상관없고, 규정된 그들의 역할과 책임 및 의무를 인지할 필요는 없다.
② 정해진 책임과 행동을 실행하기 위한 적절한 교육훈련을 받아야 한다.
③ 일탈과 기준일탈 등은 적극적으로 책임자에게 보고하여야 한다.
④ 개인위생 규정을 준수해야 한다.
⑤ 그들의 책임 범위와 관련된 문서에 접근할 수 있어야 하고 거기에 따라야 한다.

답 : ①

171 제조 및 품질관리 업무와 관련 있는 직원뿐 아니라 책임자등 모든 직원을 대상으로 하는 교육훈련의 교육책임자 또는 담당자의 주요 업무가 아닌 것은?

① 모든 직원의 교육·훈련의 필요성을 명확하게 하고 이에 알맞은 교육일정, 내용, 대상 등을 정하여 교육훈련계획
② 교육훈련의 실시기록을 작성할 것
③ 교육훈련평가의 결과를 문서로 보고할 것
④ 교육계획, 교육대상, 교육의 종류, 교육내용, 실시방법, 평가방법, 기록 및 보관 등이 포함된 교육훈련규정을 작성할 것
⑤ 교육훈련평가의 결과는 보고하지 않아도 될 것

답 : ⑤

172 교육훈련규정에 포함되어야 할 내용은 어느 것인가?

① 교육대상자 : 직종별, 경력별로 직원을 나누지 않는다.
② 교육실시방법 : 신입사원 교육 시 별도의 과제물을 부여하거나 일지를 작성하지 않아도 된다.
③ 교육의 종류 및 내용 : 사내에서 실시하는 교육의 종류는 일일교육과 주말교육으로 나누어진다.
④ 교육의 평가 : 평가방법은 시험평가, 구두평가, 실습평가 및 개인별 소감문 작성 등이 있다.
⑤ 기록의 보관 : 교육대상, 교육훈련 단체별, 교육규정 등을 작성한다.

답 : ④

173 직원, 회사 또는 조직을 대신하여 작업을 수행하는 사람, 회사 또는 외부 조직을 무엇이라 하는가?

① 위탁자
② 제조업자
③ 작업자
④ 감사
⑤ 수탁자

답 : ⑤

174 화장품 생산 시설(facilities, premises, buildings)이란?

① 화장품을 생산하는 설비와 기기가 들어있는 건물, 작업실, 건물 내의 통로, 손을 씻는 시설 등을 포함하여 원료, 포장재, 완제품, 설비, 기기를 외부와 주위 환경 변화로부터 보호하는 것이다.

② 쥐, 해충 및 먼지 등 막을 수 없는 시설
③ 작업대 등 제조에 필요한 시설 및 기구는 없어도 된다.
④ 가루가 날리는 작업실은 따로 시설를 마련하지 않는다.
⑤ 제품은 생산과 동시에 바로 출하시킨다.

해설 화장품법 시행규칙 제6조(시설기준 등)

답 : ①

175 품질관리의 업무중 시험업무을 설명한 것이다. 틀린 것은?

① 기준일탈 결과를 조사한다.
② 시험에 관한 최신 정보를 입수하고 활용한다.
③ 제품 품질에 관련된 모든 결정에 관여한다.
④ 시험기록서를 작성하고 보관은 하지 않는다.
⑤ 시약, 시액, 표준품, 보관용 검체를 취급한다.

답 : ④

176 품질관리의 시험성적서 작성 방법이다. 틀린 것은?

① 제조번호별로 작성한다.
② 검체는 명칭, 제조원, 제조번호, 식별코드번호, 채취일, 입고일 또는 제조일, 검체량 등을 작성한다.
③ 데이터는 원자료(기록, 그래프, 차트, 스펙트럼 등)를 작성한다.
④ 시험방법은 기재하지 않아도 무방하다.
⑤ 날짜, 담당자 서명 · 날인 한다

답 : ④

177 기준일탈 조사 절차가 아닌 것은?

① 추가시험 : 신규검체로 1회 실시
② laboratory error 조사
③ 재검체채취
④ 검과 검토
⑤ 재시험

답 : ①

178 품질관리 업무중 시험업무에서 검채를 시험 할때 필요한 시약, 시액, 표준품, 배지의 설명으로 틀리게 설명한 것은 무엇인가?

① 표준품(reference, standards) : 시험에 사용하는 표준물질

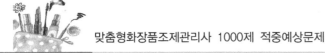

② 시액(solutions) : 시험용으로 조제한 시약액
③ 배지(culture media) : 미생물이나 생물조직을 배양하는 것
④ 시약(reagents) : 시험용으로 구입한 시약
⑤ 시액(solutions) : 시험용으로 구입한 시약

답 : ⑤

179 표준품과 주요시약의 용기에 기재하여야할 사항을 아닌 것은?

① 사용기한
② 명칭
③ 판매자의 성명 또는 서명
④ 개봉일
⑤ 보관조건

답 : ③

180 검체채취 방법이 아닌 것은?

① 사무실에서 실시한다.
② 품질관리부가 검체 채취를 실시한다.
③ 검체채취 절차를 정해 놓는다.
④ 뱃치를 대표하는 검체를 채취한다.
⑤ 검체라벨을 첩부한 검체용기에 넣는다.

답 : ①

181 시험용 검체의 용기에 기재할 사항은?

① 제품명 또는 제조 코드
② 제조번호 또는 제조 코드
③ 포장재 또는 제조단위
④ 명칭 또는 제조 코드
⑤ 제조번호 또는 제조단위

답 : ⑤

182 보관용 검체의 주요 사항이 아닌 것은?

① 사용기한 경과 후 1년간 보관한다. 다만 개봉 후 사용기한을 정하는 경우 제조일로부터 3년간 보관한다.
② 시판용 제품의 포장형태와 동일하여야 한다.
③ 목적 : 제품을 사용기한 중에 재검토 할 때에 대비하기 위함이다.
④ 각 제조단위를 대표하는 검체를 보관한다.
⑤ 사용기한 경과 후 3년간 보관한다. 다만 개봉 후 사용기한을 정하는 경우 제조일로부터 1년간 보관한다.

답 : ⑤

183 보관용 검체를 보관하는 것은 품질관리 프로그램에서 중요한 사항이다. 보관용 검체의 중요 이유는 무엇인가?

① 벌크 특성을 검증하기 위한 방법
② 소비자 불만과 기타 소비자 질문 사항의 조사를 위한 중요한 도구
③ 각 제조단위를 대표하는 중요한 도구
④ 가능한 모든 질문에 대한 대응을 위한 개인의 제품 라이브러리
⑤ 소비자 만족에 대응할 질문 사항의 중요한 도구

답 : ②

184 위탁업체의 역할이 아닌 것은?

① 수탁업체에게 필요한 정보를 제공한다.
② 수탁업체가 수행한 제조공정 또는 시험을 평가하고 감사한다.
③ 제품의 품질을 보증한다.
④ 수탁업체에게 평가 및 감사를 받아들인다.
⑤ 수탁업체를 평가한다.

답 : ④

185 수탁업체의 역할이 아닌 것은?

① 위탁업체의 평가는 필요없다.
② 제조공정 또는 시험의 결과를 제공해야 한다.
③ CGMP에 준하는 적절한 관리를 한다.
④ 제조공정 또는 시험을 보증한다.
⑤ 제조공정 또는 시험에 필요한 인적자원을 확보한다.

답 : ①

186 위탁업체와 수탁업체의 형태로 맞는 것은?

① 수탁업체는 위탁업체의 능력평가, 기술이전, 감사를 실시해야 한다.
② 위탁업체와 수탁업체는 계약을 하여 양자의 "책임"과 "역할"을 분담한다.
③ 수탁업체는 품질보증, 기술이전, 변경관리, 일탈처리에 관한 인식을 키운다.
④ 위탁업체-수탁업체는 상하 관계이다.
⑤ 위탁자와 수탁업체간의 의무와 책임은지지 않는다.

답 : ②

187 위 · 수탁제조의 절차로 맞는 것은?

① 수탁업체평가 → 계약 체결 → 기술이전 →기술 확립 → CGMP체제 확립 → 제조 또는 시험 개시 → 위탁업체에 의한 수탁업체 평가 및 감사
② 수탁업체평가 → 기술 확립 → 계약 체결 → 기술이전 → CGMP체제 확립 → 위탁업체에 의한 수탁업체 평가 및 감사 → 제조 또는 시험 개시
③ 위탁업체에 의한 수탁업체 평가 및 감사 → 수탁업체평가 → 기술 확립 → 계약 체결 → 기술이전 → CGMP체제 확립 → 제조 또는 시험 개시
④ 수탁업체평가 → 기술이전 → 기술 확립 → 계약 체결 → CGMP체제 확립 → 제조 또는 시험 개시 → 위탁업체에 의한 수탁업체 평가 및 감사
⑤ 수탁업체평가 → 기술 확립 → 계약 체결 → 기술이전 → CGMP체제 확립 → 제조 또는 시험 개시 → 위탁업체에 의한 수탁업체 평가 및 감사

답 : ⑤

188 화장품의 위탁제조 또는 시험을 시작할 때에는 먼저 수탁업체를 평가하고 CGMP준수 평가를 항목에 추가하며, 절차를 설정해둔다. 체크 항목을 설정해둔 다음, 평가기록을 남긴다. 위 · 수탁제조의 절차중 어느 단계를 설명한 것인가?

① CGMP체제 확립
② 위탁업체에 의한 수탁업체 평가 및 감사
③ 계약 전 수탁업체 평가
④ 제조 또는 시험 개시
⑤ 기술이전

답 : ③

189 일탈의 정의는?

① 어떤 원인에 의해서든 시험결과가 정한 기준값 범위를 벗어나지 않은 경우이다.
② 규정된 제조 또는 품질관리활동 등의 기준을 벗어나 이루어진 행위이다.
③ 엄격한 절차를 마련하여 이에 따라 조사하고 문서화 하여야 한다.
④ 공정관리기준에서 두드러지게 벗어나 품질 결함이 예상될 경우를 말한다.
⑤ 제조과정 중의 일탈에 대해 조사한다.

답 : ②

190 일탈의 조치가 아닌 것은?

① 일탈의 정의, 순위 매기기, 제품의 처리 방법 등을 절차서에 정해둔다.

② 제품의 처리법은 결정부터 재발방지대책의 실행까지는 발생 부서의 책임자가 책임을 지고 실행하면 된다.
③ 품질관리부서에 의한 내용의 조사, 승인이나 진척 상황의 확인이 필요하다.
④ 제품 처리와 병행하여 실시하는 일탈 원인 조사는 중요하지 않다.
⑤ 일탈 원인이 아무리 해도 판명되지 않는 경우에는 다시 같은 일탈이 발생하기까지 원인 규명을 미루는 방법도 있다.

답 : ④

191 변경관리가 아닌 것은?

① 변경의 영향을 검토하는 대상은 제품 품질과 제조 공정의 품질에 하는 것이 타당하다.
② 변경이 있었을 때는 그 변경이 제품 품질이나 제조공정에 영향을 미치지 않는 것을 증명해 두어야하며, 이 증명 작업이 변경관리다.
③ 변경이 제품 품질이나 제조 공정에 영향을 미치지 않는다.
④ 증명이 간단한 변경은 간결하게 실시하면 된다.
⑤ 변경관리는 화장품 제조에 필수불가결한 증명 작업이다.

답 : ③

192 변경관리를 해야 하는 경우가 아닌 것은?

① 위탁자의 지시에 따라 포장기의 속도를 30개/min에서 60개/min으로 변경한다.
② 제조설비의 세정방법을 물 세정에서 증기 세정으로 변경한다.
③ 주요 원료의 공급업자를 A사에서 B사로 변경한다.
④ 제조용 교반장치를 새것으로 갱신한다.
⑤ 교반장치의 모터를 강력한 것으로 교체한다.

답 : ④

193 변경관리의 기본 단계가 아닌 것은?

① 변경 필요성 확인
② 변경을 정당화할 근거 수립
③ 착수 전 변경 승인
④ 변경을 종료하고 추세 분석을 위해 데이터베이스 생성
⑤ 변경에 영향을 받는 일부 영역만 정비

답 : ⑤

194 변경관리 기록에 대한 설명이 아닌 것은?

① 변경과정을 추적하기 위해 문서를 작성해야 한다.

② 그 형식은 전체 변경과정과 승인사항을 정리하여 열장이상의 분량으로 한다.
③ 승인 및 책임 : 변경으로 인해 영향을 받게 되는 각 부서의 승인을 확인하고 기록한다. 최종 승인 과정에는 품질보증부서가 포함되도록 권장된다.
④ 변경 제안 : 요청자나 프로세스 오너에 의해 완료된 변경 제안에 대한 이유 및 정당성을 제공한다.
⑤ 종료 : 변경작업이 승인된 대로 완료되고 관련 업무가 계획된 대로 수행되었음을 확인한다.

답 : ②

195 내부감사의 목적은 무엇인가?

① 회사의 품질보증체계를 부각시키는 것이다.
② 내부감사 계획 및 실행은 따로 하지 않고도 내부 감사를 실시 할 수 있다.
③ 감사는 제품 품질에 영향이 미칠지 않는 기능들에 대한 심사이다.
④ 감사는 품질 시스템의 효과를 측정하고, 개선을 필요로 하는 영역을 부각시키기 위한 수단으로 품질보증 프로그램에서 없어서는 안 될 부분이다.
⑤ 감사는 품질부서에서만 검토 할 수 있다.

답 : ④

196 계약 체결 전, 잠재적 공급업체나 도급업체에 대한 감사는 무슨 감사인가?

① 사전 감사
② 내부 감사
③ 외부 감사
④ 사후 감사
⑤ 제품 감사

답 : ①

197 제조 및 품질관리 관련하여 공정 또는 시험의 일부를 직원이나 회사 또는 조직을 대신하여 작업을 수행하는 사람, 회사 또는 외부조직에게 위탁할수 있다. 위에서 설명하는 것은 무엇인가?

① 위탁자
② 제조업자
③ 수탁자
④ 내부감사
⑤ 외부감사

해설 화장품법 시행규칙 제6조 제2항 제2호에 해당하는 기관

답 : ③

198 제조소내 직원들의 위생관리 기준 및 절차가 아닌 것은?

① 작업복 등은 목적과 오염도에 따라 세탁을 하고 필요에 따라 소독한다.
② 작업 전에 복장점검을 하고 적절하지 않을 경우는 시정한다.
③ 직원의 건강상태는 아무런 관련이 없다
④ 직원에 의한 제품의 오염방지에 관한 사항을 교육시킨다.
⑤ 방문객 및 교육훈련을 받지 않은 직원은 가급적 제조, 관리 및 보관구역 출입을 제한한다.

답 : ③

199 품질보증 책임자는 화장품의 품질보증을 담당하는 부서의 책임자로서 다음 각 호의 사항을 이행하여야 한다. 이중 틀린 것은?

① 품질에 관련된 모든 문서를 확인
② 품질 검사가 규정된 절차에 따라 진행되는지의 확인
③ 불만처리와 제품회수에 관한 사항의 주관
④ 적합 판정한 원자재 및 제품의 출고 여부 결정
⑤ 일탈이 있는 경우 이의 조사 및 기록

답 : ①

200 원자재 용기 및 시험기록서의 필수적인 기재 사항이 아닌 것은?

① 공급자가 부여한 제조번호 또는 관리번호
② 수령일자
③ 원자재 공급자가 정한 제품명
④ 수탁자
⑤ 원자재 공급자명

답 : ④

201 표준품과 주요 시약의 용기에는 다음 사항을 기재하여야 한다. 아닌 것은?

① 개봉일
② 사용기한
③ 역가, 제조자의 성명 또는 서명(직접 제조한 경우에 한함)
④ 보관장소
⑤ 명칭

답 : ④

202 화장품 제조업자가 준수해야 할 사항중 아닌 것은?

① 제조관리기준서 · 제품표준서 · 제조관리기록서 및 품질관리기록서를 작성 · 보관할 것
② 제조 또는 품질검사를 위탁하는 경우 제조 또는 품질검사가 적절하게 이루어지고 있는지 수탁자에 대한 관리 · 감독은 수탁에게 맡길 것
③ 작업소에는 위해가 발생할 염려가 있는 물건을 두어서는 아니 되며, 작업소에서 국민보건 및 환경에 유해한 물질이 유출되거나 방출되지 아니하도록 할 것
④ 보건위생상 위해가 없도록 제조소, 시설 및 기구를 위생적으로 관리하고 오염되지 아니하도록 할 것
⑤ 화장품의 제조에 필요한 시설 및 기구에 대하여 정기적으로 점검하여 작업에 지장이 없도록 관리 · 유지할 것

답 : ②

203 위해사례란 무엇인가?

① 위해사례와 화장품 간의 인과 관계 가능성이 있다고 보고된 정보로서 그 인과관계가 알려지지 아니하거나 입증자료가 불충분한 것을 말한다.
② 화장품의 사용 중 발생한 바람직하지 않고 의도되지 아니한 징후, 증상 또는 질병을 말하며, 당해 화장품과 반드시 인과관계를 가져야 하는 것은 아니다.
③ 화장품 관련하여 국민보건에 직접 영향을 미칠 수 있는 안전성, 유효성에 관한 새로운 자료, 유해사례 정보 등을 말한다.
④ 중대한 유해사례 또는 이와 관련하여 식품의약품안전청장이 보고를 지시한다.
⑤ 화장품의 사용 중 발생한 바람직한 징후, 증상을 말한다.

답 : ②

204 다음 중 화장품 회수의무자에 해당되지 않는 것은?

① 화장품을 직접 제조하는 영업
② 화장품 제조를 위탁받아 제조하는 영업
③ 화장품제조업자에게 위탁하여 제조된 화장품을 유통, 판매하는 영업
④ 화장품의 2차 포장 또는 표시공정을 하는 영업
⑤ 제조 또는 수입되니 화장품의 내용물에 식품의약품안전처장이 정하여 고시하는 원료를 추가하여 혼합한 화장품을 판매하는 영업

해설 화장품시행규칙 제14조의3위해화장품의 회수계획 및 회수절차

답 : ④

205 **화장품 위해사례 보고에서 화장품 사용 중 발생한 바람직하지 않고 의도되지 아니한 징후, 증상 또는 질병으로 안전성이 문제가 된 경우 의사, 약사, 간호사, 판매자, 소비자, 관련 단체장은 누구에게 보고 하여야 하는가?**

① 식품의약품안전처장 맞춤형화장품정책과 ② 해당 화장품 판매업자
③ 식품의약품안전처장 ④ 관할 시 · 군 · 구청장
⑤ 식품의약품안전처장 화장품정책과 또는 해당 화장품 제조판매업자

해설 화장품법 제5조(제조판매업자등의 의무등), 화장품법 시행규칙 제11조(제조판매업자의준수사항) 제10호

답 : ⑤

206 **화장품 회수의무자는 해당 화장품에 대하여 즉시 판매중지 등의 필요한 조치를 하여야 하고, 회수대상화장품이라는 사실을 안날부터 (　　　)일 이내에 회수계획서등의 서류를 첨부하여 (　　　　)에게 제출하여야 한다 (　　　)안에 맞는 답을 찾으시오.**

① 5, 식품의약품안전처장
② 15, 식품의약품안전처장
③ 5, 지방식품의약품안전청장
④ 15, 지방식품의약품안전청장
⑤ 30, 지방식품의약품안전청장

해설 화장품시행규칙 제14조의3위해화장품의 회수계획 및 회수절차

답 : ③

207 **화장품 안전성 정보 신속보고 대상이 아닌 것은?**

① 화장품 제조판매업자
② 의사 · 약사 · 간호사 · 판매자 · 소비자 · 관련단체 등의 장
③ 입원 또는 입원기간의 연장이 필요한 경우
④ 화장품의 안전성과 유효성이 증명된 경우
⑤ 주요국 정부기관에서 중대한 유해사례 발생등 안전성 문제를 이유로 제조금지, 판매금지, 사용중지, 회수 등의 조치를 한 제품이 국내 유통되는 경우

답 : ④

208 **중대한 위해사례가 아닌 것은?**

① 사망을 초래하거나 생명을 위협하는 경우
② 화장품의 안전성과 유효성이 증명된 경우

③ 선척적 기형 또는 이상을 초래하는 경우
④ 입원 또는 입원기간의 연장이 필요한 경우
⑤ 지속적 또는 중대한 불구나 기능저하를 초래하는 경우

답 : ②

209 화장품 안전성 정보 정기보고 대상자는?

① 화장품정책과
② 의사 · 약사 · 간호사 · 판매자 · 소비자 · 관련단체 등의 장
③ 화장품 전문판매업자
④ 화장품 제조판매업자
⑤ 식품의약품안정처장

답 : ④

210 화장품 위해 여부 판단 기준이 아닌 것은?

① 어린이가 화장품을 잘못 사용하여 인체에 위해를 끼치는 사고가 발생하지 아니하도록 안전용기, 포장을 사용하여야 한다.
② 전부 또는 일부가 변패된 화장품
③ 유통화장품안전관리 기준에 적합하지 아니한 화장품
④ 화장품에 사용할 수 없는 원료를 사용한 화장품
⑤ 화장품에 유용한 원료를 사용하고 기준에 적합한 화장품

해설 위해 판단의 주요법령: 화장품법 제5조2에 따른 시행규칙 제14조의2(회수대상화장품기준), 법 제9조(안전용기, 포장등) 위반, 법 제15조(영업의금지)제2호제 또는 3호, 제15조제4호제(보건위생 위해발생우려), 제15조제5호, 제8조(화장품안전기준등)제1항 또는 제2항 화장품에 사용할 수 없는 원료 사용, 제 16조(판매등의 금지)

답 : ⑤

211 화장품 법 제5조 2의 위해 화장품의 회수에 의거하여 법 제9조, 15조, 16조제1항에 위반되는 유통화장품에 대해서는 회수 또는 회수에 준하는 필요한 조치를 하여 회수계획을 누구에게 미리 보고 하도록 되어 있는가?

① 화장품 제조판매업자
② 식품의약품안전처장
③ 화장품정책과장
④ 화장품 전문판매업자
⑤ 보건복지부장관

답 : ②

212 소비자의 의견을 접수하고 처리하는 시스템은 품질관리 시스템의 중요한 요소이다. 이 같은 시스템이 제품 기여하는 것은 무엇인가?

① 현재 제품에 대한 시정조치 관련 정보 제공 및 미래제품 설계개선에 도움 제공
② 제품 품질 및 안전성과 관련된 성능 발견
③ 시장에서 소비자가 인지하는 제품 디자인 발견
④ 현재 제품에 대한 이미지 메이킹 제공
⑤ 미래 제품 설계에 부정적 영향 제공

답 : ①

213 불만처리담당자는 제품에 대한 모든 불만을 취합하여, 불만에 대해 신속하게 조사하고 적절한 조치를 취하여야 한다. 이를 기록 · 유지해야할 때 기재하는 사항이 아닌 것은?

① 불만조사 및 추적조사 내용, 처리결과 및 향후 대책
② 불만 제기자의 이름과 연락처
③ 제품명, 제조번호 등을 포함한 불만내용
④ 불만 접수 일은 지재하지 않음
⑤ 다른 제조번호의 제품에도 영향이 없는지 점검

답 : ④

214 제조업자는 제조한 화장품에서 「화장품법」 제7조, 제9조, 제15조 또는 제16조제1항을 위반하여 위해 우려가 있다는 사실을 알게 되면 지체 없이 회수에 필요한 조치를 하여야 한다. 이행하는 회수 책임자가 해야할 조치가 아닌 것은?

① 소비자 안전에 영향을 주는 회수의 경우 회수가 원활히 진행될 수 있도록 필요한 조치 수행
② 전체 회수과정에 대해서는 제조판매업자가 조치
③ 회수된 제품은 확인 후 제조소 내 격리보관 조치
④ 회수과정의 주기적인 평가
⑤ 결함 제품의 회수 및 관련 기록 보존

답 : ②

215 화장품 사용시 주의사항으로 맞지 않은 것은?

① 상처가 있는 부위 등에는 사용을 자제할 것
② 직사광선을 피해서 보관할 것
③ 어린이의 손이 닿지 않는 곳에 보관할 것

④ 사용 후 사용부위가 붉은 반점, 부어오름, 가려움증 등의 부작용이 있는 경우 전문의와 상담할 것
⑤ 화장품 사용 시 또는 사용 후 직사광선에 의하여 사용부위의 이상 증상이 있으면 손으로 만지지 말고 진정 되기를 기다린다.

해설 화장품 유형과 사용 시의 주의사항 [제19조제3항 관련]

답 : ⑤

216 **화장품 유형의 분류에 따른 기초화장품이 아닌 것은?**

① 애프터세이브 로션(aftershave lotions)
② 수렴 · 유연 · 영양 화장수(face lotions)
③ 마사지 크림, 에센스, 오일
④ 파우더, 바디 제품
⑤ 팩, 마스크

해설 화장품 유형과 사용 시의 주의사항 [제19조제3항 관련]

답 : ①

217 **화장품 유형의 분류에 따른 기초화장품인 것은?**

① 손 · 발의 피부연화 제품
② 네일 크림, 로션, 에센스
③ 네일폴리시, 네일에나멜 리무버
④ 베이스코트(basecoats), 언더코트(undercoats)
⑤ 탑코트(topcoats)

해설 화장품 유형과 사용 시의 주의사항 [제19조제3항 관련]

답 : ①

218 **알파-하이드록시애시드(α -hydroxyacid, AHA) 사용시의 주의사항으로 옳지 않는 것은?**

① 햇빛에 대한 피부의 감수성을 증가시킬 수 있으므로 자외선 차단제를 함께 사용
② 일부에 시험 사용하여 피부이상을 확인할 것
③ 성분이 10%를 초과하여 함유되는 경우는 제품에 표시하고 전문의 등에게 상담
④ AHA 성분 5% 이하도 사용시 주의사항 기제
⑤ 고농도의 AHA 성분이 들어 있는 경우 부작용이 발생할 우려가 있으므로 전문의와 상담

해설 화장품 유형과 사용 시의 주의사항 [제19조제3항 관련]

답 : ④

219 탈염, 탈색제를 사용할 수 없는 사람은?

① 특이체질
② 신장질환
③ 혈액질환
④ 첨가제에 의하여 알레르기를 보였던 적이 있는 사람
⑤ 생리 중, 임신 중 또는 임신할 가능성이 있는 분

해설 사용 시의 주의사항에서 신중히 사용하는 사람과 구분

답 : ⑤

220 다음 보기는 무엇에 관한 설명인가?

(가) 먼저 팔의 안쪽 또는 귀 뒤쪽머리카락이 난 주변의 피부를 비눗물로 잘 씻고 탈지면으로 가볍게 닦는다. (나) 다음에 제품 소량을 취해 정해진 용법대로 혼합하여 실험액을 준비한다. (다) 실험액을 앞서 세척한 부위에 동전 크기로 바르고 자연건조시킨 후 그대로 48시간 방치 (라) 테스트 부위의 관찰은 테스트액을 바른 후 30분 그리고 48시간 후 총 2회를 행하고, 도포 부위에 발진, 발적, 가려움, 수포 자극 등의 피부 이상이 있는 경우에는 손으로 만지지 말고 바로 씻어낸다. (마) 48시간 이내에 이상이 발생하지 않는다면 바로 염모하여 준다.

답 : 패취테스트(patch test)

221 식약처에서 선정한 착향제(향료) 구성 성분 중 알레르기 유발 물질이 아닌 것은?

① 나무이끼추출물
② 벤질신나메이트
③ 파네솔
④ 부틸페닐메칠프로피오날
⑤ 글리세린

해설 글리세린은 보습제(향료 알레르기 유발물질 전성분 : 아밀신남알, 벤질알코올, 신나밀알코올, 시트랄, 유제놀, 하이드록시시트로넬알, 이소유제놀, 아밀신나밀알코올, 벤질살리실레이트, 신남알, 쿠마린, 제라니올, 아니스에탄올, 리날룰, 벤질벤조에이트, 시트로넬롤, 헥실신남알, 리모넨, 메칠2-옥티 노에이트, 알파-이소메칠이오논, 참나무이끼추출물 등)

답 : ⑤

222 **화장품 전성분 표기 중 사용상의 제한이 필요한 보존제에 해당하는 성분을 고르시오?**

① 토코페릴아세테이트
② 정제수
③ 글리세린
④ 페녹시에탄올
⑤ 향료

답 : ④

223 **향료 알레르기가 있는 고객이 제품에 대해 문의를 해왔을 때 제품에 부착된 〈보기〉의 설명서를 참조하여 고객에게 안내해야 할 말로 가장 적절한 것은?**

- 제품명: 유기농 모이스춰로션
- 제품의 유형: 액상 에멀젼류
- 내용량: 50g
- 전성분: 정제수, 1,3부틸렌글리콜, 글리세린, 스쿠알란, 호호바유, 모노스테아린산글리세린, 피이지 소르비탄지방산에스터, 1,2헥산디올, 녹차추출물, 황금추출물, 참나무이끼추출물, 토코페롤, 잔탄검, 구연산나트륨, 수산화칼륨, 벤질알코올, 유제놀, 리모넨

① 이 제품은 유기농 화장품으로 알레르기 반응을 일으키지 않습니다.
② 이 제품은 알레르기는 면역성이 있어 반복해서 사용하면 완화될 수 있습니다.
③ 이 제품은 조제관리사가 조제한 제품이어서 알레르기 반응을 일으키지 않습니다.
④ 이 제품은 알레르기 완화 물질이 첨가되어 있어 알레르기 체질 개선에 효과가 있습니다.
⑤ 이 제품은 알레르기를 유발할 수 있는 성분이 포함되어 있어 사용 시 주의를 요합니다.

답 : ⑤

224 **화장품법 제4조의2(영유아 또는 어린이 사용 화장품의 관리)에서 화장품책임판매업자는 영유아 또는 어린이가 사용할 수 있는 화장품임을 표시 · 광고하려는 경우에는 제품별로 안전과 품질을 입증할 수 있는 "제품별 안전성 자료"를 작성 및 보관하여야 한다. 〈보기〉에서 맞는자료만 나열한 것은?**

1. 제품 및 제조방법에 대한 설명 자료
2. 원료 사용기준 신청서
3. 제품의 효능 · 효과에 대한 증명 자료
4. 화장품의 안전성 평가 자료
5. 기능성화장품 심사의뢰서

① 1, 3, 4
② 1, 2, 3

③ 2, 3, 4　　④ 3, 4, 5
⑤ 1, 4, 5

답 : ①

225 사용제한 원료중 사용후 씻어내는 제품에는 (　　　) 초과, 사용 후 씻어내지 않는 제품에는 (　　　)초과 함유하는 경우에만 사용 할 수 있다. (　　　)안에 들어갈 용량은 몇% 인가?

① 0.001%, 0.001%　　② 0.01%, 0.01%
③ 0.01%, 0.001%　　④ 0.1%, 0.01%
⑤ 0.001%, 0.01%

답 : ③

226 사용제한 원료중 영유아용 제품류 또는 만 13세 이하 어린이가 사용할 수 있음을 특정하여 표시하는 제품에는 사용금지되는 성분과 사용 한도가 맞게 연결된 것은?

① 메텐아민(헥사메칠렌테트라아민) - 0.15%　　② 벤제토늄클로라이드 - 0.1%
③ 벤질알코올 - 1.0%　　④ 살리실릭애씨드 - 0.5%
⑤ p-클로로-m-크레졸 - 0.04%

해설 다만 샴푸는 제외

답 : ④

제3과목

유통화장품 안전관리

적중예상문제

1 **식품의약품안전처에서는 우수화장품 제조 및 품질관리기준(CGMP)의 세부사항을 정하고 우수한 화장품을 제조. 공급 및 품질관리하기 위한 기준으로서 직원, 시설 · 장비 및 원자재, 반제품, 완제품 등의 취급과 실시방법을 정한 것이다. 이에 CGMP의 3대요소를 고르시오.**

ㄱ. 인위적인 과오의 최소화
ㄴ. 미생물오염 및 교차오염으로 인한 품질저하 방지
ㄷ. 품질관리체계의 무시
ㄹ. 미생물오염으로 인한 품질향상 수립
ㅁ .고도의 품질관리체계 확립

① ㄱ, ㄴ, ㄷ ② ㄱ, ㄴ, ㄹ
③ ㄱ, ㄴ, ㅁ ④ ㄴ, ㅁ, ㄹ
⑤ ㄷ, ㅁ, ㄹ

답 : ③

2 **작업장의 위생관리에 대한 내용으로 바르지 않는 것은?**

① 곤충, 해충, 쥐를 막을 수 있는 대책을 마련하고 정기적으로 점검, 확인한다.
② 제조, 관리 및 보관구역 내의 벽, 천장 및 창문을 항상 청결하게 유지한다.
③ 세척에 사용되는 세제 또는 소독제는 효능이 입증된 것을 사용한다.
④ 제조시설이나 설비는 적절한 방법으로 청소하여야 한다.
⑤ 세척한 설비는 다음 사용시까지 오염되지 않도록 관리한다.

해설 ⑤ 세척한 설비 대한 설명

답 : ⑤

3 **작업소의 곤충, 해충이나 쥐를 막을 수 있는 대책으로 바르지 않은 것은?**

① 벽, 천장, 창문, 파이프 구멍에 틈이 있어야 한다.
② 개방할 수 있는 창문을 만들지 않는다.
③ 창문은 차광하고 야간에 빛이 밖으로 새어나가지 않게 한다.
④ 배기구, 흡기구에 필터를 단다.
⑤ 폐수구에 트랩을 단다.

해설 ① 벽, 천장, 창문, 파이프 구멍에 틈이 없어야 한다.

답 : ①

4 **작업소의 내의 청소방법에 대한 내용으로 바르지 않은 것은?**

① 공조시스템에 사용된 필터는 규정에 의해 청소되거나 교체되어야 한다.
② 물질 또는 제품 필터들은 규정에 의해 청소되거나 교체되어야 한다.
③ 청소에 사용되는 용구(진공청소기 등)은 정돈된 방법으로 깨끗하고, 건조된 지정된 장소에 보관되어야 한다.
④ 오물이 묻은 걸레는 사용 후에 버리거나 세탁해야 한다.
⑤ 오물이 묻은 유니폼은 세탁될 때까지 개방된 박스에 보관되어야 한다.

해설 ⑤ 오물이 묻은 유니폼은 세탁될 때까지 적당한 컨테이너에 보관되어야 한다.

답 : ⑤

5 **작업소의 시설에 관한 내용 중 적합 하지 않은 것은?**

① 제품의 품질에 영향을 주지 않는 소모품을 사용할 것
② 외부와 연결된 창문으로 환기가 잘 되도록 할것.
③ 작업소 내의 외관 표면은 가능한 매끄럽게 설계할것.
④ 수세실과 화장실은 접근이 쉬워야 하나 생산구역과 분리되어 있을 것
⑤ 바닥, 벽, 천장은 가능한 매끄럽게 설계하고, 청소, 소독제의 부식성에 저항력이 있을 것

해설 외부와의 연결된 창문은 가능한 열리지 않도록 한다.

답 : ②

6 **작업장의 유지 관리에 관한 내용으로 바르지 않은 것은?**

① 결함 발생, 정비 중인 설비는 고장 등 사용이 불가할 경우 표시하여야 한다.
② 유지관리 작업이 제품의 품질에 영향을 줄 수 있다.
③ 모든 제조 관련 설비는 승인된 자만이 접근, 사용하여야 한다.
④ 세척한 설비는 다음 사용 시까지 오염되지 않도록 관리 한다.
⑤ 건물, 시설 및 주요 설비는 정기적으로 점검하여 제조 및 품질관리에 지장이 없도록 유지 · 관리 · 기록 한다.

해설 유지관리 작업이 제품의 품질에 영향을 주어서는 안 된다.

답 : ②

7 작업소 위생관리 소독제 관리방법으로 바르지 않은 것은?

① 소독제 기밀용기에는 소독제의 명칭, 제조일자, 사용기한, 제조자를 표시
② 소독제 사용기한은 제조(소분)일로부터 1주일 동안 사용
③ 소독제별 전용용기 사용
④ 소독제 조제 대장 운영
⑤ 청소상태를 평가하고 청소기록을 남긴다.

해설 청소상태를 평가하고 청소기록–작업실 청소에 관한 내용

답 : ⑤

8 제조업자가 갖추어야 하는 시설이다. 옳지 않은 것은?

①작업대 등 제조에 필요한 시설 및 기구
②환기를 위해 창문을 개방할 수 있는 시설
③가루가 날리는 작업실은 가루를 제거한 시설
④원료,자재 및 제품을 보관하는 보관소
⑤품질검사에 필요한 시설 및 기구

해설 쥐,해충 및 먼지 등을 막을 수 있는 시설

답 : ②

9 세척제 중 금속부식성이 있는 성분은?

① 크레졸수
② 치아염소산나트륨액
③ 벤잘코늄클
④ 로라이이드
⑤ 글루콘산클로르헥시딘

해설 크레졸수(특이취), 페놀수(특이취)

답 : ②

10 작업소 위생관리의 방충 시설에 관한 설명으로 바르지 않는 것은?

① 설치위치는 1.5~2.0미터 권당
② 전기살충기(UV램프) 작업장 내부에 설치
③ 출입문에서 떨어진 곳에 설치
④ 고무판을 이용한 틈새 보완
⑤ 에어커튼의 바람의 방향은 외곽을 향하도록 설정.

해설 전기살충기(UV램프)–곤충파편이 떨어 질 수 있어 설치불가

답 : ②

11 **작업소 위생관리의 방충방서의 내용으로 바르지 않은 것은?**

① 출입문–출입문 하단 틈새는 외부 고무판으로 완전히 막음
② 창문–기 설치된 방충망의 틈새는 실리콘으로 막음
③ 하수구–U type trap 설치
④ 포충지수가 급격히 증가시 조치 사항–외각서식지 소독
⑤ 창문–환기를 위해 창문 전체를 막는 것이 효과적임

해설 창문은 여는 창문만이 아닌 전체를 막는 것이 효과적임

답 : ⑤

12 **작업소의 청정도 관리에 대한 설명으로 바르지 않은 것은?**

① 각 작업소에 필요한 청정등급을 정한다.
② 부유입자, 부유균, 낙하균을 측정하는 방법, 주기에 필요한 평가방법을 정한다.
③ 청정구역별로 정해진 청정등급을 설정한다.
④ 청소방법, 청소주기 및 확인방법을 설정
⑤ 주요시설의 사용 청소: 소독, 멸균 작업에 대한 기록 및 날짜 이전에 작업한 제품명 유지 관리한 사람의 성명을 기입

해설 청소 및 소독 작업과 구분

답 : ⑤

13 **작업실 등급의 분류가 바르지 않은 것은?**

① 1등급 – Clean bench
② 2등급 _ 제조실, 성형실, 충전실, 내용물보관소,
③ 3등급 - 원료 칭량실. 미생물시험실
④ 3등급 - 포장실
⑤ 4등급 - 포장재보관소, 완제품보관소, 관리품보관소, 원료보관소, 갱의실, 일반시험실

해설 2등급 원료 칭량실. 미생물시험실

답 : ③

14 작업장 위생관리 등급에 따른 대상시설 관리 방법으로 바른 것은?

① 1등급-청정도 엄격관리, 내용물 완전폐색
② 2등급-화장품 내용물이 노출되는 작업실
③ 2등급-화장품 내용물이 노출이 안 되는 곳
④ 3등급-일반 작업실(내용물 완전폐색)
⑤ 4등급-청정도 엄격관리

해설 각각의 등급에 따라 내용구분

답 : ②

15 작업장 등급에 따른 청정공기 순환 방법으로 바르지 않은 것은?

① 1등급-20회/hr 이상 또는 차압관리
② 2등급-10회/hr 이상 또는 차압관리
③ 3등급-10회/hr 이상 또는 차압관리
④ 3등급-차압관리
⑤ 4등급-환기장치

해설 3등급- 차압관리

답 : ③

16 작업소의 위생처리에 관련된 내용으로 바르지 않은 것은?

① 제조공정과 포장에 사용한 설비 그리고 도구들은 세척해야 한다. 적절한 방법으로 보관되어야 하고, 청결을 보증하기 위해 사용 후 검사되어야 한다. (청소완료 표시서)
② 제조공정과 포장 지역에서 재료의 운송을 위해 사용된 기구는 필요할 때 청소되고 위생 처리해야 하며, 작업은 적절하게 기록되어야 한다.
③ 제조공장을 깨끗하고 정돈된 상태로 유지하기 위해 필요할 때 청소가 수행되어야 한다. 그러한 직무를 수행하는 모든 사람은 적절하게 교육되어야 한다. 천장, 머리 위의 파이프, 기타 작업 지역은 필요할 때 모니터링 하여 청소되어야 한다.
④ 제품 또는 원료가 노출되는 제조 공정, 포장 또는 보관 구역에서의 공사 또는 유지관리 보수 활동은 제품 오염을 방지하기 위해 적합하게 처리되어야 한다.
⑤ 제조공장의 한 부분에서 다른 부분으로 먼지, 이물 등을 묻혀가는 것을 방지하기 위해 주의하여야 한다.

해설 청결을 보증하기 위해 사용 전 검사되어야 한다.

답 : ①

17 공기 조절의 4대 요소가 아닌 것은?

① 청정도
② 실내온도
③ 습도
④ 작업소
⑤ 기류

답 : ④

18 설비 세척의 원칙이 아닌 것은?

① 위험성이 없는 용제(합성세제)로 세척
② 증기세척은 좋은 방법
③ 브러시 등으로 문질러 지우는 것을 고려
④ 분해할 수 있는 설비는 분해해서 세척
⑤ 판정 후의 설비는 건조, 밀폐해서 보관

해설 설비 세척의 원칙
- 위험성이 없는 용제(물이 최적)로 세척한다.
- 가능한 한 세제를 사용하지 않는다.
- 증기 세척은 좋은 방법
- 브러시 등으로 문질러 지우는 것을 고려한다.
- 분해할 수 있는 설비는 분해해서 세척한다.
- 세척 후는 반드시 "판정"한다.
- 판정 후의 설비는 건조 · 밀폐해서 보존한다.
- 세척의 유효기간을 설정한다.

답 : ①

19 세제를 사용한 설비 세척을 권장하지 않는 이유로 옳지 않은 것은?

① 세제는 설비 내벽에 남기 쉽다.
② 잔존한 세척제는 제품에 악영향을 미친다.
③ 세제가 잔존하고 있지 않는 것을 설명하기에는 고도의 화학 분석이 필요하다.
④ 세제에는 계면활성제도 포함한다.
⑤ 세제로 세척 시 기기가 부식될 수 있다

해설 물 또는 증기만으로 세척할 수 있으면 가장 좋다. 브러시 등의 세척 기구를 적절히 사용해서 세척하는 것도 좋다.

답 : ⑤

20 **작업소 위생관리 소독 방법으로 바르지 않는 것은?**

① 하절기(5~9월, 주 1회), 실내-분무 고정비품, 천정, 벽면 등-거즈에 묻혀서 닦기
② 소독액 교체 사용(1주~6개월)을 권장
③ 동절기(10~4월), 실내-분무 고정비품, 천정, 벽면 등-거즈에 묻혀서 닦기
④ 100% 정제수 사용
⑤ 중성세제(세척제)

해설 세척제/소독제, 70%에탄올, 크레졸수3%, 치아염소산나트륨액, 페놀수3%, 벤잘코늄클로라이이드10%, 글루콘산클로르헥시딘5%

답 : ④

21 **화장품의 품질보증을 담당하는 부서의 책임자로서 이행하여야 할 사항이다. 옳지 않은 것은?**

① 품질에 관련된 모든 문서와 절차의 검토 및 승인
② 품질검사가 규정된 절차에 따라 진행되는지의 확인
③ 일탈이 있는 경우 이의 조사 및 기록
④ 적합 판정한 원자재 및 제품의 출고 여부 결정
⑤ 일탈과 기준일탈 등을 적극적으로 보고

해설 ⑤은 직원의 책임이다

답 : ⑤

22 **작업소의 위생 평가내용으로 옳지 않은 것은?**

① 곤충, 해충이나 쥐 등을 막을 수 있는 대책을 마련하고 정기적으로 점검 · 확인하고 있는가?
② 생산, 관리 및 보관 구역 내의 바닥, 벽, 천장 및 창문은 항상 청결하게 유지되고 있는가?
③ 제조시설이나 설비의 세척에 사용되는 세제 또는 소독제는 효능이 있으며 잔류하거나 적용하는 표면에 이상을 초래하지 않는가?
④ 모든 제조 관련 설비는 승인받은 자만이 접근 · 사용하고 있는가?
⑤ 제조시설이나 설비는 정기적으로 청소하고 필요시 위생관리 프로그램을 운영하고 있는가?

해설 ④은 유지관리에 대한 평가내용이다.

답 : ④

23 작업장 내 직원의 위생 기준에 관련된 내용으로 바르지 않는 것은?

① 적절한 위생관리 기준 및 절차를 마련하고 제조소 내의 모든 직원은 이를 준수해야 한다.
② 규정된 작업복을 착용해야 하고 음식물 등을 반입해서는 안 된다.
③ 피부에 외상이 있거나 질병이 걸린 직원은 화장품과 직접적으로 접촉되지 않도록 격리되어야 한다.
④ 방문객은 가급적 제조, 관리 구역에 들어가지 않도록 하고 불가피한 경우 직원 위생에 대한 교육 및 복장 규정에 따르도록 하고 감독 한다.
⑤ 직원의 건강이 양호해지면 작업장에 출입할 수 있다.

해설 화장품이 품질에 영향을 주지 않는다는 의사의 소견이 필요

답 : ⑤

24 작업자의 개인위생 점검 사항이 아닌 것은?

① 감기나 외상 등의 질병 유무
② 신체용모상태(수염, 손톱, 화장상태등)
③ 피로 또는 정신적인 고민(과음, 생리등)
④ 작업실 입실 전 지정된 방법에 의한 충분한 수세, 소독
⑤ 작업복과 작업화는 착용상태로 외부출입 가능

해설 각 청정도별 작업복과 작업화는 착용상태로 외부 출입금지

답 : ⑤

25 작업소 내의 모든 직원이 위생관리 기준 및 절차를 준수 할 수 있도록 교육훈련을 해야 한다. 위생교육 내용으로 포함되지 않는 것은?

① 직원의 작업 시 복장
② 직원의 식단 확인
③ 직원에 의한 제품의 오염방지에 관한 사항
④ 직원의 손 씻는 방법
⑤ 방문객 및 교육훈련을 받지 않은 직원의 위생관리

해설 직원의 위생관리 기준 및 절차에는 직원의 작업 시 복장, 직원 건강상태 확인, 직원에 의한 제품의 오염방지에 관한 사항, 직원의 손 씻는 방법, 직원의 작업 중 주의사항, 방문객 및 교육훈련을 받지 않은 직원의 위생관리 등이 포함되어야 한다.

답 : ②

26 **작업자의 위생관리를 위한 작업복장 조건이 옳지 않은 것은?**

① 먼지, 이물 등을 유발시키지 않는 재질이여야 함
② 지정된 세탁방법에 의해 훼손되지 않아야 함
③ 작업원의 안전과 건강을 보호할 수 있어야 함
④ 작업하기에 편리한 형태이어야 함
⑤ 각 작업소, 제품, 청정도에 따라 용도와 상관없음

해설 각 작업소, 제품, 청정도에 따라 용도에 맞게 구분하여 사용

답 : ⑤

27 **작업자 작업복 관리 방법으로 바르지 않는 것은?**

① 사용한 작업복의 회수를 위해 회수함 비치
② 작업복은 완전 탈수, 건조시킬 것
③ 세탁된 복장은 커버를 씌워 보관
④ 세탁 주기는 오염이 심할 경우 세탁
⑤ 세탁 전, 훼손된 작업복을 확인하여 선별 폐기

해설 세탁 주기:1회/주(오염이 심할 경우는 즉시 세탁)

답 : ④

28 **작업자 위생관리의 방법의 수세, 소독의 절차방법으로 바른 것은?**

① 이물제거방법 : 머리-어깨-앞면-뒷면-팔-다리
② 이물제거방범 : 다리-팔-뒷면-앞면-어깨-머리
③ 이물제거방범 : 뒷면-앞면-다리-팔-어깨-머리
④ 이물제거방범 : 다리-팔-어깨-머리-뒷면-앞면
⑤ 이물제거방범 : 머리-팔-뒷면-앞면-어깨-다리

해설 거울을 보고 머리-어깨-앞면-뒷면-팔-다리 위에서 아랫방향으로 제거

답 : ①

29 **작업자의 위생관리를 위한 세제의 종류가 아닌 것은?**

① 세탁용 합성세제(약알칼리성)
② 섬유유연제
③ 주방용 합성세제
④ 락스(염소계: 표백, 소독)
⑤ 에탄올

해설 에탄올: 손 소독제

답 : ⑤

30 작업자의 위생관리를 위한 작업복 세탁방법으로 바르지 않는 것은?

① 물 30L+세제 30g에 세제를 물에 충분히 녹인 후 세탁물에 넣는다.
② 물 60L+세제 40mL에 마지막 헹굼 시, 피존 등을 넣고 2회 이상 충분히 헹군 후 탈수
③ 물 1L+세제 2g를 물에 1분 이상 세탁물을 담가두었다가 2회 이상 헹군다.
④ 물 5L+락스 25mL를 세탁 후, 락스액에 10~20분 담가두었다가 헹군다.
⑤ 물 1L+세제 2g를 물에 1분 이상 세탁물을 담가두었다가 1회 헹군다.

해설 주방용 합성세제는 2회 이상 헹군다.

답 : ⑤

31 다음 중 작업소의 위생 기준에 적합하지 않는 것은?

① 수세실과 화장실은 접근이 쉬워야 하므로 생산구역 안에 있을 것
② 작업소 전체에 적절한 조명을 설치하고, 조명이 파손될 경우를 대비한 제품을 보호할 수 있는 처리절차를 마련할 것
③ 제품의 오염을 방지하고 적절한 온도 및 습도를 유지할 수 있는 공기정화시설 등 적절한 환기시설을 갖출 것
④ 각 제조구역별 청소 및 위생관리 절차에 따라 효능이 입증된 세척제 및 소독제를 사용할 것
⑤ 제품의 품질에 영향을 주지 않는 소모품을 사용할 것

해설 수세실과 화장실은 접근이 쉬워야 하나 생산구역과 분리되어 있을 것

답 : ①

32 작업장 내 직원의 위생기준에 대한 내용으로 바르지 않는 것은?

① 정기적인 건강검진에 관하여 사내규정을 정하고 특정 질환의 사람이 특정 작업을 할 수 없는 경우를 명시한다.
② 수세할 시점을 정하고 사용하는 세제 또는 소독제의 종류, 사용농도 교체주기를 정한다.
③ 작업 장소에 들어가기 전에 반드시 손을 씻는다.
④ 장갑, 보안경, 마스크, 머리카락, 덮개, 신발 등도 작업복에 준하여 관리 한다.
⑤ 작업복장은 작업자가 원하는 복장으로 착용한다.

해설 각 작업장에 따라 그에 맞는 작업복의 규격을 정하고 갱의 절차, 세탁방법, 세탁횟수, 착용규정을 정한다.

답 : ⑤

33 **작업자가 작업 중 주의 사항으로 바르지 않은 것은?**

① 개인 소지품이나 해당 작업에 적절치 못한 장신구는 작업실에 반입하지 않는다.
② 해당 작업에 적절치 못한 작업 이외의 행위를 금한다.
③ 머리카락 덮개를 쓰고 머리카락이 밖으로 나오는 것은 상관이 없다
④ 분진이 떨어질 수 있는 기초메이크업은 금한다.
⑤ 맨손으로 화장품을 만지지 않는다.

해설 머리카락 덮개 밖으로 머리카락이 나오지 않도록 주의한다.

답 : ③

34 **작업자의 위생관리에 대한 내용으로 옳지 않은 것은?**

① 작업장에 따라 그에 알맞은 작업복을 착용한다.
② 개인 소지품(휴대폰, 악세사리)은 작업실에 반입하지 않는다.
③ 손 소독시 40%에탄올을 사용한다.
④ 해당 작업에 적절치 못한 행위(흡연등)를 금한다.
⑤ 장갑, 보안경, 마스크, 머리덮개 등도 작업복에 준하여 관리한다.

해설 손 소독시 70%에탄올

답 : ③

35 **작업자의 위생관리를 위한 복장 청결상태 판단으로 옳지 않은 것은?**

① 작업복 등은 목적과 오염도에 따라 세탁을 하지 않고 필요에 따라 소독한다.
② 작업 전에 복장 점검을 하고 적절하지 않을 경우 시정한다.
③ 직원은 별도의 지역에 의약품을 포함한 개인물품을 보관해야 한다.
④ 음식, 음료수 등은 제조 및 보관지역에서 섭취해도 된다.
⑤ 흡연구역등은 제조 및 보관지역과 분리된 지역에서만 흡연해야한다

해설 음식, 음료수 등은 제조 및 보관지역과 분리된 지역에서만 섭취해야 한다.

답 : ④

36 **직원의 위생에 관한 평가내용으로 옳지 않은 것은?**

① 적절한 위생관리 기준 및 절차가 마련되고, 이를 준수하고 있는가?
② 작업소 및 보관소 내의 모든 직원들은 화장품의 오염을 방지하기 위해 규정된 작업복을 착용하고 있는가?
③ 교육훈련의 내용 및 평가가 포함된 교육 훈련 규정이 작성되어 있는가?

④ 제조구역별 접근권한이 없는 작업원 및 방문객은 가급적 출입을 제한한 규정이 있는가?
⑤ 질병에 걸린 직원이 작업에 참여하지 못하게 하는 규정이 있는가?

해설 ③은 교육훈련에 관한 평가내용이다.

답 : ③

37 혼합, 소분시 위생관리 규정으로 옳지 않은 것은?

① 혼합, 소분전에는 손을 소독 또는 세정한다.
② 혼합, 소분전에는 일회용 장갑을 착용한다.
③ 혼합, 소분에 사용되는 장비 또는 기기 등은 사용 전, 후에 세척한다.
④ 혼합, 소분된 제품을 담을 용기의 오염여부를 사전에 확인한다.
⑤ 혼합, 소분된 제품은 작업한 날짜를 기록한다.

해설 혼합, 소분시 위생관리 규정①②③④이다.

답 : ⑤

38 작업소의 위생 기준에 적합하지 않는 것은?

① 제조하는 화장품의 종류 · 제형에 따라 적절히 구획 · 구분되어 있어 교차오염 우려가 없을 것
② 바닥, 벽, 천장은 가능한 청소하기 쉽게 매끄러운 표면을 지니고 소독제 등의 부식성에 저항력이 있을 것
③ 환기가 잘 되고 청결할 것
④ 외부와 연결된 창문은 가능한 열리게 할 것
⑤ 작업소 내의 외관 표면은 가능한 매끄럽게 설계하고, 청소, 소독제의 부식성에 저항력이 있을 것

해설 외부와 연결된 창문은 가능한 열리지 않도록 할 것

답 : ④

39 제조 및 품질관리에 필요한 설비에 관한 내용이다. 적합하지 않은 것은?

① 사용목적에 적합하고, 청소가 가능하며, 필요한 경우 위생 · 유지 관리가 가능하여야 한다. 자동화시스템을 도입한 경우는 상관없다.
② 사용하지 않는 연결 호스와 부속품은 청소 등 위생관리를 하며, 건조한 상태로 유지하고 먼지, 얼룩 또는 다른 오염으로 부터 보호할 것

③ 설비 등은 제품의 오염을 방지하고 배수가 용이하도록 설계, 설치하며, 제품 및 청소 소독제와 화학반응을 일으키지 않을 것
④ 설비 등의 위치는 원자재나 직원의 이동으로 인하여 제품의 품질에 영향을 주지 않도록 할 것
⑤ 용기는 먼지나 수분으로부터 내용물을 보호할 수 있을 것

해설 사용목적에 적합하고, 청소가 가능하며, 필요한 경우 위생 · 유지 관리가 가능하여야 한다. 자동화시스템을 도입한 경우도 또한 같다.

답 : ①

40 설비의 위생관리 중 세척 규정에 포함되어야 할 내용이 아닌 것은?

① 청소, 소독 책임자 지정
② 청소계획: 청소방법, 청소주기, 세척 후 평가방법
③ 필요 시, 기계 분해 조립에 관한 사항
④ 세척절차 명확화, 상세화
⑤ 이전작업 잔류물, 일반분진 세척 소독

해설 오염요소에 대한 내용

답 : ⑤

41 설비 위생관리 청소 방법으로 바르지 않은 것은?

① 청소기록을 남김
② 설비의 위에서 아래로 실시함
③ 세척제, 소독제를 사용하여 설비 외부를 청소
④ 설비의 아래에서 위로 실시함
⑤ 세척제, 소독제를 사용하여 설비 외부를 소독함

해설 설비의 위에서 아래로 실시함

답 : ④

42 직원의 책임에 대한 설명이다 옳지 않은 것은?

① CGMP 실시에 적극적으로 참여한다.
② 절차서와 지시서세 따라 작업하고 기록한다.
③ 필요한 교육훈련을 자진해서 받아 자신의 능력을 배양한다.
④ 부적합 품이 규정된 절차대로 처리도로 있는지 확인한다.
⑤ 위생관리규칙을 지킨다.

해설 ④은 품질보증 책임자의 업무이다.

답 : ④

43 **반제품은 품질이 변하지 아니하도록 적당한 용기에 넣어 지정된 장소에서 보관해야 한다. 용기에 표시해야 하는 사항이 아닌 것은 ?**

① 명칭 또는 확인코드
② 제조번호
③ 완료된 공정명
④ 필요한 경우에는 보관조건
⑤ 제조자의 성명 또는 서명

해설 ⑤은 시험관리에서 표준품과 주요시약의 용기기재 사항 중 하나이다

답 : ⑤

44 **작업소 위생관리의 하수구 소독 방법으로 바르지 않은 것은?**

① 1N NaOH 또는 락스 희석 핵을 사용하여 1L이상 배수구로 흘려보냄
② 2% Lerades C178KR 8L로 배수구 소독
③ 바닥 배수구, 싱크배수구(주1회 청소실시)
④ 1N NaOH 또는 락스 희석 액을 교대로 사용함
⑤ 청소기록을 남김

해설 소독기록을 남김

답 : ⑤

45 **보관구역에 관한 설명이다. 옳지 않은 것은?**

① 통로는 사람과 물건이 이동하는 구역으로서 사람과 물건의 이동에 불편함을 초래하거나, 교차오염의 위험이 없어야 된다.
② 손상된 팔레트는 수거하여 수선 또는 폐기 한다.
③ 바닥의 폐기물은 정기적인 날짜를 정해서 치워야 한다.
④ 동물이나 해충이 침입하기 쉬운 환경은 개선되어야 한다.
⑤ 용기(저장조 등)들은 닫아서 깨끗하고 정돈된 방법으로 보관 한다.

해설 매일 바닥의 폐기물을 치워야 한다.

답 : ③

46 원료 취급 구역에 대한 설명으로 옳지 않은 것은?

① 원료보관소와 칭량실은 구획되어 있어야 한다.
② 엎지르거나 흘리는 것을 방지하고 즉각적으로 치우는 시스템과 절차들이 시행되어야 한다.
③ 모든 드럼의 윗부분은 필요한 경우 이송 후에 또는 칭량 구역에서 개봉 후에 검사하고 깨끗하게 하여야 한다.
④ 바닥은 깨끗하고 부스러기가 없는 상태로 유지 되어야 한다.
⑤ 원료 용기들은 실제로 칭량하는 원료인 경우를 제외하고는 적합하게 뚜껑을 덮어 놓아야 한다.

해설 모든 드럼의 윗부분은 필요한 경우 이송 전에 또는 칭량 구역에서 개봉 전에 검사하고 깨끗하게 하여야 한다.

답 : ③

47 제조구역에 대한 설명으로 옳지 않은 것은?

① 모든 호스는 필요 시 청소 또는 위생 처리를 한다. 청소 후에 호스는 완전히 비워져야 하고 건조 되어야 한다. 호스는 정해진 지역에 바닥에 닿지 않도록 정리하여 보관한다.
② 호스는 정해진 지역에 바닥에 정리하여 보관한다.
③ 제조구역에서 흘린 것은 신속히 청소한다.
④ 탱크의 바깥 면들은 정기적으로 청소되어야 한다.
⑤ 모든 도구와 이동 가능한 기구는 청소 및 위생 처리 후 정해진 지역에 정돈 방법에 따라 보관한다.

해설 호스는 정해진 지역에 바닥에 닿지 않도록 정리하여 보관한다.

답 : ②

48 포장구역에 관한 내용이다. 틀린 것은?

① 포장 구역은 제품의 교차 오염을 방지할 수 있도록 설계되어야 한다.
② 포장 구역은 설비의 팔레트, 포장 작업의 다른 재료들의 폐기물, 사용되지 않는 장치, 질서를 무너뜨리는 다른 재료가 있어서는 안 된다.
③ 구역 설계는 사용하지 않는 부품, 제품 또는 폐기물의 제거를 쉽게 할 수 있어야 한다.
④ 폐기물 저장통은 필요하다면 청소 및 위생처리 되어야 한다.
⑤ 사용하지 않는 기구는 그대로 둔다.

해설 사용하지 않는 기구는 깨끗하게 보관되어야 한다.

답 : ⑤

49 직원 서비스와 준수사항에 관한 내용으로 틀린 것은?

① 편리한 손 세척 설비는 온수, 냉수, 세척제와 1회용 종이 또는 접촉하지 않는 손 건조기들을 포함한다.
② 음용수를 제공하기 위한 정수기는 정상적으로 작동하는 상태이어야 하고 위생적이어야 한다.
③ 구내식당과 쉼터(휴게실)는 위생적이고 잘 정비된 상태로 유지되어야 한다.
④ 음식물은 생산구역과 분리된 지정된 구역에서만 보관, 취급하여야 하고, 작업장 내부로 물은 반입을 허용한다.
⑤ 제품, 원료 또는 포장재와 직접 접촉하는 사람은 제품안전에 영향을 확실히 미칠 수 있는 건강 상태가 되지 않도록 주의사항을 준수해야 한다.

해설 음식물은 생산구역과 분리된 지정된 구역에서만 보관, 취급하여야 하고, 작업장 내부로 음식물을 반입하지 않도록 한다.

답 : ④

50 화장품 생산 시설(facilities, premises, buildings)이란?

① 화장품을 생산하는 설비와 기기가 들어있는 건물, 작업실, 건물 내의 통로, 손을 씻는 시설 등을 포함하여 원료, 포장재, 완제품, 설비, 기기를 외부와 주위 환경 변화로부터 보호하는 것이다.
② 쥐, 해충 및 먼지 등 막을 수 없는 시설이어도 된다.
③ 작업대 등 제조에 필요한 시설 및 기구는 없어도 된다.
④ 가루가 날리는 작업실은 따로 시설을 마련하지 않는다.
⑤ 제품은 생산과 동시에 바로 출하시킨다.

해설 화장품법 시행규칙 제6조(시설기준 등)

답 : ①

51 화장품 작업소로 적합하지 않는 것은?

① 환기가 잘 되고 청결할 것
② 각 제조구역별 청소 및 위생관리 절차에 따라 효능이 입증된 세척제 및 소독제를 사용할 것
③ 수세실과 화장실은 접근이 쉬워야 하니 생산구역 안에 있어야할 것
④ 제품의 오염을 방지하고 적절한 온도 및 습도를 유지할 수 있는 공기조화시설 등 적절한 환기시설을 갖출 것
⑤ 작업소 내의 외관 표면은 가능한 매끄럽게 설계하고, 청소, 소독제의 부식성에 저항

력이 있을 것

해설 수세실과 화장실은 접근이 쉬워야 하나 생산구역과 분리되어 있을 것
화장품법 시행규칙 제6조(시설기준 등)

답 : ③

52 새로운 건물의 설계시와 구 건물의 증, 개축시 제조 작업의 합리화를 도모하기 위해 사람과 물건의 움직임과 혼동 방지 및 오염 방지를 목적으로 설계하는 주요사항이 아닌 것은?

① 인동선과 물동선의 흐름경로를 교차 오염의 우려가 없도록 적절히 설정한다.
② 교차가 불가피 할 경우 작업에 "시간차"를 만든다.
③ 사람과 대차가 교차하는 경우 "유효폭"을 충분히 확보한다.
④ 공기의 흐름을 고려한다.
⑤ 개인은 직무를 수행하기 위해 알맞은 복장을 갖춰야 한다.

해설 직원준수사항

답 : ⑤

53 제조구역에 대한 설명으로 옳지 않은 것은?

① 모든 배관이 사용될 수 있도록 설계되어야 하며 우수한 정비 상태로 유지되어야 한다.
② 표면은 청소하기 용이한 재질로 설계되어야 한다.
③ 페인트를 칠한 지역은 우수한 정비 상태로 유지되어야 한다. 벗겨진 칠은 보수되어야 한다.
④ 폐기물(예, 여과지, 개스킷, 폐기 가능한 도구들, 플라스틱 봉지)은 주기적으로 버려야 하며 장기간 모아놓거나 쌓아 두어서는 안 된다.
⑤ 원료의 포장이 훼손된 경우에는 봉인하거나 즉시 별도 저장조에 보관한 후에 품질상의 처분 결정을 위해 격리해 둔다.

해설 ⑤은 원료취급구역에 관한 내용이다.

답 : ⑤

54 화장품 생산 설비 중 공기 조절 장치가 필요한 목적은 무엇인가?

① 환기 및 습도관리를 할 필요는 없다.
② 공기 조절은 먼지, 미립자, 미생물을 공중에 날아 올라가게 만들어서 제품에 부착시킬 가능성이 없다.
③ CGMP 지정을 받기 위해서는 청정도 기준에 제시된 청정도 등급 이상으로 설정하여야 하며 청정등급을 설정한 구역은 설정 등급의 유지여부를 정기적으로 모니터링 하

여 설정 등급을 벗어나지 않도록 관리한다.

④ 공기 조절 시설을 설치한다면 일정한 수준 이하로 해야 한다.

⑤ 청정등급을 설정한 구역은 설정 등급의 유지여부를 단기적으로 모니터링 하여 관리한다.

해설 환기 및 습도관리가 필요하고, 제품과 직원에 대한 오염 방지이나 오염의 원인을 제거

답 : ③

55 식품의약품안전처에서는 우수화장품 제조 및 품질관리기준(CGMP)의 세부사항을 정하고 우수한 화장품을 제조. 공급 및 품질관리하기 위한 기준으로서 직원, 시설 · 장비 및 원자재, 반제품, 완제품 등의 취급과 실시방법을 정한 것이다. 이에 CGMP의 3대요소인 것은?

① 인위적인 과오의 최대화

② 미생물오염 및 교차오염으로 인한 품질저하 방지

③ 품질관리체계의 무시

④ 미생물오염으로 인한 품질향상 수립

⑤ 잠재적인 문제를 상승시킴

답 : ②

56 우수화장품 제조 및 품질관리기준 적합판정을 받고자 할 때 필요한 구비서류가 아닌 것은?

① 우수화장품 제조 및 품질관리기준에 따른 3회이상 적용 · 운영한 자체평가표

② 화장품 제조 및 품질관리기준 운영조직

③ 제조소의 시설내역

④ 제품관리현황

⑤ 품질관리현황

답 : ④

57 공기 조절의 4대 요소와 대응 설비인 공기조화장치와 연결이 옳지 않은 것은?

① 청정도 - 공기정화기

② 실내온도 - 열교환기

③ 습도 - 가습기

④ 작업소 - 공기정화기

⑤ 기류 - 송풍기

답 : ④

58 **공기 조화 장치에 들어가는 에어필터중 M/F의 특징이 아닌 것은?**

① 0.5㎛입자들 95%이상 제거 한다.
② Clean Room 정밀기계공업 등에 Hapa Filter 전 처리용으로 사용 한다.
③ 공기정화, 산업공장등 최종Filer로 사용 한다.
④ Frame은 P/Board or G/Steel등으로 제작되어 견고하다.
⑤ Bag Type은 먼지 보유량이 적고 수명이 짧다.

해설 Bag Type은 먼지 보유량이 크고 수명이 길다.

답 : ⑤

59 **화장품 생산 설비에 필요한 사항이 아닌 것은?**

① 대체화장품
② 설계, 설치, 검정
③ 세척, 소독
④ 유지관리
⑤ 사용기한

답 : ⑤

60 **화장품 생산 설비에서 포장설비 설계 시 고려해야 하는 것이 아닌 것은?**

① 물리적인 오염물질 축적의 육안식별이 용이하게 해야 한다.
② 효율적이며 안전한 조작을 위한 적절한 공간이 제공되어야 한다.
③ 제품과 접촉되는 부위의 청소 및 위생관리가 용이하게 만들어져야 한다.
④ 화학반응을 일으키거나, 제품에 첨가되거나, 흡수되어야한다.
⑤ 제품과 포장의 변경이 용이하여야 한다.

답 : ④

61 **곤충, 해충이나 쥐를 막을 수 있는 방충 대책의 구체적인 예로 맞는 것은?**

① 골판지, 나무 부스러기를 방치한다.
② 배기구, 흡기 구에 필터를 단다.
③ 벽, 천장, 창문, 파이프 구멍에 틈을 만들어 준다.
④ 개방할 수 있는 창문을 만든다.
⑤ 창문은 햇빛이 잘 들어오도록 해준다.

답 : ②

62 **화장품 생산 설비의 세척시 물 또는 증기만으로 세척하는 것이 좋다. 그러면, 세제(계면활성제)를 사용한 설비 세척은 권장하지 않는 이유로 맞는 것은?**

① 세제는 설비 내벽에 남지 않는다.
② 잔존한 세척제는 제품에 영향을 미치지 않는다.
③ 세제가 잔존하고 있지 않는 것을 설명하기에는 고도의 화학 분석이 필요하다.
④ 쉽게 물로 제거하도록 설계된 세제라서 흐르는 물로 헹구면 완전히 제거할 수 있다.
⑤ 설비 구석에 남은 세제를 간단히 제거할 수 있다.

답 : ③

63 화장품 설비는 유효기간을 설정해 놓고 유효기간이 지난 설비는 세척을 하여야 한다. 이때 필요한 설비세척의 원칙으로 맞지 않는 것은?

① 판정 후의 설비는 건조 · 밀폐해서 보존한다.
② 분해할 수 있는 설비는 분해해서 세척한다.
③ 위험성이 없는 용제(물이 최적)로 세척한다.
④ 세척 후는 반드시 "판정"한다.
⑤ 브러시 등으로 문질러 세척하면 안 된다.

답 : ⑤

64 방, 벽, 구역 등의 청정화 작업을 "청소"라고 한다. 청소에 관한 주의사항으로 틀린 것은?

① 세제를 사용한다면 사용하는 세제명을 정해놓고 세제명을 기록한다.
② 판정기준은 구체적인 육안판정기준을 제시한다.
③ 절차서를 작성 시 책임자은 기재하지 않아도 된다.
④ 사용한 기구, 세제, 날짜, 시간, 담당자명 등 기록을 남긴다.
⑤ "청소결과"를 표시한다.

답 : ③

65 생산 설비의 유지관리 주요 사항으로 틀린 것은?

① 점검항목 : 외관검사, 작동점검, 기능측정, 청소, 부품교환, 개선 등 예방적 실시(Preventive Maintenance)가 원칙이다.
② 설비마다 절차서를 작성할 필요는 없다.
③ 연간 계획을 가지고 실행한다.
④ 점검체크시트를 사용하면 편리하다.
⑤ 유지하는 "기준"은 절차서에 포함한다.

답 : ②

66 설비별 관리 방안으로 틀린 것은?

① 탱크(TANKS) : 탱크는 적절한 커버를 갖춰야 하며 청소와 유지관리를 쉽게 할 수 있어야 한다.

② 펌프(PUMPS) : 펌프는 각 작업에 맞게 선택되어야 하고, 내용물의 자유로운 배수를 위해 전형적인 PD Lobe 펌프를 설치해야 한다. 미생물 오염을 방지하기 위해서 펌프의 분해와 일상적인 청소/위생(세척/위생처리) 절차가 필요하게 된다.

③ 혼합과 교반 장치(MIXING AND AGITATION EQUIPMENT) : 혼합기는 제품에 영향을 미치므로 안정적으로 의도된 결과를 생산하는 믹서를 고르는 것이 매우 중요하다.

④ 호스(HOSES) : 화장품 생산 작업에 훌륭한 유연성을 제공하기 때문에 한 위치에서 또 다른 위치로 제품의 전달을 위해 화장품 산업에서 광범위하게 사용된다. 이들은 조심해서 선택되고 사용되어야만 하는 중요한 설비의 하나이다.

⑤ 필터, 여과기 그리고 체(FILTERS, STRAINERS AND SIEVES) : 온도, 압력, 흐름, pH, 점도, 속도, 부피 그리고 다른 화장품의 특성을 측정 및 또는 기록하기 위해 사용되는 기구이다.

답 : ⑤

67 설비별 세척(청소)과 위생처리로 틀린 것은?

① 게이지와 미터 : 일반적으로 청소를 위해 해체되지 않을 지라도, 설계 시 제품과 접하는 부분의 청소가 쉽게 만들어져야 한다.

② 이송 파이프 : 청소와 정규 검사를 위해 쉽게 해체될 수 있는 파이프 시스템이 다양한 사용조건을 위해 고려되어야 한다. 시스템은 밸브와 부속품이 일반적인 오염원이기 때문에 최소의 숫자로 설계되어야 한다.

③ 혼합과 교반 장치 : 다양한 작업으로 인해 혼합기와 구성 설비의 빈번한 청소가 요구될 경우, 쉽게 제거될 수 있는 혼합기를 선택하면 철저한 청소를 할 수 있다.

④ 탱크 : 세척하기 어렵게 고안되어야 한다.

⑤ 펌프 : 효과적인 청소와(세척과) 위생을 위해 각각의 펌프 디자인을 검증해야 하고 철저한 예방적인 유지관리 절차를 준수해야 한다.

해설 탱크는 세척하기 쉽게 고안되어야 한다. 제품에 접촉하는 모든 표면은 검사와 기계적인 세척을 하기 위해 접근할 수 있는 것이 바람직하다.

답 : ④

68 제조 설비별 안전 설비설명으로 틀린 것은?

① 탱크 시스템들은 산업 안전 등에 관련된 법규와 요건들을 따르지 않아도 된다.
② 펌프 설계는 펌핑 시 생성되는 압력을 고려해야 하고 적합한 위생적인 압력 해소 장치가 설치되어야 한다.
③ 호스 설계와 선택은 적용시의 사용압력/온도범위를 고려해야 한다.
④ 파이프 시스템 설계는 생성되는 최고의 압력을 고려해야 한다. 사용 전, 시스템은 정수압적으로 시험되어야 한다.
⑤ 필터, 여과기 시스템 설계는 모든 여과조건하에서 생기는 최고 압력들을 고려해야 한다.

해설 모든 탱크 시스템들과 주변 지역은 산업 안전 등에 관련된 법규와 요건들을 따라야만 한다.

답 : ①

69 호수의 구성재질이 아닌 것은?

① 강화된 식품등급의 고무 또는 네오프렌
② TYGON 또는 강화된 TYGON
③ 폴리에칠렌 또는 폴리프로필렌
④ 나일론
⑤ 폴리스티렌폼

답 : ⑤

70 문서화의 목적은 무엇인가?

① 문서에는 절차서, 지시서, 기록서, 품질규격서, 프로토콜, 보고서, 시방서, 원자료 등이 있다.
② CGMP에서는 제품의 모든 것만 문서로 남긴다.
③ 매사를 정확하고, 화장품 제조의 CGMP활동을 모두 기재한다.
④ 손으로 기입한다.
⑤ 종류에 따라 기록서를 작성한다.

답 : ③

71 CGMP 문서의 4분류가 맞는 것은?

① 일반문서, 제품표준서, 기술보고서, 관리문서
② CGMP 문서, 표준작업절차서, 기록서, 관리문서
③ 원료대장, 포장재 취급절차서, 제조절차서, 검체채취 절차서

④ 분석절차서, 품질보증 절차서, 각종 관리절차서, 취급설명서
⑤ 기기의 시방서, 취급설명서, 위탁회사와의 계약서, 품질보증서

답 : ②

72 포장재 설비의 종류가 아닌 것은?

① 제품 충전기
② 뚜껑 덮는 장치
③ 칭량장치
④ 용기 공급 장치
⑤ 코드화기기

답 : ③

73 내용물 및 원료의 입고기준으로 옳지 않은 것은?

① 제조업자는 원자재 공급자에 대한 관리감독을 적절히 수행하여 입고관리가 철저히 이루어지도록 하여야 한다.
② 원자재의 입고 시 구매 요구서, 원자재 공급업체 성적서 및 현품이 서로 일치하여야 한다.
③ 원자재 용기에 제조번호가 없는 경우에는 반품한다.
④ 원자재 입고절차 중 육안확인 시 물품에 결함이 있을 경우 입고를 보류하고 격리보관 및 폐기하거나 원자재 공급업자에게 반송하여야 한다.
⑤ 입고된 원자재는 "적합", "부적합", "검사 중" 등으로 상태를 표시하여야 한다. 다만, 동일 수준의 보증이 가능한 다른 시스템이 있다면 대체할 수 있다.

해설 원자재 용기에 제조번호가 없는 경우에는 관리번호를 부여하여 보관하여야 한다.

답 : ③

74 원자재 용기 및 시험기록서의 필수적인 기재 사항이 아닌 것은?

① 원자재 공급자가 정한 제품명
② 원자재 공급자명
③ 수령일자
④ 공급자가 부여한 제조번호 또는 관리번호
⑤ 가격

답 : ⑤

75 **다음 〈보기〉에서 원료와 포장재의 관리에 필요한 사항을 모두 고르시오.**

> ㄱ. 중요도 분류
> ㄴ. 공급자 결정
> ㄷ. 발주, 입고, 식별표시, 합격, 불합격, 판정, 보관, 불출
> ㄹ. 보관환경설정, 사용기한설정
> ㅁ. 정기적 재고관리
> ㅂ. 재평가, 재보관

① ㄱ, ㄴ, ㄷ
② ㄱ, ㄴ, ㄹ
③ ㄱ, ㄷ, ㅁ, ㅂ
④ ㄴ, ㅁ, ㄹ, ㅂ
⑤ ㄱ, ㄴ, ㄷ, ㅁ, ㅂ

답 : ⑤

76 **원료 및 포장재의 구매시 고려해야 하는 사항이 아닌 것은?**

① 요구사항을 만족하는 품목과 서비스를 지속적으로 공급할 수 있는 능력평가를 근거로 한 공급자의 체계적 선정과 승인
② 합격판정기준, 결함이나 일탈발생 시의 조치에 대한 문서화된 기술 조항의 수립
③ 운송조건에 대한 문서화된 기술조항의 수립
④ 협력이나 감사와 같은 회사와 공급자간의 관계 및 상호 작용의 정립
⑤ 공급자가 부여한 뱃지정보 확인

답 : ⑤

77 **"제조번호" 또는 "뱃치번호"란?**

① 제조 및 품질 관련 문서에 명기된 설비로 제품의 품질에 영향을 미치는 필수적인 설비를 말한다.
② 제조공정 단계에 있는 것으로서 필요한 제조공정을 더 거쳐야 벌크 제품이 되는 것을 말한다.
③ 일정한 제조단위분에 대하여 제조관리 및 출하에 관한 모든 사항을 확인할 수 있도록 표시된 번호로서 숫자 · 문자 · 기호 또는 이들의 특정적인 조합을 말한다.
④ 충전(1차포장) 이전의 제조 단계까지 끝낸 제품을 말한다.
⑤ 하나의 공정이나 일련의 공정으로 제조되어 균질성을 갖는 화장품의 일정한 분량을 말한다.

답 : ③

78 원자재 용기 및 시험기록서의 필수적인 기재 사항이 아닌 것은?

① 원자재 공급자가 정한 제품명
② 공급자가 부여한 제조번호 또는 관리번호
③ 수령일자
④ 보증일자
⑤ 원자재 공급자명

답 : ④

79 원료 및 포장재의 구매시 고려해야 할 사항으로 맞는 것은?

① 요구사항을 만족하는 품목과 서비스를 지속적으로 수급할 수 있는 능력평가를 근거로 한 수급자의 체계적 선정과 승인
② 합격판정기준에 결함이나 일탈발생 시의 승인
③ 협력이나 감사와 같은 회사와 수급자간의 관계 및 상호작용의 정립
④ 운송조건에 대한 기술조항 발생 시 조치
⑤ 요구사항을 만족하는 품목과 서비스를 지속적으로 공급할 수 있는 능력평가를 근거로 한 공급자의 체계적 선정과 승인

답 : ⑤

80 공급자(제조원) 선정 시의 주의사항으로 맞는 것은?

① 충분한 정보를 제공할 수 없다
② 원료 · 포장재 일반정보, 안전성 정보, 안정성 · 사용기한 정보, 시험기록등 정보 제공한다.
③ 구입이 결정되면 품질계약서는 교환할 필요 없다.
④ 변경사항을 알려주지 않아도 무방하다.
⑤ 방문감사와 서류감사를 수용할 수 없다.

답 : ②

81 원료 및 포장재의 확인시 포함해야 할 정보가 아닌 것은?

① 인도문서와 포장에 표시된 품목 · 제품명 확인
② 공급자가 부여한 뱃치 정보(batch reference)와 다르다면 수령 시 주어진 뱃치 정보를 확인
③ CAS번호(적용 가능한 경우) 확인
④ 수령일자와 수령확인번호

⑤ 공급자가 명명한 제품명과 다르다면 반품

답 : ⑤

82 원료와 포장재의 관리에 필요한 사항으로 아닌 것은?

① 사용기한 설정
② 발주, 입고, 식별 · 표시, 합격 · 불합격, 판정, 보관, 불출
③ 보관 환경 설정
④ 수급자 결정
⑤ 중요도 분류

답 : ④

83 원료, 포장재 입고시 검체채취 절차로 틀린 것은?

① 입고된 장소에서 실시한다.
② 검체채취 절차를 정해 놓는다.
③ 검체채취 한 용기에는 "시험 중"라벨을 부착한다.
④ 원료 등에 대한 오염이 발생하지 않는 환경
⑤ 뱃치를 대표하는 부분에서 검체 채취를 한다.

답 : ①

84 원료, 포장재 출고관리시 틀린 것은?

① 오직 승인된 자만이 원료 및 포장재의 불출 절차를 수행할 수 있다.
② 뱃치에서 취한 검체가 모든 합격 기준에 부합할 때 뱃치가 불출될 수 있다.
③ 모든 보관소에서는 선입선출의 절차가 사용되어야 한다.
④ 나중에 입고된 물품이 사용(유효)기한이 짧은 경우 먼저 입고된 물품보다 먼저 출고할 수 있다.
⑤ 원료와 포장재는 불출되기 전까지 사용하고 격리를 위해 특별한 절차가 이행되어야 한다.

답 : ⑤

85 원료, 포장재의 적절한 보관을 위해 고려해야 할 사항이 아닌 것은?

① 원료와 포장재의 용기는 밀폐되어, 청소와 검사가 용이하도록 충분한 간격으로, 바닥과 떨어진 곳에 보관되어야 한다.
② 보관 조건은 각각의 원료와 포장재에 적합하여야 하고, 과도한 열기, 추위, 햇빛 또

는 습기에 두어야 한다.
③ 원료와 포장재가 재포장될 경우, 원래의 용기와 동일하게 표시되어야 한다.
④ 물질의 특징 및 특성에 맞도록 보관, 취급되어야 한다.
⑤ 특수한 보관 조건은 적절하게 준수, 모니터링 되어야 한다.

답 : ②

86 원료, 포장재의 재고조사의 필요성이 아닌 것은?

① 원료 및 포장재는 정기적으로 재고조사를 실시한다.
② 장기 재고품의 처분 및 선입선출 규칙 확인이 목적이다.
③ 중대한 위반 품이 발견되었을 때에는 일탈처리를 한다.
④ 재고의 회전은 중요하지 않다.
⑤ 재고의 신뢰성을 보증하고, 모든 중대한 모순을 조사하기 위해 주기적인 재고조사가 시행되어야 한다.

답 : ④

87 원료, 포장재의 보관 환경의 중요성이 아닌 것은?

① 재고품은 선입선출이 원칙이다.
② 원료 및 포장재 보관소의 출입을 제한한다.
③ 오염방지를 위해서 시설대응, 동선관리가 필요하다
④ 방충방서의 대책이 필요하다
⑤ 필요시 온도, 습도를 설정한다.

답 : ①

88 원료, 포장재의 사용기한 설명이다. 이중 틀린 것은?

① 원칙적으로 원료공급처의 사용기한을 준수하여 보관기한을 설정하여야 한다.
② 사용기한내에서 자체적인 재시험 기간과 최대 보관기한을 설정 · 준수해야 한다.
③ 보관기한이 규정되어 있지 않은 원료는 품질부문에서 적합하지 않으므로 보관기한을 정할 수 없다.
④ 물질의 정해진 보관 기한이 지나면, 해당 물질을 재평가하여 사용 적합성을 결정하는 단계들을 포함해야 한다.
⑤ 원료의 허용 가능한 보관 기한을 결정하기 위한 문서화된 시스템을 확립해야 한다.

답 : ③

89 **다음 〈보기〉의 우수화장품 품질관리기준에서 기준일탈 제품의 폐기 처리 순서를 나열한 것으로 옳은 것은?**

ㄱ. 격리 보관
ㄴ. 기준 일탈 조사
ㄷ. 기준일탈의 처리
ㄹ. 폐기처분 또는 재작업 또는 반품
ㅁ. 기준일탈 제품에 불합격라벨 첨부
ㅂ. 시험, 검사, 측정이 틀림없음 확인
ㅅ. 시험, 검사, 측정에서 기준 일탈 결과 나옴

① ㄷ→ㄴ→ㅂ→ㅅ→ㄹ→ㄱ→ㅁ
② ㅁ→ㄴ→ㅂ→ㄷ→ㅅ→ㄱ→ㄹ
③ ㅅ→ㄴ→ㄹ→ㄷ→ㅁ→ㅂ→ㄱ
④ ㅅ→ㄴ→ㅂ→ㄷ→ㅁ→ㄱ→ㄹ
⑤ ㅅ→ㄴ→ㅂ→ㄷ→ㅁ→ㄹ→ㄱ

답 : ④

90 **원료 및 포장재의 공급자 선정 시의 주의사항으로 옳지 않은 것은?**

① 원료 · 포장재 일반정보, 안전성 정보, 안정성 · 사용기한 정보를 제공할 수 있는 지 확인한다.
② 계약업체 정보를 제공할 수 있는지 확인한다.
③ 시험기록정보를 제공할 수 있는지 확인한다.
④ 구입이 결정되면 품질계약서 교환이 가능한지 확인한다.
⑤ "변경사항"을 알려줄 수 있는지 확인한다.

답 : ②

91 **원료, 포장재의 선정 절차로 옳은 것은?**

① 공급자선정 ⇒ 공급자승인 ⇒ 중요도결정 ⇒ 품질결정 ⇒ 품질계약서 공급계약체결 ⇒ 정기적 모니터링
② 중요도결정 ⇒ 공급자선정 ⇒ 공급자승인 ⇒ 품질결정 ⇒ 품질계약서 공급계약체결 ⇒ 정기적 모니터링
③ 공급자승인 ⇒ 중요도결정 ⇒ 품질결정 ⇒ 품질계약서 공급계약체결 ⇒ 정기적 모니터링 ⇒ 중요도결정
④ 중요도결정 ⇒ 공급자선정 ⇒ 공급자승인 ⇒ 품질계약서 공급계약체결 ⇒ 품질결정 ⇒ 정기적 모니터링

⑤ 공급자선정 ⇒ 공급자승인 ⇒ 품질결정 ⇒ 중요도결정 ⇒ 품질계약서 공급계약체결 ⇒ 정기적 모니터링

답 : ②

92 내용물 및 원료의 폐기기준으로 맞는 것은?

① 모든 시험이 적절하게 이루어졌는지 시험기록은 검토한 후 적합, 부적합, 보류를 판정하여야 한다.
② 재 입고 할 수 없는 제품의 폐기처리규정을 작성하여야 하며 폐기 대상은 따로 보관하고 규정에 따라 신속하게 폐기하여야 한다.
③ 시험결과 적합 또는 부적합인지 분명히 기록하여야 한다.
④ 원자재, 반제품 및 완제품은 적합판정이 된 것만을 사용하거나 출고하여야 한다.
⑤ 정해진 보관 기간이 경과된 원자재 및 반제품은 재평가하여 품질기준에 적합한 경우 제조에 사용할 수 있다.

해설 ①③④⑤는 시험관리의 기준이다.

답 : ②

93 포장 작업시 문서에 포함되는 사항이 아닌 것은?

① 제품명 그리고/또는 확인 코드
② 검증되고 사용되는 설비
③ 완제품 포장에 필요한 모든 포장재 및 벌크제품을 확인할 수 있는 개요나 체크리스트
④ 라인 속도, 충전, 표시, 코딩, 상자주입(Cartoning), 케이스 패킹 및 팔레타이징(palletizing) 등의 작업들을 확인할 수 있는 상세 기술된 포장 생산 공정
⑤ 포장재 입고절차

답 : ⑤

94 화장품 포장공정은 벌크제품을 용기에 충전하고 포장하는 공정이다. 공정에 해당하지 않는 것은?

① 제조지시서 발행 → 포장지시서 발행
② 제조기록서 발행 → 포장기록서 발행
③ 원료 갖추기 → 벌크제품, 포장재 준비
④ 벌크제품 보관 → 포장재 재 보관
⑤ 제품기록서 완결 → 포장기록서 완결

해설 벌크제품 보관 → 완제품보관

답 : ④

95 **보관중인 포장재 출고기준이 아닌 것은?**

① 모든 보관소에서는 선입선출의 절차가 사용되어야한다.
② 특별한 환경을 제외하고, 재고품 순환은 오래된 것이 먼저 사용되도록 보증해야한다.
③ 나중에 입고된 물품이 사용(유효)기한이 짧은 경우 먼저 입고된 물품 보다 먼저 출고 할 수 있다.
④ 화장품 제조업자가 정한 기준에 따른다.
⑤ 선입선출을 하지 못하는 특별한 사유가 있을 경우, 적절하게 문서화된 절차에 따라 나중에 입고된 물품을 먼저 출고 할 수 있다.

답 : ④

96 **입고된 포장재의 관리기준에 대한 사항 중 틀린 것은?**

① 물질의 특징 및 특성에 맞도록 보관, 취급되어야 한다.
② 특수한 보관 조건은 적절하게 준수, 모니터링 되어야 한다.
③ 청소와 검사가 용이하도록 충분한 간격으로, 바닥에 보관되어야 한다.
④ 포장재가 재포장될 경우, 원래의 용기와 동일하게 표시되어야 한다.
⑤ 포장재의 관리는 허가되지 않거나, 불합격 판정을 받거나, 아니면 의심스러운 물질의 허가되지 않은 사용을 방지할 수 있어야 한다.

해설 ③ 청소와 검사가 용이하도록 충분한 간격으로, 바닥과 떨어진 곳에 보관되어야 한다.

답 : ③

97 **화장품의 1차 포장의 기재 · 표시되어야 하는 사항이 아닌 것은?**

① 화장품의 명칭
② 영업자의 상호
③ 제조번호
④ 사용기한 또는 개봉 후 사용기간
⑤ 가격

답 : ⑤

98 **보관기한이 지난 원료를 재사용할 수 있게 원료의 최대보관기한을 재설정하는 방법은 무엇인가?**

① 원료의 재사용
② 원료의 재평가
③ 원료의 재 보관
④ 원료의 재설정
⑤ 원료의 재허용

답 : ②

99 화장품의 1차 포장의 기재 · 표시할 것으로 맞게 짝지은 것은?

① 화장품의 명칭-영업자의 상호
② 영업자의 상호-원료성분
③ 제조번호-영업자 이름
④ 사용기한 또는 개봉 후 사용기간-폐기기준
⑤ 가격-화장품 명칭

답 : ①

100 다음 중 중대한 일탈 중 생산 공정상의 일탈이 아닌 것은?

① 제품표준서, 제조작업절차서 및 포장작업절차서의 기재내용과 다른 방법으로 작업이 실시되었을 경우
② 절차서 등의 기재된 방법과 다른 시험방법을 사용했을 경우
③ 공정관리기준에서 두드러지게 벗어나 품질 결함이 예상될 경우
④ 생산 작업 중에 설비 · 기기의 고장, 정전 등의 이상이 발생하였을 경우
⑤ 벌크제품과 제품의 이동 · 보관에 있어서 보관 상태에 이상이 발생하고 품질에 영향을 미친다고 판단될 경우

해설 ②은 품질검사에 있어서의 중대한 일탈이다.

답 : ②

101 유지관리에 대한 사항 중 옳지 않은 것은?

① 건물, 시설 및 주요 설비는 정기적으로 점검하여 화장품의 제조 및 품질관리에 지장이 없도록 유지 · 관리 · 기록하여야 한다.
② 결함 발생 및 정비 중인 설비는 적절한 방법으로 표시하고, 고장 등 사용이 불가할 경우 표시하여야 한다.
③ 세척한 설비는 다음 사용 시까지 오염되지 아니하도록 관리하여야 한다.
④ 모든 제조 관련 설비는 직원들의 접근 · 사용이 가능하다.
⑤ 제품의 품질에 영향을 줄 수 있는 검사 · 측정 · 시험장비 및 자동화장치는 계획을 수립하여 정기적으로 교정 및 성능점검을 하고 기록해야 한다.

해설 ④ 모든 제조 관련 설비는 승인된 자만이 접근 · 사용하여야 한다.

답 : ④

102 보관 및 출고에 대한 내용으로 틀린 것은?

① 완제품은 적절한 조건하의 정해진 장소에서 보관하여야 하며, 주기적으로 재고 점검

을 수행해야 한다.

② 완제품은 시험결과 적합으로 판정되고 품질보증부서 책임자가 출고 승인한 것만을 출고하여야 한다.

③ 출고는 선입선출방식으로 하되, 타당한 사유가 있는 경우에는 그러지 아니할 수 있다.

④ 출고할 제품은 원자재, 부적합품 및 반품된 제품과 구획된 장소에서 보관하여야 한다. 다만 서로 혼동을 일으킬 우려가 없는 시스템에 의하여 보관되는 경우에는 그러하지 아니할 수 있다.

⑤ 원자재, 반제품 및 완제품은 적합판정이 된 것만을 사용하거나 출고하여야 한다.

해설 ⑤은 품질관리에 대한 사항이다.

답 : ⑤

103 화장품 제조를 위한 건물의 시설 기준에 대한 내용으로 옳은 것은?

① 건물은 제품의 제형, 현재상황 및 청소 등을 고려하여 설계하여야 한다.

② 작업소 내의 외관표면은 가능한 매끄럽게 설계한다.

③ 외부와 연결된 창문은 가능한 열리지 않도록 설계한다.

④ 작업소 전체에 적절한 조명을 설치한다.

⑤ 수세실과 화장실은 접근이 쉬워야 하나 생산구역과 분리되게 설계한다.

해설 우수화장품 제조 및 품질관리기준 [제7조]시설기준 중 건물에 대한 내용

답 : ①

104 화장품 제조 작업시설에 대한 내용으로 옳지 않는 것은?

① 제조하는 화장품의 종류 · 제형에 따라 적절히 구획 · 구분되어 있어 교차오염 우려가 없을 것

② 바닥, 벽, 천장은 가능한 청소하기 쉽게 매끄러운 표면을 지니고 소독제 등의 부식성에 저항력이 있을 것

③ 환기가 잘 되고 청결할 것

④ 제품, 원료 및 포장재 등의 혼동이 없도록 할 것

⑤ 제품의 오염을 방지하고 적절한 온도 및 습도를 유지할 수 있는 공기조화시설 등 적절한 환기시설을 갖출 것

해설 우수화장품 제조 및 품질관리기준 [제8조]시설기준 중 시설에 대한 내용

답 : ④

105 화장품 제조를 위한 작업소의 위생 상태에 대한 내용으로 옳은 것은?

① 곤충, 해충이나 쥐를 막을 수 있는 대책을 마련하고 정기적으로 점검 · 확인하여야 한다.
② 제품과 설비가 오염되지 않도록 배관 및 배수관을 설치하며, 배수관은 역류되지 않아야 하고, 청결을 유지할 것
③ 천정 주위의 대들보, 파이프, 덕트 등은 가급적 노출되지 않도록 설계
④ 파이프는 받침대 등으로 고정하고 벽에 닿지 않게 하여 청소가 용이하도록 설계할 것
⑤ 시설 및 기구에 사용되는 소모품은 제품의 품질에 영향을 주지 않도록 할 것

해설 우수화장품 제조 및 품질관리기준 [제9조]시설기준 중 작업소의 시설에 대한 내용

답 : ①

106 화장품 제조를 위한 작업장의 위생 유지관리의 내용으로 옳은 것은?

① 건물, 시설 및 주요 설비는 정기적으로 점검하여 화장품의 제조 및 품질관리에 지장이 없도록 유지 · 관리 · 기록하여야 한다.
② 세척한 설비는 다음 사용 시까지 오염되지 않았으면 사용이 가능하다.
③ 모든 제조관련 설비는 누구나 접근 · 사용하여야 한다.
④ 제품의 품질에 영향을 줄 수 있는 검사 · 측정 · 시험장비 및 자동화장치는 계획을 수립하여 정기적으로 교정 및 성능점검 한다.
⑤ 유지관리 작업이 제품의 품질에 영향을 줄 수도 있다.

해설 우수화장품 제조 및 품질관리기준 [제10조]시설기준 중 유지관리에 대한 내용

답 : ①

107 제조를 위한 작업장에서 직원의 위생에 대한 내용으로 옳은 것은?

① 작업소 및 보관소 내의 모든 직원은 화장품의 오염을 방지하기 위해 항상 깨끗한 복장을 착용한다.
② 적절한 위생관리 기준 및 절차를 마련하고 제조소 내의 모든 직원은 이를 준수해야 한다.
③ 피부에 외상이 있거나 질병에 걸린 직원은 건강이 양호해지거나 화장품의 품질에 영향을 주지 않는다면 작업소 내를 출입할 수 있다
④ 제조구역별 작업원외 방문객은 가급적 제조, 관리 및 보관구역 내에 들어가지 않도록 한다.
⑤ 직원이 아닌 방문객은 직원 위생에 대한 교육 및 복장 규정에 따르지 않아도 된다.

해설 우수화장품 제조 및 품질관리기준 [제6조] 직원의 위생에 대한 내용

답 : ②

108 다음 ㉠, ㉡에 들어갈 단어를 쓰시오.

(㉠)이란 제조 또는 품질관리 활동 등의 미리 정하여진 기준을 벗어나 이루어진 행위를 말한다.
(㉡)이란 규정된 합격 판정 기준에 일치 하지 않는 검사, 측정 또는 시험결과를 말한다.

① 일탈, 기준일탈(out-of-specification)
② 제조, 품질보증
③ 품질보증, 일탈
④ 원료, 기준이탈(out-of-specification)
⑤ 공정관리, 변경관리

해설 우수화장품 제조 및 품질관리기준 [제2조] 용어의 정의 중 내용

답 : ①

109 제조 및 품질관리의 적합성을 보장하는 기본 요건들을 충족하고 있음을 보증하기 위하여 제품표준서, 제조관리기준서, 품질관리기준서 및 (　　　)를 작성하고 보관하여야 한다. (　　　)안에 들어갈 내용은?

① 제품표준서의 번호
② 작업 중 주의사항
③ 보관조건
④ 제조위생관리기준서
⑤ 제조 및 품질관리에 필요한 시설 및 기기

해설 우수화장품 제조 및 품질관리기준[제15조] 기준서 등에 대한 내용

답 : ④

110 작업장의 위생기준에 맞는 보관 구역에 대한 설명으로 옳은 것은?

① 통로의 설계는 작업자 위주의 설계가 필요하다
② 통로는 사람과 물건이 이동하는 구역으로서 사람과 물건의 이동에 불편함을 초래하거나, 교차오염의 위험이 없어야 한다.
③ 손상된 팔레트는 수거하여 재사용 한다

④ 바닥의 폐기물은 한 번에 처리한다
⑤ 작업장의 구획 · 구분은 작업자의 편리함을 위주로 한다.

해설 우수화장품 제조 및 품질관리기준 [제8조]의 내용 참조

답 : ②

111 작업장 위생 유지를 위한 세제의 종류와 사용법으로 옳은 것은?

① 비누 / 사용농도 50%
② 가루비누 / 사용농도 100%
③ 연성세제(물비누, 퐁퐁) / 사용농도 50%
④ 에탄올 / 사용농도 95%
⑤ 에탄올 / 사용농도 원액

해설 우수화장품 제조 및 품질관리기준 [제10조]의 내용 참조

답 : ④

112 작업장 소독을 위한 소독제의 종류와 사용법으로 옳은 것은?

① 이소프로필알코올 / 사용농도 50%
② 이소프로필알코올 / 사용농도 10%
③ 에탄올 / 사용농도 50%
④ 에탄올 / 사용농도 20%
⑤ 에탄올 / 사용농도 10%

답 : ②

113 작업장 내 직원의 위생 상태 판정의 내용으로 옳지 않는 것은?

① 머리길이의 상태
② 작업복장 착용상태
③ 손과 발의 청결상태
④ 얼굴의 화장은 너무 진하지 않은 상태
⑤ 호흡기 질환, 전염성 질환

해설 우수화장품 제조 및 품질관리기준 [제6조]의 내용 참조

답 : ①

114 혼합 · 소분 시 위생관리 규정 내용으로 옳지 않는 것은?

① 몸은 항상 청결히 유지 한다.
② 손톱과 발톱은 작업장 위생 상태와 관계가 없다.
③ 작업 전 반드시 손을씻고 소독을 한 후 안전위생과 제품의 오염방지를 위하여 지정된 위생기구를 착용
④ 작업 중 반지, 목걸이, 넥타이, 머리핀, 귀걸이, 담배, 라이터 등 가급적 휴대용품의 착용 및 휴대를 금한다.

⑤ 작업 중 여성작업자는 화장을 가급적 금하며, 작업실에 들어가기 전에 과도한 화장, 메니큐어, 마스카라 등은 가급적 지우고 들어간다

답 : ②

115 작업자 위생 관리를 위한 복장 청결상태에 대한 내용으로 옳지 않는 것은?

① 규정된 위생기구(위생 장갑, 위생마스크)의 청결 상태 확인
② 규정된 위생기구는 필수가 아닌 권장
③ 작업복 상태는 청결 한가 확인
④ 규정된 작업복은 착용 하였는가 확인
⑤ 규정된 위생기구를 착용 하였는가 확인

해설 우수화장품 제조 및 품질관리기준 [제6조]의 내용 참조

답 : ②

116 설비 · 기구의 위생기준 설정으로 옳은 것은?

① 설비 사용 시에는 많은 소모품이 사용되며, 소모품은 화장품 품질에 영향을 미칠 수도 있다.
② 제품 용기들은 환경의 먼지와 습기로부터 보호되어야 한다.
③ 휴대용 설비와 도구는 적절한 창고에 보관한다.
④ 포장설비의 선택은 제품의 고정과 제품의 안정성에만 기초를 두면 된다.
⑤ 제조하는 화장품의 종류, 양, 품질에 따라 생산설비는 모두 같을 수 있다.

해설 우수화장품 제조 및 품질관리기준 참조

답 : ②

117 설비 · 기구의 위생 상태 판정으로 옳은 것은(혼합기, 충진기, 저울, 세병기)?

① 혼합기-내용물 및 원료 등과 직접 접촉하는 부위에 이물질 존재 할 수 있다.
② 충진기-충진기 전체의 세척 및 관리상태
③ 저울-저울 전체를 세척할 필요는 없다.
④ 세병기-세병부위 이물질의 존재 유무는 필요하지 않다.
⑤ 충진기-정상작동 유무는 중요하지 않다.

해설 우수화장품 제조 및 품질관리기준 참조

답 : ②

118 오염물질 제거 및 소독 방법으로 옳은 것은?

① 혼합기, 충진기, 저울, 세병기 에탄올을 뿌려 세척 · 소독한다.
② 혼합기, 충진기 정세수로만 세척한다.
③ 충진기, 저울 세탁한 물걸레로 외부를 닦아낸다.
④ 세병기, 충진기 세제를 사용하여 세척한다.
⑤ 혼합기, 세병기 정제수후 재세척후 에탄올을 뿌려 세척한다.

해설 우수화장품 제조 및 품질관리기준 참조

답 : ①

119 설비 · 기구의 구성 재질 구분에 대한 내용으로 옳은 것은?

① 설비 · 기구를 구매 시 제품사양서만 확보
② 내화학성만 강한 재질로 제작된 설비 · 기구
③ 설비 · 기구의 검수만 확인
④ 내화학성 및 내열성 등이 강한 재질로 제작된 설비 · 기구
⑤ 설비 · 기구는 플라스틱 재질

해설 우수화장품 제조 및 품질관리기준 참조

답 : ④

120 설비 · 기구의 구성 재질에 대한 설명으로 옳은 것은?

① 온도/압력 범위가 조작 전반과 모든 공정 단계의 제품에 적합해야 한다.
② 제품에 해로운 영향을 미칠 수 도 있다.
③ 제품과의 반응으로 부식되거나 분해를 초래하는 반응이 있을 수 있다.
④ 세제 및 소독제와 반응이 있을 수 있다.
⑤ 제품 또는 제품제조과정, 설비 세척 유지관리에 사용되는 다른 물질이 스며들 수 있다.

해설 우수화장품 제조 및 품질관리기준 참조

답 : ①

121 칭량에 대한 설명으로 바른 것은?

① 원료는 품질에 영향을 미치지 않는 용기나 설비에 정확하게 칭량 되어야 한다.
② 원료가 칭량되는 도중 오염을 피할 수 없다.
③ 칭량은 변질 · 변패 또는 병원미생물을 방지함을 위함이다.

④ 화장품을 제조하기 위한 장소를 말한다.
⑤ 적합 판정 기준을 충족시키는 검증을 말한다.

해설 원료가 칭량되는 도중 교차오염을 피하기 위한 조치가 있어야 한다.

답 : ①

122 설비 · 기구의 대한 폐기 기준에 대한 설명으로 옳은 것은?

① 설비점검 시 누유, 누수, 밸브 미작동 등 발견되면 설비 사용을 금지시키고 "주의" 표시를 한다.
② 정밀검사 후에 수리가 불가한 경우에는 설비를 폐기하고 폐기 전까지 "사용주의"를 표시 한다.
③ 오염된 기구나 일부가 파손된 기구는 폐기한다.
④ 플라스틱 재질의 기구는 소독하여 사용한다.
⑤ 오염된 기구나 일부가 파손된 기구는 소독, 수리하여 사용한다.

해설 설비점검시 설비사용 금지는 "점검중", 정밀검사 후 폐기하고 폐기전까지는 "유휴설비", 플라스틱 재질의 기구는 주기적으로 교체하는 것을 권장

답 : ③

123 내용물 및 원료의 입고 관리에 대한 설명으로 옳은 것은?

① 제조업자는 원자재 공급자에 대한 관리감독을 적절히 수행하여 입고관리가 철저히 이루어지도록 하여야 한다.
② 원자재의 입고 시 구매 요구서, 원자재 공급업체 성적서 및 현품이 서로 다를 수 있다.
③ 원자재 용기에 제조번호가 없는 경우에는 원자재 공급자명을 부여하여 보관하여야 한다.
④ 원자재 입고절차 중 육안확인 시 물품에 결함이 있을 경우 입고를 보류한다.
⑤ 입고된 원자재는 적합 상태만을 표시하여야 한다.

해설 우수화장품 제조 및 품질관리기준[제11조] 입고관리 내용

답 : ①

124 원자재 용기 및 시험기록서의 필수적인 기재 사항이 아닌 것은?

① 원자재 공급자가 정한 제품명
② 원자재 공급자의 주민번호
③ 수령일자
④ 원자재 공급자명
⑤ 공급자가 부여한 제조번호 또는 관리번호

해설 우수화장품 제조 및 품질관리기준[제11조] 입고관리 내용

답 : ②

125 작업장의 위생기준으로 틀린 것은?

① 곤충, 해충이나 쥐를 막을 수 있는 대책을 마련하고 정기적으로 점검 확인하여야 한다.
② 제조, 관리 및 보관 구역 내의 바닥, 벽, 천장 및 창문은 항상 청결하게 유지 되어야 한다.
③ 제조시설이나 설비의 세척에 사용되는 세제 또는 소독제는 효능이 입증된 것을 사용하고 잔류하거나 적용하는 표면에 이상을 초래하지 아니하여야 한다.
④ 위행관리 프로그램을 운영할 필요는 없다.
⑤ 제조시설이나 설비는 적절한 방법으로 청소하여야 한다.

해설 화장품 시행규칙 제6조(시설기준 등)

답 : ④

126 화장품 제조시설의 오염요소 및 방지 방법으로 맞는 것은?

① 전 작업 잔류물, 공기, 분진 → 청소, 소독
② 전 작업 잔류물, 공기, 분진 → 청정도 관리(환경모니터링)
③ 작업원 소지품, 작업소 발생 쓰레기 → 청정도 관리(환경모니터링)
④ 작업원 소지품, 작업소 발생 쓰레기 → 방충 방서
⑤ 생물체(곤충, 쥐 등), 미생물 → 청정도 관리(환경모니터링)

해설 화장품 시행규칙 제6조(시설기준 등)

답 : ②

127 곤충, 해충이나 쥐를 막을 수 있는 방충 대책의 구체적인 예로 맞는 것은?

① 골판지, 나무 부스러기를 방치한다.
② 창문은 햇빛이 잘 들어오도록 해준다.
③ 벽, 천장, 창문, 파이프 구멍에 틈을 만들어 준다.
④ 개방할 수 있는 창문을 만든다.
⑤ 배기구, 흡기 구에 필터를 단다.

해설 화장품 시행규칙 제6조(시설기준 등)

답 : ⑤

128 방, 벽, 구역 등의 청정화 작업을 "청소"라고 한다. 청소에 관한 주의사항으로 틀린 것은?

① 판정기준은 구체적인 육안판정기준을 제시한다.
② 사용한 기구, 세제, 날짜, 시간, 담당자명 등 기록을 남긴다.
③ "청소결과"를 표시한다.
④ 세제를 사용한다면 사용하는 세제명을 정해 놓고 세제명을 기록한다.
⑤ 절차서를 작성 시 책임자는 기재하지 않아도 된다.

답 : ③

129 제조실, 충전실, 반제품 보관실 및 미생물 실험실의 청소방법으로 맞는 것은?

① 수시로 청소를 해주고 중성세제를 사용한다. 작업 전 작업대와 테이블, 저울을 70% 에탄올로 소독한다.
② 월 1회 중성세제를 사용해 청소해준다. 바닥, 벽, 문, 작업대등은 걸레로 닦는다.
③ 작업후 상수를 사용해 청소해준다.
④ 수시로 상수를 사용하여 청소해준다.
⑤ 월 1회만 상수를 사용하여 청소해준다.

해설 작업장 위생 유지를 위한 세제의 종류와 사용법

답 : ①

130 작업장 소독을 위한 소독제의 종류와 소독방법으로 맞는 것은?

① 중성세제를 이용하여 고정비품을 걸레로 닦는다.
② 70%에탄올 이용하여 실내는 분무, 고정비품은 거즈에 묻혀서 닦는다.
③ 페놀수(3%)치를 이용하여 고정비품을 분무한다.
④ 벤잘코늄클로라이어드를 이용하여 벽면을 분무하다
⑤ 크레졸수(3%)을 이용하여 실내를 거즈에 묻혀 닦는다.

답 : ②

131 작업장 내 직원의 위생기준으로 틀린 것은?

① 적절한 위생관리 기준 및 절차를 마련한다.
② 화장품 오염을 방지하기 위해 규정된 작업복을 착용한다.
③ 피부에 외상이 있거나 질병에 걸린 직원은 화장품의 품질에 영향을 주지 않도록 직접 적인 접촉되지 않도록 격리되어야 한다.
④ 제조, 관리 및 보관구역 내는 지정된 직원만 들어가도록 감독하여야 한다.
⑤ 규정된 복장을 입지 않아도 된다.

답 : ⑤

132 작업장 내 직원의 위생 상태 판정 기준으로 틀린 것은?

① 정기적인 건강검진
② 작업장소에 손 씻기
③ 작업장에 따라 작업복 규격을 정한다.
④ 작업장내에 핸드폰을 가지고 들어간다.
⑤ 작업장내에서는 음식물을 섭취하면 안 된다.

답 : ④

133 혼합. 소분시 위생관리 규정으로 맞는 것은?

① 손을 소독 또는 세정하거나 일회용장갑 착용 할 것
② 혼합. 소분에 사용되는 장비는 전. 후 그대로 사용할 것
③ 제품을 담을 용기는 사용하던 용기를 그대로 사용할 것
④ 혼합. 소분시 개인전화가 오면 그대로 받을 수 있다
⑤ 혼합. 소분시 사용되는 기기는 사용 후 그대로 방치할 것

답 : ①

134 설비 및 기구의 위생 기준으로 다음과 같이 적합하여야 한다. 이중 틀린 것은?

① 제조하는 화장품의 종류와 제형에 따라 구획을 구분하여 교차오염을 방지
② 바닥, 벽, 천장은 청소하기 쉽게 매끄러운 표면을 지니고 부식성에 저항력이 있는 것
③ 환기는 안 되도 될 것
④ 외부와 연결된 창문은 가능한 열리지 않도록 할 것
⑤ 화장실은 접근이 쉬어야 하나 생산구역과는 분리되어 있을 것

답 : ③

135 설비 세척시 규정에 포함되어야 할 내용으로 틀린 것은?

① 청소방법, 청소주기 세척 후 평가 방법등 청소계획 세우기
② 청소 및 소독은 모든 직원이 돌아가면서 한다.
③ 청소중 필요시 기계분해 조립에 관한사항
④ 청소완료후 청소 유효기간설정하기
⑤ 주요 설비는 청소일, 정비일, 사용일 및 시간등 일지 작성

답 : ②

136 **일탈은 제조 또는 품질관리 활동 등의 미리 정하여진 기준을 벗어나 이루어진 행위를 말한다. 일탈이 일어났을 때의 일탈 처리의 흐름으로 ( ) 들어갈 말은 무엇인가?**

일탈의 발견 및 초기 평가 → 즉각적인 수정조치 → ( ) → 후속조치/종결 → 문서작성/문서추적 및 경향분석

① 일탈의 종류 확인
② 일탈 조사 내용 통보
③ SOP에 따른조사, 원인분석 및 예방조치
④ 유효성 확인 사항 도출
⑤ QA책임자 관련문서 검토

해설 우수화장품 제조 및 품질관리 내용 참조

답 : ③

137 **내용물 및 원료의 입고 기준으로 틀린 것은?**

① 원자재 입고 시 구매 요구서, 원자재 공급업체 성적서 및 현품이 일치하여야 한다.
② 관리번호를 부여하여 보관하여야 한다.
③ 입고 절차중 결함이 있을 경우 격리보관 및 폐기하거나 원자재공급업자에게 반송한다.
④ 입고된 원자재는 '적합', '부적합', '검사 중' 등으로 상태를 표시하여야 한다.
⑤ 수급자가 부여한 제조번호 또는 관리번호

답 : ⑤

138 **입고된 원료 및 내용물 관리기준으로 틀린 것은?**

① 제품의 정확한 식별을 위해 라벨 링은 한다.
② 공급자가 명명한 제품명과 다르다면, 수령 시 뱃치정보
③ 원료 및 포장재의 용기는 물질과 뱃치 정보를 확인할 수 있는 표시 부착
④ 공급자가 부여한 뱃지정보
⑤ 인도문서와 포장에 표시된 품목, 제품명

답 : ②

139 **내용물 및 원료의 사용기한 및 개봉 후 사용기한 표시방법으로 맞는 것은?**

① 사용기한은 어렵게 구별되게 작게 표기한다.
② 개봉후 사용기간은 "사용기한"이라고 표기한다.
③ 개봉후 사용기간을 나타내는 심벌을 기재한다.

④ 사용기한은 "사용기한" 또는 "까지" 등의 문자와 "연월일"을 소비자가 알기 쉽게 기재. 표시해야 한다.
⑤ 사용기간과 개봉후 사용기간은 둘 중 하나만 기재한다.

해설 화장품법 시행규칙 (별표4), 화장품 포장의표시기준 및 표시방법(제19조제6항)

답 : ④

140 화장품의 1차 포장에 기재. 표시되어 있어야 할 것이 아닌 것은?

① 화장품의 명칭
② 영업자의 상호
③ 사용설명서
④ 제조번호
⑤ 사용기한 또는 개봉 후 사용기간

해설 화장품법 시행규칙 제19조(화장품 포장의표시기준 및 표시방법)

답 : ③

141 입고된 포장재의 관리기준으로 틀린 것은?

① 모든 포장재는 사용 전에 관리되어야 한다.
② 과도한 열기, 추위, 햇빛 또는 습기에 노출되어 변질되는 것을 방지한다.
③ 특수한 보관 조건은 적절하게 준수, 모니터링 되어야 한다.
④ 포장재가 재포장될 경우 원래의 용기와 동일하게 표시되어야 한다.
⑤ 물질의 특징 및 특성에 맞도록 보관, 취급되어야 한다.

답 : ①

142 포장재의 폐기기준으로 틀린 것은?

① 품질에 문제가 있거나 회수. 반품된 제품의 폐기 또는 재작업 여부는 품질보증 책임자에 의해 승인되어야 한다.
② 변질. 변패 또는 병원미생물에 오염되지 아니한 경우
③ 폐기대상은 따로 보관하고 천천히 폐기하여도 된다.
④ 제조일로부터 1년이 경과하지 않았거나 사용기한이 1년 이상 남아있는 경우
⑤ 재 입고 할 수 없는 제품의 폐기처리규정을 작성하여야 한다.

답 : ③

143 포장재의 재평가가 아닌 것은?

① 재평가 방법을 확립해 두면 사용 기한이 지난 포장재를 재평가해서 사용할 수 있다
② 완제품 포장에 필요한 모든 포장재를 확인한다.

③ 화장품 제조의 장기 안정성 데이터의 뒷받침이 필요하다
④ 오염과 변질을 방지하기 위해 필요한 예방조치를 포함한 검체채취 방법이다.
⑤ 시험용 검채의 용기에 명칭 제조번호를 기재한다.

답 : ②

144 포장재의 폐기절차로 맞는 것은?

① 일탈제품은 보관하는게 바람직하다
② 부적합 제품의 재작업을 허락한다.
③ 제조 책임자는 결과만 조사한다.
④ 재작업 처리의 실시는 품질보증 책임자가 결정한다.
⑤ 재작업시 제품 분석만하고 안정성 시험은 할 필요가 없다.

답 : ④

145 화장품을 제조하면서 완전한 제거가 불가능한 물질에 대한 검출 허용 한도로 옳은 것은?

① 납 : 점토를 원료로 사용한 분말제품은 50㎍/g이하, 그 밖의 제품은 20㎍/g이하
② 비소 : 5㎍/g이하
③ 수은 : 5㎍/g이하
④ 안티몬 : 5㎍/g이하
⑤ 카드뮴 : 10㎍/g이하

해설 화장품 안전기준 등에 관한 규정[제6조] 유통화장품의 안전관리 기준의 내용

답 : ①

146 입고된 원료 및 내용물의 보관관리에 대한 내용으로 옳은 것은?

① 원자재, 반제품 및 벌크 제품은 품질에 나쁜 영향을 미치지 아니하는 조건에서 보관하여야 하며 보관기한은 따로 없음
② 원자재, 반제품 및 벌크 제품은 바닥과 벽에 닿지 아니하도록 보관하고, 선입선출에 의하여 출고할 수 있도록 보관하여야 한다.
③ 원자재, 시험 중인 제품 및 부적합품은 각각 선입선출 보관하여야 한다.
④ 설정된 보관기한이 지나면 재평가시스템은 없다
⑤ 품질 적합기준은 사용목적에 맞게 규정하여야 한다.

해설 우수화장품 제조 및 품질관리기준[제11조]입고관리의 내용

답 : ②

147 보관중인 원료 및 내용물의 출고관리에 대한 설명으로 옳은 것은?

① 원자재는 시험결과 적합판정된 것만을 선입선출방식으로 출고해야 하고 이를 확인할 수 있는 체계가 확립되어 있어야 한다.
② 원자재, 반제품 및 벌크 제품은 품질에 나쁜 영향을 미치지 아니하는 조건에서 보관하여야 하며 보관기한을 설정하여야 한다.
③ 원자재는 시험결과 적합판정된 것은 출고해야 하고 이를 확인할 수 있는 체계가 확립되어 있어야 한다.
④ 공급자가 부여한 제조번호 또는 관리번호 기재 한다.
⑤ 품질 적합기준은 사용 목적에 맞게 규정하여야 한다.

해설 우수화장품 제조 및 품질관리기준[제12조]출고관리의 내용

답 : ①

148 내용물 및 원료의 폐기 기준에 관한 내용으로 옳은 것은?

① 변질 · 변패 또는 병원미생물에 오염되지 아니한 경우
② 제조일로부터 1년이 경과하지 않았거나 사용기한이 1년 이상 남아있는 경우
③ 품질에 문제가 있거나 회수 · 반품된 제품의 폐기 또는 재작업 여부는 품질보증 책임자에 의해 승인되어야 한다.
④ 재 입고 할 수 없는 제품의 폐기처리규정은 작성하지 않아도 된다.
⑤ 폐기 대상은 따로 보관하고 규정에 따라 모든 것을 보관 할 수 있다.

해설 우수화장품 제조 및 품질관리기준[제22조] 폐기처리 등에 관한 내용

답 : ③

149 내용물 및 원료의 폐기 절차에 대한 설명으로 옳지 않는 것은?

① 폐기물은 생활폐기물과 지정폐기물로 구분하여 처리한다.
② 폐기물 보관소는 항상 청결히 유지하며 누수로 인한 2차 환경오염을 방지한다.
③ 폐기물 보관소로 지정된 장소에는 지정폐기물 표지판을 부착한다.
④ 폐기물은 외부 이해관계자가 지정한 배출일에 배출하여 처리될 수 있도록 한다.
⑤ 폐기물은 생활폐기물만 구분한다.

해설 수 화장품 제조 및 품질관리기준[제22조] 폐기처리 참조

답 : ⑤

150 내용물 및 원료의 변질 상태(변색, 변취 등)확인에 대한 내용으로 옳은 것은?

① 원료 및 내용물은 바닥 및 벽면으로부터 공간을 두어서 통풍과 방습이 되도록 바닥 및 내벽과는 10cm이상, 건물외벽과는 30cm이상 공간을 두어 보관
② 온도, 습도, 자외선 등에 보관조건 등에 의해 변질이 예상되는 원료는 통풍이 잘 되는 곳에 보관
③ 원료 및 내용물 규격에서 별도로 저장방법이 지정되지는 않는다.
④ 보관중 용기는 훼손, 장기보관 등으로 인하여 변질이 발생했다고 판단 될 때는 즉시 폐기 처리
⑤ 원료 및 내용물은 바닥 및 벽면으로부터 공간을 두어서 통풍과 방습이 되도록 바닥 및 내벽과는 30cm이상, 건물외벽과는 10cm이상 공간을 두어 보관

해설 우수화장품 제조 및 품질관리기준[제22조] 폐기처리 참조

답 : ①

151 포장재의 변질 상태 확인에 대한 내용으로 옳은 것은?

① 포장재 규격에서 저장방법은 별도로 지정된 것은 없다
② 보관중 훼손, 장기보관 등으로 인하여 변질이 발생했다고 판단될 경우에는 즉시 절차에 따라 폐기한다.
③ 폐기물은 구분하여 처리한다.
④ 보관소는 항상 청결히 유지하며 2차 환경오염을 방지한다.
⑤ 내용물 및 원료 보관 관리점검표는 필요할 때 작성한다.

해설 우수화장품 제조 및 품질관리기준[제22조] 폐기처리 참조

답 : ②

152 포장재의 폐기절차에 대한 내용으로 옳은 것은?

① 포장공정이 끝나면 작업 중 발생된 파손불량 자재는 수량을 파악하여 포장지시 및 기록서 등에 정리기록하고 폐기처리 한다.
② 폐기물은 구분이 없다.
③ 폐기물 보관소는 2차 환경오염을 방지하는 곳이다.
④ 폐기물 보관소로 지정된 장소에는 표지판을 부착하지 않는다.
⑤ 폐기물은 내부에 보관하면 오염을 일으킬 수 있으므로 즉시 처리 한다.

해설 우수화장품 제조 및 품질관리기준[제22조] 폐기처리 참조

답 : ①

153 작업장의 위생관리에 대한 내용으로 바르지 않은 것은?

① 곤충, 해충, 쥐를 막을 수 있는 대책을 마련하고 정기적으로 점검, 확인
② 제조, 관리 및 보관 구역 내의 벽, 전장 및 창문을 항상 청결하게 유지
③ 세척에 사용되는 세제 또는 소독제는 효능이 입증된 것을 사용
④ 제조시설이나 설비는 적절한 방법으로 청소하여야 한다.
⑤ 세척한 설비는 다음 사용 시까지 오염되지 않도록 관리

해설 세척한 설비는 다음 사용 시까지 오염되지 않도록 관리에 대한 설명

답 : ⑤

154 작업장 내 직원의 위생 기준에 관련된 내용으로 바르지 않은 것은?

① 위생관리 기준 및 절차를 마련하고 제조소 내의 모든 직원은 이를 준수
② 규정된 작업복을 착용해야 하고 음식물 등을 반입해서는 안 된다.
③ 피부에 외상이 있거나 질병이 걸린 직원은 화장품과 직접적으로 접촉되지 않도록 격리되어야 한다.
④ 방문객은 가급적 제조, 관리 구역에 들어가지 않도록 하고 불가피한 경우 직원 위생에 대한 교육 및 복장 규정에 따르도록 하고 감독 한다.
⑤ 직원의 건강이 양호해지면 작업장에 출입 할 수 있다.

해설 화장품의 품질에 영향을 주지 않는다는 의사의 소견이 필요

답 : ⑤

155 작업소 시설에 관한 내용으로 적합 하지 않은 것은?

① 제품의 품질에 영향을 주지 않는 소모품을 사용할 것
② 외부와 연결된 창문으로 환기가 잘 되도록 한다.
③ 작업소 내의 외관 표면은 가능한 매끄럽게 설계한다.
④ 수세실과 화장실은 접근이 쉬워야 하나 생산구역과 분리되어 있을 것
⑤ 바닥, 벽, 천장은 가능한 매끄럽게 설계하고, 청소, 소독제의 부식성에 저항력이 있을 것

해설 외부와의 연결된 창문은 가능한 열리지 않도록 한다.

답 : ②

156 작업장의 유지 관리에 관한 내용으로 바르지 않은 것은?

① 결함 발생, 정비 중인 설비는 고장 등 사용이 불가할 경우 표시하여야 한다.

② 유지관리 작업이 제품의 품질에 영향을 줄 수 있다.
③ 모든 제조 관련 설비는 승인된 자만이 접근, 사용하여야 한다.
④ 세척한 설비는 다음 사용 시까지 오염되니 않도록 관리 한다.
⑤ 건물, 시설 및 주요 설비는 정기적으로 점검하여 제조 및 품질관리에 지장이 없도록 유지 · 관리 · 기록 한다.

해설 유지관리 작업이 제품의 품질에 영향을 주어서는 안 된다.

답 : ②

157 작업자의 개인 위생 점검 사항이 아닌 것은?

① 감기나 외상 등의 질병 유무
② 신체용모상태(수염, 손톱, 화장상태등)
③ 피로 또는 정신적인 고민(과음, 생리등)
④ 작업실 입실 전 지정된 방법에 의한 충분한 수세, 소독
⑤ 작업복과 작업화는 착용상태로 외부출입 가능

해설 각 청정도별 작업복과 작업화는 착용상태로 외부 출입금지

답 : ⑤

158 작업자의 위생관리를 위한 작업 복장 조건으로 옳지 않은 것은?

① 먼지, 이물 등을 유발시키니 않는 재질이여야 함
② 지정된 세탁방법에 의해 훼손되지 않아야 함
③ 작업원의 안전과 건강을 보호할 수 있어야 함
④ 작업하기에 편리한 형태이어야 함
⑤ 각 작업소,제품, 청정도에 따라 용도와 상관 없음

해설 각 작업소,제품, 청정도에 따라 용도에 맞게 구분하여 사용

답 : ⑤

159 작업자 위생관리 방법에서 수세, 소독의 절차방법으로 바른 것은?

① 이물제거방법 : 머리-어깨-앞면-뒷면-팔-다리
② 이물제거방범 : 다리-팔-뒷면-앞면-어깨-머리
③ 이물제거방범 : 뒷면-앞면-다리-팔-어깨-머리
④ 이물제거방범 : 다리-팔-어깨-머리-뒷면-앞면
⑤ 이물제거방범 : 머리-팔-뒷면-앞면-어깨-다리

해설 거울을 보고 머리-어깨-앞면-뒷면-팔-다리 위에서 아랫방향으로 제거

답 : ①

160 작업자의 작업복 관리 방법으로 바르지 않는 것은?

① 사용한 작업복의 회수를 위해 회수함 비치
② 작업복은 완전 탈수, 건조시킬 것
③ 세탁된 복장은 커버를 씌워 보관
④ 세탁 주기는 오염이 심할 경우 세탁
⑤ 세탁 전, 훼손된 작업복을 확인하여 선별 폐기

해설 세탁 주기:1회/주(오염이 심할 경우는 즉시 세탁)

답 : ④

161 작업자의 위생관리를 위한 세제의 종류가 아닌 것은?

① 세탁용 합성세제(약알칼리성)
② 섬유유연제
③ 주방용 합성세제
④ 락스(염소계: 표백, 소독)
⑤ 에탄올

해설 에탄올-손 소독제

답 : ⑤

162 작업자의 위생관리를 위한 작업복 세탁방법으로 바르지 않는 것은?

① 물 30L+세제 30g에 세제를 물에 충분히 녹인 후 세탁물에 넣는다.
② 물 60L+세제 40mL에 마지막 헹굼 시, 피존 등을 넣고 2회 이상 충분히 헹군 후 탈수
③ 물 1L+세제 2g를 물에 1분이상 세탁물을 담가두었가가 2회 이상 헹군다.
④ 물 5L+락스 25mL를 세탁 후, 락스액에 10~20분 담가두었다가 헹군다.
⑤ 물 1L+세제 2g를 물에 1분이상 세탁물을 담가두었가가 1회 헹군다.

해설 주방용 합성세제는 2회 이상 헹군다.

답 : ⑤

163 작업장 내 직원의 위생기준에 대한 내용으로 바르지 않는 것은?

① 정기적인 건강검진에 관하여 사내규정을 정하고 특정 질환의 사람이 특정 작업을 할 수 없는 경우를 명시

② 수세할 시점을 정하고 사용하는 세제 또는 소독제의 종류, 사용농도 교체주기를 정한다.
③ 작업 장소에 들어가기 전에 반드시 손을 씻는다.
④ 장갑, 보안경, 마스크, 머리카락, 덮개, 신발 등도 작업복에 준하여 관리 한다.
⑤ 작업복장은 작업자가 원하는 복장으로 착용한다.

해설 각 작업장에 따라 그에 맞는 작업복의 규격을 정하고 갱의절차, 세탁방법, 세탁횟수, 착용규정을 정한다.

답 : ⑤

164 작업자의 작업 중 주의 사항으로 바르지 않은 것은?

① 개인 소지품이나 해당 작업에 적절치 못한 장신구는 작업실에 반입하지 않는다.
② 해당 작업에 적절치 못한 작업 이외의 행위를 금한다.
③ 머리카락 덮개를 쓰고 머리카락이 밖으로 나오는 것은 상관이 없다.
④ 분진이 떨어질 수 있는 기초메이크업은 금한다.
⑤ 맨손으로 화장품을 만지지 않는다.

해설 머리카락 덮개 밖으로 머리카락이 나오지 않도록 주의한다.

답 : ③

165 설비 위생관리 중 세척 규정에 포함될 내용이 아닌 것은?

① 청소, 소독 책임자 지정
② 청소계획:청소방법, 청소주기, 세척 후 평가방법
③ 필요 시, 기계 분해 조립에 관한 사항
④ 세척절차 명확화, 상세화
⑤ 이전작업 잔류물, 일반분진 세척 소독

해설 오염요소에 대한 내용

답 : ⑤

166 설비 위생관리 청소 방법으로 바르지 않은 것은?

① 청소기록을 남김
② 설비의 위에서 아래로 실시함
③ 세척제, 소독제를 사용하여 설비 외부를 청소
④ 설비의 아래에서 위로 실시함
⑤ 세척제, 소독제를 사용하여 설비 외부를 소독함

해설 설비의 위에서 아래로 실시함.

답 : ④

167 작업소 위생관리 소독 방법으로 바르지 않는 것은?

① 하절기(5~9월, 주 1회), 실내-분무 고정비품, 천정, 벽면 등-거즈에 묻혀서 닦기
② 소독액 교체 사용(1주~6개월)을 권장
③ 동절기(10~4월), 실내-분무 고정비품, 천정, 벽면 등-거즈에 묻혀서 닦기
④ 100% 정제수 사용
⑤ 중성세제(세척제)

해설 세척제/소독제, 70%에탄올, 크레졸수3%, 치아염소산나트륨액, 페놀수3%, 벤잘코늄클로라이이드10%, 글루콘산클로르헥시딘5%

답 : ④

168 작업소 위생관리 소독제 관리방법으로 바르지 않은 것은?

① 소독제 기밀용기에는 소독제의 명칭, 제조일자, 사용기한, 제조자를 표시
② 소독제 사용기한은 제조(소분)일로부터 1주일 동안 사용
③ 소독제별 전용용기 사용
④ 소독제 조제 대장 운영
⑤ 청소상태를 평가하고 청소기록을 남긴다

해설 청소상태를 평가하고 청소기록-작업실 청소에 관한 내용

답 : ⑤

169 세척제 중 금속부식성이 있는 성분은?

① 크레졸수
② 치아염소산나트륨액
③ 벤잘코늄클
④ 로라이이드
⑤ 글루콘산클로르헥시딘

해설 크레졸수(특이취), 페놀수(특이취)

답 : ②

170 작업소 위생관리의 하수구 소독 방법으로 바르지 않은 것은?

① 1N NaOH 또는 락스 희석핵을 사용하여 1L이상 배수구로 흘려 보냄
② 2% Lerades C178KR 8L로 배수구 소독

③ 바닥 배수구, 싱크배수구(주1회 청소실시)
④ 1N NaOH 또는 락스 희석액을 교대로 사용함
⑤ 청소기록을 남김

해설 소독기록을 남김

답 : ⑤

171 작업소 위생관리의 방충 시설에 관한 설명으로 바르지 않는 것은?

① 설치위치는 1.5~2.0미터
② 전기살충기(UV램프) 작업장 내부에 설치
③ 출입문에서 떨어진 곳에 설치
④ 고무판을 이용한 틈새 보완
⑤ 에어커튼의 바람의 방향은 외곽을 향하도록 설정함

해설 전기살충기(UV램프)–곤충파편이 떨어 질 수 있어 설치불가

답 : ②

172 작업소 위생관리의 방충방서의 내용으로 바르지 않은 것은?

① 출입문–출입문 하단 틈새는 외부 고무판으로 완전히 막음
② 창문–기 설치된 방충망의 틈새는 실리콘으로 막음
③ 하수구–U type trap 설치
④ 포충지수가 급격히 증가시 조치 사항–외각서식지 소독
⑤ 창문–환기를 위해 창문 전체를 막는 것이 효과적임

해설 창문은 여는 창문만이 아닌 전체를 막는 것이 효과적임

답 : ⑤

173 작업소의 청정도 관리에 대해 바르지 않은 것은?

① 각 작업소에 필요한 청정등급을 정한다.
② 부유입자, 부유균, 낙하균을 측정하는 방법, 주기에 필요한 평가방법을 정한다.
③ 청정구역별로 정해진 청정등급을 설정한다.
④ 청소방법, 청소주기 및 확인방법을 설정
⑤ 주요시설의 사용 청소, 소독, 멸균 작업에 대한 기록 및 날짜 이전에 작업한 제품명 유지 관리한 사람의 성명을 기입

해설 청소 및 소독 작업과 구분

답 : ⑤

174 작업실 등급의 분류가 바르지 않은 것은?

① 1등급 - Clean bench
② 2등급 _ 제조실, 성형실, 충전실, 내용물보관소,
③ 3등급 - 원료 칭량실. 미생물시험실
④ 3등급 - 포장실
⑤ 4등급 - 포장재보관소, 완제품보관소, 관리품보관소, 원료보관소, 갱의실, 일반시험실

해설 2등급 원료 칭량실. 미생물시험실

답 : ③

175 작업장 위생관리 등급에 따른 대상시설 관리 방법으로 바른 것은?

① 1등급-청정도 엄격관리, 내용물 완전폐색
② 2등급-화장품 내용물이 노출되는 작업실
③ 2등급-화장품 내용물이 노출이 안 되는 곳
④ 3등급-일반 작업실(내용물 완전폐색)
⑤ 4등급-청정도 엄격관리

해설 각각의 등급에 따라 내용구분

답 : ②

176 작업장 등급에 따른 청정공기 순환 방법으로 바르지 않은 것은?

① 1등급-20회/hr 이상 또는 차압관리
② 2등급-10회/hr 이상 또는 차압관리
③ 3등급-10회/hr 이상 또는 차압관리
④ 3등급-차압관리
⑤ 4등급-환기장치

해설 2등급-10회/hr 이상 또는 차압관리

답 : ③

177 화장품 생산 시설(facilities, premises, buildings)이란?

① 화장품을 생산하는 설비와 기기가 들어있는 건물, 작업실, 건물 내의 통로, 손을 씻는 시설 등을 포함하여 원료, 포장재, 완제품, 설비, 기기를 외부와 주위 환경 변화로부터 보호하는 것이다.

② 쥐, 해충 및 먼지 등 막을 수 없는 시설
③ 작업대 등 제조에 필요한 시설 및 기구는 없어도 된다.
④ 가루가 날리는 작업실은 따로 시설를 마련하지 않는다.
⑤ 제품은 생산과 동시에 바로 출하시킨다.

해설 화장품법 시행규칙 제6조(시설기준 등)

답 : ①

178 화장품 작업소로 적합하지 않는 것은?

① 환기가 잘 되고 청결할 것
② 각 제조구역별 청소 및 위생관리 절차에 따라 효능이 입증된 세척제 및 소독제를 사용할 것
③ 수세실과 화장실은 접근이 쉬워야 하니 생산구역 안에 있어야할 것
④ 제품의 오염을 방지하고 적절한 온도 및 습도를 유지할 수 있는 공기조화시설 등 적절한 환기시설을 갖출 것
⑤ 작업소 내의 외관 표면은 가능한 매끄럽게 설계하고, 청소, 소독제의 부식성에 저항력이 있을 것

해설 수세실과 화장실은 접근이 쉬워야 하나 생산구역과 분리되어 있을 것
화장품법 시행규칙 제6조(시설기준 등)

답 : ③

179 새로운 건물의 설계와 구 건물의 증, 개축시 제조 작업의 합리화를 도모하기 위해 사람과 물건의 움직임과 혼동 방지 및 오염 방지를 목적으로 설계할 때 주요 고려사항이 아닌 것은?

① 인동선과 물동선의 흐름경로를 교차 오염의 우려가 없도록 적절히 설정한다.
② 교차가 불가피 할 경우 작업에 "시간차"를 만든다.
③ 사람과 대차가 교차하는 경우 "유효폭"을 충분히 확보한다.
④ 공기의 흐름을 고려한다.
⑤ 개인은 직무를 수행하기 위해 알맞은 복장을 갖춰야 한다.

해설 직원준수사항

답 : ⑤

180 화장품 생산 설비중 공기 조절 장치가 필요한 목적은 무엇인가?

① 환기 및 습도관리를 할 필요는 없다.
② 공기 조절은 먼지, 미립자, 미생물을 공중에 날아 올라가게 만들어서 제품에 부착시킬 가능성이 없다.
③ CGMP 지정을 받기 위해서는 청정도 기준에 제시된 청정도 등급 이상으로 설정하여야 하며 청정등급을 설정한 구역은 설정 등급의 유지여부를 정기적으로 모니터링 하여 설정 등급을 벗어나지 않도록 관리한다.
④ 공기 조절 시설을 설치한다면 일정한 수준 이하로 해야 한다.
⑤ 청정등급을 설정한 구역은 설정 등급의 유지여부를 단기적으로 모니터링하여 관리한다.

해설 환기 및 습도관리가 필요하고, 제품과 직원에 대한 오염 방지이나 오염의 원인을 제거

답 : ③

181 식품의약품안전처에서는 우수화장품 제조 및 품질관리기준(CGMP)의 세부사항을 정하고 우수한 화장품을 제조 · 공급 및 품질관리하기 위한 기준으로서 직원, 시설 · 장비 및 원자재, 반제품, 완제품 등의 취급과 실시방법을 정한 것이다. 이에 CGMP의 3대요소인 것은?

① 인위적인 과오의 최대화
② 미생물오염 및 교차오염으로 인한 품질저하 방지
③ 품질관리체계의 무시
④ 미생물오염으로 인한 품질향상 수립
⑤ 잠재적인 문제를 상승 시킴

답 : ②

182 우수화장품 제조 및 품질관리기준 적합판정을 받고자 할 때 필요한 구비서류가 아닌 것은?

① 우수화장품 제조 및 품질관리기준에 따른 3회 이상 적용 · 운영한 자체평가표
② 화장품 제조 및 품질관리기준 운영조직
③ 제조소의 시설내역
④ 제품관리현황
⑤ 품질관리현황

답 : ④

183 공기 조절의 4대 요소가 아닌 것은?

① 청정도 (공기정화기)
② 실내온도 (열교환기)

③ 습도 (가습기)
④ 작업소 (공기정화기)
⑤ 기류 (송풍기)

답 : ④

184 공기 조화 장치에 들어가는 에어필터중 M/F의 특징이 아닌 것은?

① 0.5㎛입자들 95%이상 제거
② Clean Room 정밀기계공업등에 Hapa Filter 전처리용으로 사용
③ 공기정화, 산업공장등 최종Filer로 사용
④ Frame은 P/Board or G/Steel등으로 제작되어 견고하다.
⑤ Bag Type은 먼지 보유량이 적고 수명이 짧다.

해설 Bag Type은 먼지 보유량이 크고 수명이 길다.

답 : ⑤

185 화장품 생산 설비에 필요한 사항이 아닌 것은?

① 대체화장품
② 설계, 설치, 검정
③ 세척, 소독
④ 유지관리
⑤ 사용기한

답 : ①

186 화장품 생산 설비에서 포장설비의 설계시 고려해야 하는 것이 아닌 것은?

① 물리적인 오염물질 축적의 육안식별이 용이하게 해야 한다.
② 효율적이며 안전한 조작을 위한 적절한 공간이 제공되어야 한다.
③ 제품과 접촉되는 부위의 청소 및 위생관리가 용이하게 만들어져야 한다.
④ 화학반응을 일으키거나, 제품에 첨가되거나, 흡수되어야 한다.
⑤ 제품과 포장의 변경이 용이하여야 한다.

답 : ④

187 곤충, 해충이나 쥐를 막을 수 있는 방충 대책으로 맞는 것은?

① 골판지, 나무 부스러기를 방치한다.
② 배기구, 흡기구에 필터를 단다.
③ 벽, 천장, 창문, 파이프 구멍에 틈을 만들어 준다.
④ 개방할 수 있는 창문을 만든다.
⑤ 창문은 햇빛이 잘 들어오도록 해준다.

답 : ②

188 청소 방법과 위생 처리에 대한 사항으로 맞지 않는 것은?

① 청소에 사용되는 용구(진공청소기 등)은 찾기 쉬운 장소에 보관되어야 한다.
② 공조시스템에 사용된 필터는 규정에 의해 청소되거나 교체되어야 한다.
③ 제조 공정과 포장 지역에서 재료의 운송을 위해 사용된 기구는 필요할 때 청소되고 위생 처리되어야 하며, 작업은 적절하게 기록되어야 한다.
④ 물질 또는 제품 필터들은 규정에 의해 청소되거나 교체되어야 한다.
⑤ 제조 공정과 포장에 사용한 설비 그리고 도구들은 계획과 절차에 따라 위생 처리되어야하고 기록되어야 한다. (청소완료 표시서)

답 : ①

189 화장품 생산 설비의 세척시 물 또는 증기만으로 세착하는 것이 좋다. 그러면, 세제(계면활성제)를 사용한 설비 세척은 권장하지 않는 이유로 맞는 것은?

① 세제는 설비 내벽에 남지 않는다.
② 잔존한 세척제는 제품에 영향을 미치지 않는다.
③ 세제가 잔존하고 있지 않는 것을 설명하기에는 고도의 화학 분석이 필요하다.
④ 쉽게 물로 제거하도록 설계된 세제라서 흐르는 물로 헹구면 완전히 제거할 수 있다.
⑤ 설비 구석에 남은 세제를 간단히 제거할 수 있다.

답 : ③

190 화장품 설비는 유효기간을 설정해 놓고 유효기간이 지난 설비는 세척을 하여한다. 이때 필요한 설비세척의 원칙으로 맞지 않는 것은?

① 판정 후의 설비는 건조 · 밀폐해서 보존한다.
② 분해할 수 있는 설비는 분해해서 세척한다.
③ 위험성이 없는 용제(물이 최적)로 세척한다.
④ 세척 후는 반드시 "판정"한다.
⑤ 브러시 등으로 문질러 세척하면 안된다.

답 : ⑤

191 방, 벽, 구역 등의 청정화 작업을 "청소" 라고 한다. 청소에 관한 주의사항으로 틀린 것은?

① 세제를 사용한다면 사용하는 세제명을 정해 놓고 세제명을 기록한다.
② 판정기준은 구체적인 육안판정기준을 제시한다.
③ 절차서를 작성시 책임자은 기재하지 않아도 된다.

④ 사용한 기구, 세제, 날짜, 시간, 담당자명 등 기록을 남긴다.
⑤ "청소결과" 를 표시한다.

답 : ③

192 생산 설비의 유지관리 주요사항으로 틀린 것은?

① 점검항목 : 외관검사, 작동점검, 기능측정, 청소, 부품교환, 개선등 예방적 실시(Preventive Maintenance)가 원칙이다.
② 설비마다 절차서를 작성할 필요는 없다.
③ 년간 계획을 가지고 실행한다.
④ 점검체크시트를 사용하면 편리하다.
⑤ 유지하는 "기준"은 절차서에 포함한다.

답 : ②

193 설비별 관리 방안으로 틀린 것은?

① 탱크(TANKS) : 탱크는 적절한 커버를 갖춰야 하며 청소와 유지관리를 쉽게 할 수 있어야 한다.
② 펌프(PUMPS) : 펌프는 각 작업에 맞게 선택되어야 하고, 내용물의 자유로운 배수를 위해 전형적인 PD Lobe 펌프를 설치해야 한다. 미생물 오염을 방지하기 위해서 펌프의 분해와 일상적인 청소/위생(세척/위생처리) 절차가 필요하게 된다.
③ 혼합과 교반 장치(MIXING AND AGITATION EQUIPMENT) : 혼합기는 제품에 영향을 미치므로 안정적으로 의도된 결과를 생산하는 믹서를 고르는 것이 매우 중요하다.
④ 호스(HOSES) : 화장품 생산 작업에 훌륭한 유연성을 제공하기 때문에 한 위치에서 또 다른 위치로 제품의 전달을 위해 화장품 산업에서 광범위하게 사용된다. 이들은 조심해서 선택되고 사용되어야만 하는 중요한 설비의 하나이다.
⑤ 필터, 여과기 그리고 체(FILTERS, STRAINERS AND SIEVES) : 온도, 압력, 흐름, pH, 점도, 속도, 부피 그리고 다른 화장품의 특성을 측정 및 또는 기록하기 위해 사용되는 기구이다.

답 : ⑤

194 설비별 세척(청소)과 위생처리로 틀린 것은?

① 게이지와 미터 : 일반적으로 청소를 위해 해체되지 않을 지라도, 설계 시 제품과 접하는 부분의 청소가 쉽게 만들어져야 한다.

② 이송 파이프 : 청소와 정규 검사를 위해 쉽게 해체될 수 있는 파이프 시스템이 다양한 사용조건을 위해 고려되어야 한다. 시스템은 밸브와 부속품이 일반적인 오염원이기 때문에 최소의 숫자로 설계되어야 한다.
③ 혼합과 교반 장치 : 다양한 작업으로 인해 혼합기와 구성 설비의 빈번한 청소가 요구될 경우, 쉽게 제거될 수 있는 혼합기를 선택하면 철저한 청소를 할 수 있다.
④ 탱크 : 세척하기 어렵게 고안되어야 한다.
⑤ 펌프 : 효과적인 청소와(세척과) 위생을 위해 각각의 펌프 디자인을 검증해야 하고 철저한 예방적인 유지관리 절차를 준수해야 한다.

답 : ④

195 제조 설비별 안전 설비 설명으로 틀린 것은?

① 탱크 시스템들은 산업 안전 등에 관련된 법규와 요건들을 따르지 않아도 된다.
② 펌프 설계는 펌핑 시 생성되는 압력을 고려해야 하고 적합한 위생적인 압력 해소 장치가 설치되어야 한다.
③ 호스 설계와 선택은 적용시의 사용 압력/온도범위를 고려해야 한다.
④ 파이프 시스템 설계는 생성되는 최고의 압력을 고려해야 한다. 사용 전, 시스템은 정수압 적으로 시험되어야 한다.
⑤ 필터, 여과기 시스템 설계는 모든 여과조건하에서 생기는 최고 압력들을 고려해야 한다.

답 : ①

196 문서화의 목적은 무엇으로 가장 맞게 설명한 것인가?

① 문서에는 절차서, 지시서, 기록서, 품질규격서, 프로토콜, 보고서, 시방서, 원자료 등
② CGMP에서는 제품의 모든것만 문서로 남긴다.
③ 매사를 정확하고, 화장품 제조의 CGMP활동을 모두 기재한다.
④ 손으로 기입한다.
⑤ 종류에 따라 기록서를 작성한다.

답 : ③

197 CGMP 문서의 4분류로 맞는 것은?

① 일반문서, 제품표준서, 기술보고서, 관리문서
② CGMP 문서, 표준작업절차서, 기록서, 관리문서
③ 원료대장, 포장재 취급절차서, 제조절차서, 검체채취 절차서

④ 분석절차서, 품질보증 절차서, 각종 관리절차서, 취급설명서
⑤ 기기의 시방서, 취급설명서, 위탁회사와의 계약서, 품질보증서

답 : ②

198 포장재 설비의 종류가 아닌 것은?

① 제품 충전기
② 뚜껑덮는 장치
③ 칭량장치
④ 용기 공급장치
⑤ 코드화기기

답 : ③

199 "제조번호" 또는 "뱃치번호"란?

① 제조 및 품질 관련 문서에 명기된 설비로 제품의 품질에 영향을 미치는 필수적인 설비를 말한다.
② 제조공정 단계에 있는 것으로서 필요한 제조공정을 더 거쳐야 벌크 제품이 되는 것을 말한다.
③ 일정한 제조단위분에 대하여 제조관리 및 출하에 관한 모든 사항을 확인할 수 있도록 표시된 번호로서 숫자 · 문자 · 기호 또는 이들의 특정적인 조합을 말한다.
④ 충전(1차포장) 이전의 제조 단계까지 끝낸 제품을 말한다.
⑤ 하나의 공정이나 일련의 공정으로 제조되어 균질성을 갖는 화장품의 일정한 분량을 말한다.

답 : ③

200 원자재 용기 및 시험기록서의 필수적인 기재 사항이 아닌 것은?

① 원자재 공급자가 정한 제품명
② 공급자가 부여한 제조번호 또는 관리번호
③ 수령일자
④ 보증일자
⑤ 원자재 공급자명

답 : ④

201 원료 및 포장재의 구매시 고려해야 할 사항으로 맞는 것은?

① 요구사항을 만족하는 품목과 서비스를 지속적으로 수급할 수 있는 능력평가를 근거로 한 수급자의 체계적 선정과 승인

② 합격판정기준에 결함이나 일탈 발생 시의 승인
③ 협력이나 감사와 같은 회사와 수급자간의 관계 및 상호 작용의 정립
④ 운송 조건에 대한 기술 조항 발생시 조치
⑤ 요구사항을 만족하는 품목과 서비스를 지속적으로 공급할 수 있는 능력평가를 근거로 한 공급자의 체계적 선정과 승인

답 : ⑤

202 공급자(제조원) 선정 시 주의사항으로 맞는 것은?

① 충분한 정보를 제공할 수 없다.
② 원료 · 포장재 일반정보, 안전성 정보, 안정성 · 사용기한 정보, 시험기록등 정보 제공한다.
③ 구입이 결정되면 품질계약서는 교환할 필요 없다.
④ 변경사항을 알려주지 않아도 무방하다.
⑤ 방문감사와 서류감사를 수용할 수 없다.

답 : ②

203 원료 및 포장재의 확인시 포함해야 할 정보가 아닌 것은?

① 인도문서와 포장에 표시된 품목 · 제품명 확인
② 공급자가 부여한 뱃치 정보(batch reference)와 다르다면 수령 시 주어진 뱃치 정보를 확인
③ CAS번호(적용 가능한 경우) 확인
④ 수령 일자와 수령 확인번호
⑤ 공급자가 명명한 제품명과 다르다면 반품

답 : ⑤

204 원료와 포장재의 관리에 필요한 사항이 아닌 것은?

① 사용기한 설정
② 발주, 입고, 식별 · 표시, 합격 · 불합격, 판정, 보관, 불출
③ 보관 환경 설정
④ 수급자 결정
⑤ 중요도 분류

답 : ④

205 원료, 포장재 입고시 검체채취 절차로 바르지 않는 것은?

① 입고된 장소에서 실시한다.
② 검체채취 절차를 정해 놓는다.
③ 검체채취 한 용기에는 "시험 중"라벨을 부착한다.
④ 원료 등에 대한 오염이 발생하지 않는 환경
⑤ 뱃치를 대표하는 부분에서 검체 채취를 한다.

답 : ①

206 원료, 포장재 출고관리시 틀린 것은?

① 오직 승인된 자만이 원료 및 포장재의 불출 절차를 수행할 수 있다.
② 뱃치에서 취한 검체가 모든 합격 기준에 부합할 때 뱃치가 불출될 수 있다.
③ 모든 보관소에서는 선입선출의 절차가 사용되어야 한다.
④ 나중에 입고된 물품이 사용(유효)기한이 짧은 경우 먼저 입고된 물품보다 먼저 출고할 수 있다.
⑤ 원료와 포장재는 불출되기 전까지 사용하고 격리를 위해 특별한 절차가 이행되어야 한다.

답 : ⑤

207 원료, 포장재의 적절한 보관을 위해 고려해야 할 사항이 아닌 것은?

① 원료와 포장재의 용기는 밀폐되어, 청소와 검사가 용이하도록 충분한 간격으로, 바닥과 떨어진 곳에 보관되어야 한다.
② 보관 조건은 각각의 원료와 포장재에 적합하여야 하고, 과도한 열기, 추위, 햇빛 또는 습기에 두어야 한다.
③ 원료와 포장재가 재포장될 경우, 원래의 용기와 동일하게 표시되어야 한다.
④ 물질의 특징 및 특성에 맞도록 보관, 취급되어야 한다.
⑤ 특수한 보관 조건은 적절하게 준수, 모니터링 되어야 한다.

답 : ②

208 원료, 포장재의 재고조사의 필요성으로 맞지 않은 것은?

① 원료 및 포장재는 정기적으로 재고조사를 실시한다.
② 장기 재고품의 처분 및 선입선출 규칙 확인이 목적이다.
③ 중대한 위반품이 발견되었을 때에는 일탈처리를 한다.
④ 재고의 회전은 중요하지 않다.

⑤ 재고의 신뢰성을 보증하고, 모든 중대한 모순을 조사하기 위해 주기적인 재고조사가 시행되어야 한다.

답 : ④

209 **원료, 포장재의 보관 환경의 중요성이 아닌 것은?**

① 재고품은 선입선출이 원칙이다.
② 원료 및 포장재 보관소의 출입을 제한한다.
③ 오염방지를 위해서 시설대응, 동선관리가 필요하다.
④ 방충방서의 대책이 필요하다
⑤ 필요시 온도, 습도 설정한다.

답 : ①

210 **원료, 포장재의 사용기한 설명이다. 틀린 것을 고르시오.**

① 원칙적으로 원료공급처의 사용기한을 준수하여 보관기한을 설정하여야 한다.
② 사용기한내에서 자체적인 재시험 기간과 최대 보관기한을 설정 · 준수해야 한다
③ 보관기한이 규정되어 있지 않은 원료는 품질부문에서 적합하지 않으므로 보관기한을 정할 수 없다.
④ 물질의 정해진 보관 기한이 지나면, 해당 물질을 재평가하여 사용 적합성을 결정하는 단계들을 포함해야 한다.
⑤ 원료의 허용 가능한 보관 기한을 결정하기 위한 문서화된 시스템을 확립해야 한다.

답 : ③

211 **보관기한이 지난 원료를 재사용할 수 있게 원료의 최대보관기한을 재설정하는 방법은 무엇인가?**

① 원료의 재사용
② 원료의 재평가
③ 원료의 재보관
④ 원료의 재설정
⑤ 원료의 재허용

답 : ②

212 **화장품 제조에 사용되는 물(탈이온화(deionization), 증류 또는 역삼투압 처리 유무에 상관없이)에 대한 절차서는 다음과 같은 사항들을 보장해야 한다. 이중 틀린 것은?**

① 규정된 품질의 물을 공급해야 하고, 물 처리 설비에 사용된 물질들은 물의 품질에 영향을 미쳐서는 안 된다.

② 화학적, 물리적, 미생물학적 규격서에 대한 적합성 검증을 위한 적절한 모니터링과 시험이 필요하다.
③ 오염의 위험과 물의 정체(stagnation)를 예방할 수 있어야 한다.
④ 미생물의 오염을 방지하기 위해 고안되고 적절한 주기와 방법에 따라 청결과 위생관리가 이루어지는 시스템을 통해 물을 공급해야 한다.
⑤ 수돗물 물을 이용하여 화장품을 제조할 수 있다.

답 : ⑤

213 용수의 고려할 점으로 알맞지 않은 것은?

① 사용하는 물의 품질을 목적별로 정해 놓는다.
② 사용수의 품질을 주기별로 시험항목을 설정해서 시험한다.
③ 제조 용수 배관에는 정체방지와 오염방지 대책을 해 놓는다.
④ 손 씻기용 용수는 정제수로 사용해야 한다.
⑤ 제품 용수는 화장품 제조시 적합한 정제수를 사용한다.

답 : ④

214 제품표준서에 품목별로 포함되어야 하는 사항이 아닌 것은?

① 재작업 방법
② 작성 년월일
③ 작업중 주의사항
④ 사용기한 또는 개봉후 사용기간
⑤ 효능, 효과 및 사용상의 주의사항

답 : ①

215 제품관리기준서에 포함되어야 하는 사항이 아닌 것은?

① 제조공정관리에 관한 사항
② 제조 및 품질관리에 관한 사항
③ 원자재 관리에 관한 사항
④ 완제품 관리에 관한 사항
⑤ 위탁제조에 관한 사항

답 : ②

216 (   )이란 제품이 적합 판정 기준에 충족될 것이라는 신뢰를 제공하는데 필수적인 모든 계획되고 체계적인 활동을 말한다. 괄호안에 들어갈 말은 무엇인가?

① 제조단위
② 유지보수

③ 벌크제품 ④ 품질보증
⑤ 유지관리

답 : ④

217 품질관리기준서에 포함되어야 할 사항으로 맞지 않은 것은?

① 안정성시험
② 시험검체 채취방법 및 채취 시의 주의사항과 채취 시의 오염방지대책
③ 위탁시험 또는 위탁 제조하는 경우 검체의 송부방법 및 시험 결과의 판정방법
④ 시험지시번호, 지시자 및 지시연월일
⑤ 제조시설의 세척 및 평가

답 : ⑤

218 제조 작업을 위한 문서관리 순서로 맞는 것은?

① 제조지시서 발행→제조기록서 완결→제조→제조기록서 발행→뱃치기록서 완결→문서보관
② 제조지시서 발행→문서보관→제조기록서 발행→제조→제조기록서 완결→뱃치기록서 완결
③ 제조지시서 발행→제조기록서 발행→제조→제조기록서 완결→뱃치기록서 완결→문서보관
④ 제조지시서 발행→제조기록서 발행→제조기록서 완결→제조→뱃치기록서 완결→문서보관
⑤ 제조지시서 발행→뱃치기록서 완결→제조기록서 발행→제조→제조기록서 완결→문서보관

답 : ③

219 칭량, 계량할 때 주의사항이 아닌 것은?

① 칭량시 2명이 작업하는 것을 권장한다.
② 원료나 벌크제품을 담는데 사용하는 모든 설비나 용기도 내용물을 쉽게 확인할 수 있도록 분명히 표시하여야 한다.
③ 칭량한 원료를 넣는 용기가 청결한 것을 확인한다.
④ 칭량 중에는 창문을 열고 환기를 시키면서 작업을 실시해야 한다.
⑤ 처방에 표시된 대로, 각 원료는 적절한 용기로 측정 및 칭량되거나 또는 직접 제조설비로 옮겨져야 한다.

답 : ④

220 칭량, 계량 후의 적절한 표시 내용은 어느 것인가?

① 품명 또는 확인코드
② 특수한 보관 기관
③ 특별이 부여한 번호
④ 특별한 보관일
⑤ 특별한 코드 부여

답 : ①

221 공정관리 작업시 주의사항으로 틀린 것은?

① 통상 발생하지 않는 작업과 처리에도 절차서를 작성한다.
② 모든 작업에 절차서를 작성하고 절차서에 따라 작업을 한다.
③ 작업은 마음대로 바꾸지 않는다.
④ 개선안을 필요없다.
⑤ 실행하지 않는 작업에는 "실행하지 않는" 것을 기재한 절차서가 필요하다.

답 : ④

222 공정관리는 관리기준 설정해서 실시한다. 올바르지 않는 것은?

① 시험의 판정기준을 설정한다.
② 제품 품질에 영향을 주는 공정은 관리하지 않는다.
③ 개발 및 제조 실적 데이터로 결정한다.
④ 공정 검체채취 및 시험은 품질부서가 실시하는 것이 원칙으로 한다.
⑤ 검체채취 방법과 시험방법을 품질부서가 승인하고 제조부원이 검체 채취하고자 하는 경우 적절한 교육을 받고 자격이 인증되어야 한다.

답 : ②

223 제조된 벌크 제품의 보관방법이다. 틀린 것은?

① 변질되기 쉬운 벌크는 재사용하지 않는다.
② 여러 번 재보관하는 벌크는 조금씩 나누어서 보관한다.
③ 남은 벌크를 재보관하고 재사용 할 수 없다.
④ 원래 보관 환경에서 보관한다.
⑤ 다음 제조 시에는 우선적으로 사용한다.

답 : ③

224 화장품 포장재의 정의로 가장 올바르게 설명한 것은?

① 포장재에는 단일 재료로 한다.
② 일차포장재, 이차포상재, 각종 라벨, 봉함 라벨등 포장재에 포함된다. 라벨에는 제품 제조번호 및 기타 관리번호를 기입하므로 실수방지가 중요하여 라벨은 포장재에 포함하여 관리하는 것을 권장한다.
③ 라벨에는 제품 제조번호 및 기타 관리번호를 기입하므로 별도로 분류하여 관리하는 것을 권장한다.
④ 일차포장재, 이차포장재, 각종 라벨, 봉함 라벨등은 포장재가 포함되지 않는다.
⑤ 제조번호는 각각의 완제품에 지정되어야 한다.

답 : ②

225 포장을 시작하기 전에 가장 먼저 시행해야하는 작업은 무엇인가?

① 공정검사 기록과 합격기준에 미치지 못한 경우의 처리 내용을 관리자에게 보고하고 기록하여 관리한다.
② 포장 라인의 청소는 세심한 주의가 필요한 작업이다.
③ 용량 관리, 기밀도, 인쇄 상태 등 공정 중 관리는 포장하는 동안에 정기적으로 실시되어야 한다.
④ 제조번호는 각각의 완제품에 지정되어야 한다.
⑤ 작업 전 청소상태 및 포장재 등의 준비 상태를 점검하는 체크리스트를 작성하여 기록관리 한다.

답 : ⑤

226 포장작업의 문서화된 공정에 따라 수행되었을 때 장점은 무엇인가?

① 주어진 제품의 각 뱃치가 규정된 방식으로 제조되어 각 포장작업마다 균일성을 확보하게 된다.
② 문서화된 공정은 보통 절차서, 작업지시서 또는 규격서로 존재한다.
③ 관련 문서들은 포장작업의 모든 단계에서 이용할 수 있어야 한다.
④ 완제품 포장에 필요한 모든 포장재 및 벌크제품을 확인할 수 있다.
⑤ 포장작업 완료 후, 제조부서책임자가 서명 및 날짜를 기입해야 한다.

답 : ①

227 포장라인에서 포장작업 동안 최소한 확인해야 할 정보는 어느 것인가?

① 확인코드, 제조번호, 원재료양

② 포장라인명, 확인코드, 케이스 패킹
③ 포장라인명, 제조번호, 포장책임자
④ 포장라인명, 완제품명, 완제품의 뱃지
⑤ 완제품 벳치, 제조번호, 포장재

답 : ④

228 완제품의 적절한 보관, 취급 및 유통을 보장하는 절차서에 포함될 사항이 아닌 것은?

① 재고 회전은 선입선출 방식으로 사용 및 유통되어야 한다.
② 유통되는 제품은 추적이 용이해야 한다.
③ 재질 및 제품의 관리와 보관은 어렵게 확인할 수 있는 방식으로 수행된다.
④ 파레트에 적재된 모든 재료에는 명칭 또는 확인 코드, 제조번호, 보관 조건, 불출 상태등을 표시되어야 한다.
⑤ 적당한 조명, 온도, 습도, 정렬된 통로 및 보관 구역 등적절한 보관 조건

답 : ③

229 완제품 보관 검체의 주요 사항이 아닌 것은?

① 사용기한 경과 후 1년간 또는 개봉 후 사용기간을 기재하는 경우에는 제조일로부터 3년간 보관한다.
② 포장작업 완료 보관한다.
③ 제품을 그대로 보관한다.
④ 각 뱃치를 대표하는 검체를 보관한다.
⑤ 일반적으로는 각 뱃치별로 제품 시험을 2번 실시할 수 있는 양을 보관한다.

답 : ②

230 제품의 보관 환경으로 틀린 것은?

① 방충, 방서 대책
② 오염방지
③ 온도, 습도, 차광
④ 출입제한
⑤ 시설대응, 동선 관리 불필요

답 : ⑤

231 반제품은 품질이 변하지 아니하도록 적당한 용기에 넣어 지정된 장소에서 보관해야 하며 용기에 다음 사항을 표시해야 한다. 아닌 것은?

① 완료된 공정명
② 원자재 공급자명

③ 명칭 또는 확인코드
④ 필요한 경우에는 보관조건
⑤ 제조번호

답 : ②

232 원료, 포장재의 재평가에 대해 맞게 설명한 것은?

① 재평가방법을 확립해 두면 사용 기한이 지난 원료 및 포장재를 폐기할 수 있다.
② 재평가방법을 확립해 두면 사용 기한이 지난 원료 및 포장재를 재평가해서 사용할 수 있다.
③ 재평가방법에는 원료 등 및 화장품 제조의 단기 안정성 데이터의 뒷받침이 필요 있다.
④ 재평가방법을 확립해 두면 사용 기한이 지난 원료 및 포장재를 재평가해서 사용할 수 없다.
⑤ 재평가방법에는 원료 등 및 화장품 제조의 장기 안정성 데이터의 뒷받침이 필요없다.

답 : ②

233 기준일탈 제품의 처리에서 재작업(Reprocessing)의 정의는?

① 재작업 처리의 실시는 품질보증 책임자가 결정하는 것이다.
② 재작업을 해도 제품 품질에 악영향을 미치는 것을 예측해야 한다.
③ 적합판정기준을 벗어난 완제품 또는 벌크제품을 재처리하여 품질이 적합한 범위에 들어오도록 하는 작업을 말한다.
④ 기준일탈 제품은 폐기하는 것이 가장 바람직하다.
⑤ 먼저 권한 소유자에 의한 원인 조사가 필요하다.

답 : ③

234 기준일탈 제품의 처리에서 재작업의 절차가 아닌 것은?

① 품질이 확인되고 품질보증 책임자의 승인을 얻지 않아도 재작업품은 다음 공정에서 사용할 수 있다.
② 승인이 끝난 재작업 절차서 및 기록서에 따라 실시한다.
③ 재작업 전의 품질이나 재작업 공정의 적절함 등을 고려하여 제품 품질에 악영향을 미치지 않는 것을 재작업 실시 전에 예측한다.
④ 재작업 한 최종 제품 또는 벌크제품의 제조기록, 시험기록을 충분히 남긴다.
⑤ 재작업 처리 실시의 결정은 품질보증 책임자가 실시한다.

답 : ①

제4과목

맞춤형 화장품의 이해

적중예상문제

1 식약처장이 정하는 자격시험에 합격하여 맞춤형화장품을 혼합 · 소분하는 업무에 종사하는 사람을 ( )라고 한다.

해설 화장품법 제2조

답 : 맞춤형화장품 조제관리사

2 "소비자화장품감시원"의 직무에 해당하지 않는 것은?

① 유통 중인 화장품 기재사항에 따른 표시기준에 맞지 아니한 표시를 한 화장품인 경우 행정관청에 신고하거나 그에 관한 자료를 제공한다.
② 관계 공무원이 하는 출입, 검사, 질문, 수거의 지원을 한다.
③ 부당한 표시, 광고 행위에 해당하는 광고를 한 화장품인 경우 행정관청에 신고하거나 그에 관한 자료를 제공한다.
④ 위해화장품의 관계 공무원의 물품 회수 폐기 등의 업무를 지원한다.
⑤ 자발적 관리지원 등의 행정처분의 이행 여부 확인 등의 업무지원은 하지 않는 게 원칙이다.

해설 시행규칙(법 제18조의2 소비자화장품안전관리감시원) 참고

답 : ⑤

3 화장품 감시공무원의 임명권자는 누구인가?

① 도시자
② 지방식품의약품안전청장
③ 시장, 군수
④ 구청장
⑤ 특별자치도지사

해설 화장품법 제18조제1항 시행규칙 제24조(관계 공무원의 자격 등), 제26조의 2(소비자화장품안전관리감시원의 자격 등)

답 : ②

4 "소비자화장품안전관리감시원"으로 위촉할 수 없는 사람은?

① 법 제17조(단체 설립)에 따라 설립된 단체의 임직원 중 해당 단체의 장이 추천한 사람
② 소비자 기본법에 따라 소비자단체의 임직원 중 해당 단체의 장이 추천한 사람
③ 제8조 화장품 안전기준 등에 제1항 각 호의 어느 하나에 해당하는 사람
④ 식품안전처장이 정하여 고시하는 교육과정을 마친 사람

⑤ 시 · 도지사가 정하여 고시하는 교육과정을 마친 사람

해설 화장품법 제18조의 2제1항 시행규칙 제26조의2((소비자화장품안전관리감시원의 자격 등)

답 : ⑤

5 **소비자화장품감시원에 관한 설명으로 바르지 않은 것은?**

① 소비자화장품감시원의 운영에 필요한 사항은 식품의약품 안전처장이 정하여 고시한다.
② 식품의약품안전처장 또는 지방식품의약품안전청장은 소비자화장품감시원의 활동을 지원하기 위하여 예산의 범위에서 수당 등을 지급해서는 안 된다.
③ 소비자화장품감시원의 임기는 2년으로 하되 연임 할 수 있다.
④ 행정처분의 이행 여부 확인 등의 업무를 지원한다.
⑤ 관계 공무원이 위해화장품의 물품 회수, 폐기 등의 업무를 지원한다.

해설 화장품법 제18조의 2제1항 시행규칙 제26조의2((소비자화장품안전관리감시원의 자격 등)

답 : ②

6 **소비자화장품감시원의 임기는 몇 년 인가?**

① 1년 ② 2년
③ 3년 ④ 4년
⑤ 5년

해설 화장품법 제18조의 2제1항 시행규칙 제26조의2((소비자화장품안전관리감시원의 자격 등)

답 : ②

7 **2인 이하의 소상공인을 대상으로 전문교육을 실시하는 교육기관이 아닌 것은?**

① (사)대한화장품협회 ② (사)대한화장품산업연구원
③ 한국사이버진흥원 ④ 한국의약품수출입협회
⑤ 한국보건산업진흥원

답 : ③

8 **화장품의 정의이다. 빈 칸에 들어갈 알맞은 것은?**

화장품이라 함은 인체를 청결, 미화하여 매력을 더하고 용모를 밝게 변화시키거나 피부. 모발의 건강을 유지 또는 증진하기 위하여 인체에 사용되는 물품으로 인체에 대한 작용이 (   )한 것을 말한다.

해설 화장품법 제2조1항

답 : 경미

9 **정상인이 사용하는 물품 중에서 어느 정도의 약리학적으로 효능 및 효과를 나타내는 물품으로 치약, 스프레이 파스 등을 (   )이라고 한다.**

해설 약사법 개정에 의해 2000년 7월 1일부터 종래의 의약 의약부외품과 위생용품이 통합되어 의약외품으로 분류됨.

답 : 의약외품

10 **판매장에서 고객의 개인별 피부 특성이나 색, 향 등의 기호 · 요구를 반영하여 화장품의 내용물을 소분하거나 화장품의 내용물을 다른 화장품의 내용물에 혼합한 화장품을 무엇이라고 하는가? (   )**

해설 화장품법 제 2조3의2 맞춤형화장품의 정의

답 : 맞춤형화장품

11 **국내외에서 유해물질이 포함되어 있는 것으로 알려지는 등 국민보건상의 위해 우려가 제기되는 화장품 원료 등의 경우에는 총리령으로 정하는 바에 따라 위해요소를 신속히 평가하여 그 위해 여부를 결정해야 하는 사람은 누구인가? (   )**

해설 화장품법 제3장 제 8조(화장품 안전기준 등)

답 : 식품의약품안전처장

12 **화장품 안전기준 등에 관한 설명이다. 알맞지 않은?**

① 식품의약품안전처장은 화장품의 제조 등에 사용할 수 없는 원료를 지정하여 고시하여야 한다.

② 식품의약품안전처장은 위해평가가 완료된 경우에는 해당 화장품 원료 등을 화장품의 제조에 사용할 수 없는 원료로 지정하거나 그 사용기준을 지정하여야 한다.

③ 식품의약품안전처장은 유통화장품 안전관리 기준을 정하여 고시 할 수 없다.

④ 식품의약품안전처장은 보존제, 색소, 자외선차단제 등과 같이 특별히 사용상의 제한이 필요한 원료에 대하여는 그 사용기준을 지정하여 고시하여야 한다. 사용기준을 지정. 고시된 원료 외의 보존제, 색소, 자외선차단제등은 사용할 수 없다.

⑤ 사용기준을 지정. 고시된 원료 외의 보존제, 색소, 자외선차단제등은 사용할 수 없다.

해설 화장품법 제3장 제8조 화장품의 안전기준 등

답 : ③

13 아래 괄호 안에 들어갈 내용을 기술하시오.

식약처장은 ((ㄱ)), ((ㄴ)), ((ㄷ)) 등과 같이 특별히 사용상의 제한이 필요한 원료에 대하여는 그 사용기준을 지정하여 고시하여야 한다. 사용기준을 지정, 고시된 원료 외의 ((ㄱ)), ((ㄴ)), ((ㄷ)) 등은 사용할 수 없다.

해설 화장품법 제3장 제8조 화장품의 안전기준 등

답 : (ㄱ) 보존제, (ㄴ) 색소, (ㄷ) 자외선차단제

14 화장품 안전기준 등에 따른 지정 · 고시된 원료의 사용기준의 안전성 검토 주기는 얼마인가?

① 1년 ② 2년
③ 3년 ④ 4년
⑤ 5년

해설 화장품법 제8조5~6항, 시행규칙 제17조의2 (지정 · 고시된 원료의 사용기준의 안전성 검토)

답 : ⑤

15 화장품제조업자, 화장품책임판매업자 또는 연구기관등은 지정 · 고시되지 않은 원료의 사용기준을 지정 · 고시하거나 지정 · 고시된 원료의 사용기준을 변경해 줄 것을 신청하려는 경우 제출해야 할 서류로 틀린 것은?

① 제출자료 중 중요부분의 요약본
② 원료의 기원, 개발 경위, 국내. 외 사용기준 및 사용현황 등에 관한자료
③ 원료의 특성에 관한 자료
④ 안전성 및 유효성에 관한자료
⑤ 원료의 기준 및 시험방법에 관한 시험성적서

해설 화장품법 제8조5~6항, 시행규칙 제17조의3 (원료의 사용기준 지정 및 변경 신청 등)

답 : ①

16 화장품의 4대 품질 요건에 해당하지 않는 것은?

① 안정성 ② 안전성
③ 사용성 ④ 기능성
⑤ 유효성

해설 화장품의 4대 품질 요건은 안정성, 안전성, 사용성, 유효성이다.

답 : ④

17 **화장품의 4대 요건 중에서 보관에 따른 변질, 변취, 변색, 미생물의 오염이 없어야 하는 요건에 해당하는 것은 무엇인지 쓰시오.**

(   )

답 : 안정성

18 **제조 또는 수입된 화장품의 내용물에 다른 화장품의 내용물이나 식품의약품안전처장이 정하는 원료를 추가하여 혼합한 화장품을 무엇이라고 하는지 쓰시오.**

(   )

해설 화장품법 제 2조3의2 맞춤형화장품의 정의

답 : 맞춤형화장품

19 **화장품의 제조 시 수성원료에 해당하지 않는 것은?**

① 정제수
② 글리세린
③ 프로필렌글리콜
④ 라우릭산
⑤ 부틸렌글리콜

해설 라우릭산, 미리스틱산, 팔미틱산, 스테아린산 등은 포화지방산이다.

답 : ④

20 **불포화지방산의 경우 보관이나 유통의 편리함을 위하여 가열한 후 강제로 수소를 주입하여 만든 것으로 맞는 것은?**

① 마가린
② 리놀렌산
③ 올레산
④ 라우릭산
⑤ 리놀산

해설 마가린에 대한 설명으로 트렌스지방에 해당됨.

답 : ①

21 **양털에서 추출하고 황갈색으로 냄새가 거의 없으며 피부에 얇은 막을 형성하여 주부습진에 효과적인 오일은?**

① 라놀린
② 밍크오일
③ 호호바오일
④ 달맞이꽃 종자유
⑤ 로즈힙 오일

해설 라놀린에 관한 설명이다.

답 : ①

22 **다음 오일 중에서 히페리신, 히퍼포린의 구성성분으로 근육통, 상처치료에 효과를 나타내어 주로 사용하는 오일은 어떤 것인가?**

① 아보카도오일
② 스윗아몬드
③ 호호바오일
④ 세인트존스워트오일
⑤ 로즈힙 오일

해설 세인트존스워트오일의 주요성분은 세균 억제와 진통효과가 있는 히페리신(Hypericin), 히퍼포린(Hyperforin)등으로 구성되어 있다. 상처치유를 돕고, 염증, 근육이나 관절의 통증을 완화하는 데 사용한다. 캐리어오일로 모든 피부타입에 사용이 가능하다.

답 : ④

23 **다음 식물성 오일 중에서 사람의 피지 성분과 유사한 성분으로 구성되어 모든 피부타입에 사용가능한 오일은?**

① 아보카도오일
② 스윗아몬드
③ 호호바오일
④ 세인트존스워트오일
⑤ 로즈힙 오일

해설 호호바의 씨를 압착하여 추출한 식물성 오일이다. 인체의 피지성분과 유사해서 피부에 잘 흡수되며, 피지분비를 조절하고 모공의 노폐물을 녹여주어 피지조절에 도움을 준다. 유수분을 증가시켜주며, 항균 작용이 있어 건선, 습진, 여드름, 비듬성두피, 지루성 두피 등에 염증을 완화하고 피지조절을 도와준다. 모든 피부 타입에 적합한 오일로 로션, 크림 등 피부보습 화장품과 샴푸, 컨디셔너 등 모발과 두피관리 제품에 다양하게 사용한다.

답 : ③

24 **다음의 식물성 오일 중 얼굴 주름에 효과적인 오일은?**

① 에프리컷커널오일
② 스윗아몬드
③ 호호바오일
④ 세인트존스워트오일
⑤ 로즈힙 오일

해설 리놀레산, 리놀렌산, 프로비타민, 비타민C를 함유하고 있으며 특히 비타민을 많이 함유하여 비타민의 보고라고 불린다. 영양이 풍부하고 세포재생과 피부보습 효과로 로션, 크림 등 다양한 화장품 원료로 많이 사용하고 건조함과 가려움 완화를 위한 두피관리 제품에 베이스 오일로 사용된다. 쟈스민, 제라늄, 로즈 등의 에센셜 오일에 블렌딩하여 안티에이징 페이스 오일이나 세럼으로 사용하면 피부노화를 방지하고 보습과 피부 탄력에 효과적이다. 또 로즈힙을 단독으로 사용해도 피부 관리에 도움이 된다. 임산부의 경우 다른 캐리어 오일이나 무향의 크림과 섞어 마사지하면 임신선을 예방하는 효과가 있다. 립밤을 만들어 사용하면 영양공급과 자연 보호막을 형성해 촉촉하고 매끄러운 입술 관리에 도움이 된다.

답 : ⑤

25 필수지방산인 리놀레산이 약70%, 감마리놀렌산이 약 9%로 구성되어 피부 장벽을 강화하고 재생시키는 효과가 있어 아토피 등의 피부질환에 도움을 주며 호르몬의 균형을 도와주어 갱년기 증상에도 효과적인 오일은?

① 에프리컷커널오일
② 달맞이꽃종자유
③ 호호바오일
④ 세인트존스워트오일
⑤ 로즈힙 오일

해설 달맞이꽃 오일은 체내에서 생성되지 않지만 건강유지를 위해서 몸에 꼭 필요한 필수지방산인 리놀레산이 약 70%, 감마리놀렌산이 약 9%로 구성되어 있고, 약간의 점성이 있다. 아로마세러피에서 에센셜 오일을 희석하여 마사지에 사용하는 캐리어 오일로 모든 피부 타입에 사용 가능하다. 피부 장벽을 강화하고 피부를 재생시키는 효과로 습진, 건선, 비듬 등 피부질환 완화에 도움을 주며, 호르몬의 균형을 도와 월경 전 증후군 [PMS], 월경통, 갱년기 증상에 효과적이다. 이외 류머티즘과 관절염 완화에도 사용한다.

답 : ②

26 화장품에 사용되는 다른 동식물 유지와 비교해서 저자극성이며 표면장력이 작고, 피부표면에서의 퍼짐성이 우수하여 두피제품이나, 피부재생, 아토피성 피부염, 베이비오일에 주로 사용하는 오일은?

① 밀납
② 밍크오일
③ 파라핀
④ 스쿠알란
⑤ 라놀린

해설 C16 및 C18의 포화, 불포화지방산을 주체로한 트리글리세라이드로 화장품에 사용되는 다른 동식물유지와 비교해서 팔미트레인산의 함유량이 높고, 저자극성인 것이 특징이다. 천연물유래, 저자극성, 퍼짐성, 침투성을 특징으로 하는 화장품기초재료로 사용되고 있다.

답 : ②

27 상어간유에서 추출하며 피지 구성 성분으로 피부자극이나 알러지 반응이 적은 오일은?

① 밀납
② 밍크오일
③ 호호바오일
④ 스쿠알란
⑤ 라놀린

해설 스쿠알란은 주로 심해산 상어류의 간유로부터 얻어진 스쿠알렌에 수소첨가로 얻어진다. 많은 유성원료 중에서도 침투성이 우수하고 자극성이 없고 안정하며 쉽게 사용할 수 있으며, 피지 구성 성분의 하나인 스쿠알렌의 수소첨가물인 것 등을 포함해서 화장품 원료로서 이상적인 오일이다. 천연유래의 포화 액상유로서는 극도로 안정하고 자극성이 없기 때문에 기초 화장품, 거침을 부드럽게 해주는 화장품류에서 유상원료로 사용되고 있다.

답 : ④

28 **세정력이 가장 우수한 계면 활성제는?**

① 음이온 계면활성제
② 양이온 계면활성제
③ 양쪽성 계면활성제
④ 비이온 계면활성제
⑤ 다이온성 계면활성제

해설 계면활성제의 세정력은 음이온성 계면활성제 〉 양이온성 계면활성제 〉 양쪽성 계면활성제 〉 비이온성 계면활성제 순이다.

답 : ①

29 **로션이나 크림 등 기초화장품에 주로 사용하는 계면활성제는?**

① 음이온 계면활성제
② 양이온 계면활성제
③ 양쪽성 계면활성제
④ 비이온 계면활성제
⑤ 다이온성 계면활성제

해설 계면활성제는 음이온계면활성제(샴푸, 비누 등), 양이온계면활성제(린스, 트리트먼트제), 양쪽성계면활성제(유아제품, 베이비로션 등), 비이온계면활성제(로션, 크림등 기초화장품류 등)가 있다.

답 : ④

30 **물에 녹지 않거나 부분적으로 녹는 물질이 계면활성제에 의해 투명하게 용해되어 있는 상태에 해당하는 것은?**

① 가용화
② 크림
③ 분산
④ 로션
⑤ 유화

해설 가용화에 대한 설명으로 스킨, 에센스 등에 사용된다.

답 : ①

31 **물과 오일을 혼합하여 미세한 입자 형태로 분산되도록 하는 것은?**

① 가용화
② 유화
③ 분산
④ 분쇄
⑤ 분해

답 : ②

32 **화장품 사용 시의 주의사항 및 알레르기 유발 성분 표시에 관한 규정에서 화장품에 원료로 들어있는 (　　　　　)의 구성 성분 중 화장품의 포장에 성분의 명칭을 기재, 표시하여야 하는 알레르기 유발성분의 종류를 구체적으로 지정하였다.**

해설 화장품법 시행규칙 총리령 "화장품 사용 시의 주의사항 표시에 관한 규정 일부개정고시(안)" 참조

답 : 착향제

33 **착향제 구성 성분 중 알레르기 유발성분이 아닌 것은?**

① 리모넨
② 벤질알코올
③ 참나무이끼추출물
④ 나무이끼추출물
⑤ 라벤더오일

해설 화장품법 시행규칙 "화장품 사용 시의 주의사항 표시에 관한 규정 일부개정고시(안)" 제3조 별표2

답 : ⑤

34 **식품의약품안전처장은 소비자단체, 학회 등이 (　　　)평가를 요청한 인체적용제품에 대하여 관련 법령에 따라 인체의 건강을 해칠 우려가 있는지 여부를 심의할 수 있다.**

해설 인체적용제품의 위해성평가 등에 관한 규정 제15조

답 : 위해성

35 **화장품 안전기준 등에 관한 규정으로 옳지 않은 것은?**

① 맞춤형화장품에 사용할 수 없는 원료를 규정하고 있다.
② 맞춤형화장품에 사용상의 제한이 필요한 원료 및 그 사용기준을 정하고 있다.
③ 식품의약품안전처장이 고시한 기능성화장품의 효능효과를 나타내는 원료는 사용할 수 없음을 규정하고 있다.
④ 맞춤형화장품 판매업자에게 원료를 공급하는 화장품책임판매업자가 화장품법 제4조에 따라 해당 원료를 포함하여 기능성화장품에 대한 심사를 받거나 보고서를 제출한 경우는 그 원료를 맞춤형화장품에 사용할 수 있다.
⑤ 맞춤형화장품에 사용상의 제한이 필요한 원료 및 그 사용기준에 보존제, 자외선 차단제가 포함되어 있어 그 원료를 사용할 수 있다.

해설 화장품법 제2조제3호2. 제8조, 화장품안전기준 등에 관한 규정참고

답 : ⑤

36 천연화장품 및 유기농화장품 인증기관 지정 및 인증 등에 관한 규정의 내용으로 옳지 않은 것은?

① 인증이란 천연화장품 및 유기농화장품이 인증기준에 적합한지 여부를 심사. 확인하는 것을 말한다.

② 인증기관의 장이 지정받은 사항을 변경하려는 경우에는 변경 사유가 발생한 날부터 30일 이내에 인증기관 지정사항 변경 신청서를 제출하여야 한다.

③ 인증기관의 장은 인증결과 등을 인증을 실시한 해의 다음 연도 1월31일까지 식품의약품안전처장에게 보고해야 한다.

④ 인증기관의 지정 철회를 신고한 인증기관의 장은 신고가 수리된 이후 10일 이내에 인증신청자 및 인증사업자에게 그 사실을 알려 주어야 한다.

⑤ 천연 · 유기농화장품에 대한 인증을 받고자하는 자는 인증신청서와 인증신청대상 제품에 사용된 원료에 대한 정보와 제조공정, 용기 · 포장 및 보관 등에 관한 정보를 첨부하여 인증기관의 장에게 제출하여야 한다.

해설 천연화장품 및 유기농화장품 인증기관 지정 및 인증 등에 관한 규정

답 : ④

37 다음 중 화장품의 향료 중 알레르기 유발물질 표시 지침에 관한 사항으로 옳지 않은 것은?

① 착향제는 "향료"로 표시할 수 있으나, 착향제 구성 성분 중 식약처장이 고시한 알레르기 유발성분이 있는 경우에는 "향료"로만 표시할 수 없고, 추가로 해당 성분의 명칭을 기재해야 한다.

② "사용 후 씻어내는 제품"은 피부, 모발 등에 적용 후 씻어내는 과정이 필요한 제품 샴푸, 린스 등을 말한다.

③ 알레르기 유발성분의 함량에 따른 표시 방법이나 순서를 별도로 정하고 있지는 않으나 전 성분 표시 방법을 적용하길 권장하고 있다.

④ 식물의 꽃, 잎, 줄기 등에서 추출한 에센셜오일이나 추출물이 착향의 목적으로 사용되었거나 또는 해당 성분이 착향제의 특성이 있는 경우에도 알레르기 유발성분을 표시 · 기재하지 않아도 된다.

⑤ 표시 · 기재를 위한 면적이 부족한 사유로 생략이 가능하며, 해당 정보는 홈페이지 등에서 확인할 수 있도록 해야 한다.

해설 식약처 화장품 향료 중 알레르기 유발물질 표시 지침

답 : ④

38 **다음 중 화장품 향료 중 알레르기 유발물질 표시 지침에서 알레르기 유발성분의 함량에 따른 표기 순서로 옳지 않은 것은(알레르기 유발 성분인 리모넬, 리날룰이 포함된 경우)?**

① A, B, C, D 향료, 리모넨, 리날롤
② A, B, C, D 리모넨, 향료, 리날롤
③ A, B, C, D 향료(리모넨, 리날롤)
④ A, B, 리모넨, D, 향료, 리날롤
⑤ A, B, C, 향료, D, 리모넨, 리날롤

해설 식약처 화장품 향료 중 알레르기 유발물질 표시 지침

답 : ③

39 **다음 중 천연화장품 및 유기농화장품에 사용할 수 있는 원료가 아닌 것은?**

① 유전자변형원료
② 물
③ 천연유래원료
④ 천연원료
⑤ 베타인

해설 화장품법 제2조, 제2호의2, 제3호 및 제14조의2제1항 천연화장품 및 유기농화장품의 기준에 관한 규정

답 : ①

40 **다음의 착향제 구성 성분 중 알레르기 유발성분이 아닌 것은?**

① 아밀신남알
② 라벤더 후로랄워터
③ 신나밀알코올
④ 유제놀
⑤ 쿠마린

해설 화장품법 시행규칙 "화장품 사용 시의 주의사항 표시에 관한 규정 일부개정고시(안)" 제3조 별표2

답 : ②

41 **식품의약품안전처장은 소비자단체, 학회 등이 위해성평가를 요청한 (　　　)에 대하여 관련 법령에 따라 인체의 건강을 해칠 우려가 있는지 여부를 심의할 수 있다.**

해설 인체적용제품의 위해성평가 등에 관한 규정 제15조

답 : 인체적용제품

42 **다음 중 기능성화장품의 심사를 위하여 제출하여야 하는 자료 중 안전성에 관한 자료에 해당하지 않는 것은?**

① 단회투여독성시험자료
② 1차피부자극시험자료
③ 염모효력시험자료
④ 광독성 및 광감작성 시험자료
⑤ 안점막자극 또는 기타점막자극시험자료

해설 화장품법 제 4조 시행규칙제9조 기능성화장품 심사에 관한 규정

답 : ③

43 **다음 중 화장품의 법령 · 제도 등의 교육을 실시하는 기관이 아닌 곳은?**

① 대한화장품협회
② 한국의약품수출입협회
③ 대한화장품산업연구원
④ 한국보건산업진흥원
⑤ 한국사이버진흥원

해설 화장품법 시행규칙 제8조제1항 제3호의3 및 제14조,

화장품 법령 · 제도 등 교육실기기관 지정 및 교육에 관한 규정(제3조의2)

답 : ⑤

44 **다음 중 화장품 안전성 정보관리 규정을 두는 목적으로 바른 것은?**

① 화장품의 취급, 사용시 인지되는 안전성 관련 정보를 체계적이고 효율적으로 수집, 검토, 평가하여 적절한 안전대책을 강구함으로써 국민 보건상의 위해를 방지함을 목적으로 한다.
② 화장품의 위해사례로 인지되는 안전성 관련 정보를 체계적이고 효율적으로 수집, 검토, 평가하여 적절한 안정대책과는 별개로 인과관계를 밝히는 것을 목적으로 한다.
③ 화장품의 안전성 정보의 보고, 수집, 평가, 전파 등 관리체계를 바로잡음으로써 정보관리를 체계적, 효율적으로 하기 위함을 목적으로 한다.
④ 화장품의 안전성 정보를 검토 및 평가하여 필요한 경우 정책자문위원회를 만들기 위함을 목적으로 한다.
⑤ 안전하고 올바른 화장품의 사용을 위하여 화장품 안전성 정보의 평가 결과를 화장품 제조판매업자 등에게 전파하고 필요한 경우 이를 소비자에게 제공하는 것을 목적으로 한다.

해설 화장품법 제5조시행규칙제11조, 화장품 안전성 정보관리 규정

답 : ①

45 **화장품법 제2조 2에 총리령으로 개정된 맞춤형화장품의 제외 대상 화장품은?**

(   )

해설 화장품법 제2조의 2(맞춤형화장품 제외대상)

답 : 화장비누(고체 형태의 세안용 비누)

46 **다음의 기능성 화장품으로 분류되는 제품 중에서 "본 품을 적당량을 취해 피부에 사용한 후 물로 바로 깨끗이 씻어낸다"로 제한 한 화장품에 해당하는 것은?**

① 튼 살로 인한 붉은 선을 엷게 하는데 도움을 주는 화장품
② 여드름 피부를 완화하는데 도움을 주는 화장품
③ 피부의 미백에 도움을 주는 기능을 가진 화장품
④ 피부의 주름개선에 도움을 주는 화장품
⑤ 피부를 곱게 태워주는 화장품

해설 화장품법 제2조시행규칙, 기능성화장품의 범위

답 : ②

47 **천연화장품 및 유기농화장품의 기준에 관한 규정에서 오염물질에 해당하지 않는 성분을 고르시오.**

① 방향족 탄화수소
② 중금속
③ 다이옥신 및 폴리염화비페닐
④ 레시틴 및 그 유도체
⑤ 유전자변형 생물체

해설 화장품법 제2조제2호의2, 제2조제3호 및 제14조의2제1항
④허용기타원료에 해당

답 : ④

48 **천연화장품 및 유기농화장품에 허용되는 합성 보존제 및 변성제 성분이 아닌 것을 고르시오.**

① 벤조익애씨드 및 그 염류
② 벤질알코올
③ 토코페롤/토코트리에놀
④ 살리실릭애씨드 및 그 염류
⑤ 이소프로필알코올

해설 화장품법 제2조제2호의2, 제2조제3호 및 제14조의2제1항
③허용기타원료에 해당

답 : ③

49 **천연화장품 및 유기농화장품 인증기관 지정 및 인증의 신청 절차로 바른 것은?**

① 신청서작성→접수→검토→심사→결재→지정서 작성→지정서발급
② 신청서작성→검토→접수→심사→지정서 작성→결재→지정서발급
③ 신청서작성→검토→접수→심사→지정서 작성→지정서발급→결재
④ 신청서작성→검토→접수→심사→결재→지정서 작성→지정서발급
⑤ 신청서작성→접수→검토→심사→지정서 작성→결재→지정서발급

해설 화장품법 제14조2,3,4,5시행규칙제23조2,3호

답 : ①

50 **다음 중 맞춤형화장품의 주요규정의 목적이 올바르지 않은 것은?**

① 화장품 법령 제도 등 교육심사기관을 지정하는 것은 화장품의 안전성 확보 및 품질관리에 관한 교육에 필요한 사항을 정함을 목적으로 한다.
② 인체적용제품의 위해성 평가는 인체적용제품에 존재하는 위해요소가 인체에 노출되었을 때 발생할 수 있는 위해성을 종합적으로 평가하기 위한 사항을 규정함으로써 인체적용 제품의 안전관리를 통해 국민건강을 보호 증진하는 것을 목적으로 한다.
③ 우수화장품 제조 및 품질관리 기준에 관한 것은 세부사항을 정하고 이를 이행하도록 권장함으로써 우수한 화장품을 제조 공급하여 소비자 보호 및 국민 보건 향상에 기여함을 목적으로 한다.
④ 수입화장품의 품질검사 면제에 관한 규정은 화장품 제조판매업자가 수입화장품의 품질검사를 면제받기 때문에 수입화장품의 제조업자에 대한 현지실사도 면제해 주기 위함을 목적으로 한다.
⑤ 소비자 화장품 안전관리 감시원 운영 규정은 소비자화장품안전관리 감시원의 운영에 필요한 세부사항을 규정함을 목적으로 한다.

해설 ①화장품법 제3조3, 4항 화장품 법령 제도 등 교육실시기관 지정 및 인증등에 관한 규정. ②식품안전기본법제20조, 식품위생법 제15조, 농수산물품질관리법68, 62,66조,의료기기법제26조, 위생용품관리법제10조 인체적용제품의 위해성평가 등에 관한 규정. ③화장품법제5조제2항,시행규칙제12조제2항, 우수화장품 제조 및 품질관리기준. ⑤화장품법제18조2 및 제26조2제6항

답 : ④

51 **다음 중 체모를 제거하는 기능을 가진 성분은 무엇인가?**

① 벤조익애씨드
② 벤질알코올
③ 토코페롤
④ 살리실릭애씨드
⑤ 치오글리콜산

해설 화장품법 제 4조 시행규칙제9조 기능성화장품 심사에 관한 규정

답 : ⑤

52 **여러 가지 품질을 인간의 오감에 의하여 평가하는 제품 검사를 말하는 것을 무엇이라고 하는가?**

(   )

답 : 관능평가

53 **다음 중 육안을 통한 관능평가에 사용되는 표준의 내용으로 옳지 않은 것은?**

① 제품 표준견본 : 완제품의 개별포장에 관한 표준
② 벌크제품 표준견본 : 원료의 유효성 및 사용감에 관한 표준
③ 레벨 부착 위치견본 : 완제품의 레벨 부착위치에 관한 표준
④ 충진 위치견본 : 내용물을 제품용기에 충진할 때의 액면위치에 관한 표준
⑤ 색소원료 표준견본 : 색소의 색조에 관한 표준

해설 벌크제품 표준견본 : 성상, 냄새, 사용감에 관한 표준이다.

답 : ②

54 **다음 중 육안을 통한 관능평가에 사용되는 표준의 내용으로 옳지 않은 것은?**

① 제품 표준견본 : 완제품의 벌크포장에 관한 표준
② 원료표준견본 : 원료의 색상, 성상 등에 관한 표준
③ 향료표준견본 : 향취, 색상, 성상 등에 관한 표준
④ 용기 · 포장재 표준견본 : 용기 · 포장재의 검사에 관한 표준
⑤ 용기 · 포장재 한도견본 : 용기 · 포장재 외관검사에 사용하는 합격품 한도를 나타내는 표준

해설 ① 제품 표준견본 : 완제품의 개별포장에 관한 표준이다.

답 : ①

55 **관능평가에는 좋고 싫음을 주관적으로 판단하는 ((ㄱ)) 과 표준품(기준포) 및 한도품 등 기준과 비교하여 합격품, 불량품을 객관적으로 평가하고 선별하거나 사람의 식별력 등을 조사하는 ((ㄴ)) 2가지가 있다.**

답 : (ㄱ) 기호형, (ㄴ) 분석형

56 **관능평가에서의 사용감은 원자재나 제품을 사용할 때 피부에서 느끼는 감각을 말한다. 사용감으로 적당하지 않은 것은?**

① 매끄럽게 발리고 무거운 느낌
② 매끄럽게 발리고 가벼운 느낌
③ 손 등에 바르고 향취를 맡는다.
④ 손 등에 밀착감이 느껴진다.
⑤ 손 등이 산뜻한 느낌이 든다.

해설 ③향취는 후각에 느낌이다.

답 : ③

57 **패널(품평단) 또는 전문가의 감각을 통한 제품성능에 대한 평가를 무엇이라 하는가?**
( )

답 : 관능시험(sensorial test)

58 **다음 중 제품평가 측면의 관능평가에서 맹검사용시험에 해당하는 것은?**

① 소비자들이 관찰하거나 느낄 수 있는 변수들에 기초하여 제품의 효능 등 소비자의 인식을 평가하는 것을 말한다.
② 제품의 효능에 대한 인식을 바꿀 수 있는 상품명, 디자인, 표시사항 등의 정보를 제공하지 않는 제품 사용시험을 비맹검 사용시험이라고 한다.
③ 소비자들이 관찰하거나 느낄 수 있는 변수들에 기초하여 화장품의 특성에 대한 소비자의 인식을 평가하는 것을 말한다.
④ 소비자의 판단에 영향을 미칠 수 있고 제품의 효능에 대한 인식을 바꿀 수 있는 상품명, 디자인, 표시사항 등의 정보를 제공하지 않는 제품 사용시험을 말한다.
⑤ 제품의 상품명, 표기사항 등을 알려주고 제품에 대한 인식 등이 일치하는지를 조사하는 시험을 말한다.

해설 ①③소비자에 의한 사용시험에 해당. ⑤비맹검사용시험에 해당.

답 : ④

59 **다음 중 맞춤형화장품의 부작용의 종류와 현상이 틀린 것을 고르시오.**

① 홍반 : 붉은 반점
② 가려움 : 소양감
③ 부종 : 부어오름
④ 자동 : 찌르는 듯한 느낌
⑤ 인설 : 타는 듯한 느낌

해설 인설은 건선과 같은 심한 피부건조에 의해 각질이 은백색의 비늘처럼 피부 표면에 발생하는 것이다.

답 : ⑤

60 **다음 중 맞춤형화장품의 부작용의 종류와 현상이 틀린 것을 고르시오.**

① 홍반 : 화상
② 가려움 : 소양감
③ 따끔거림 : 쏘는 듯한 느낌
④ 뻣뻣함 : 굳는 느낌
⑤ 작열감 : 타는 듯한 느낌 또는 화끈거림

해설 홍반은 붉은 반점을 말한다.

답 : ①

61 **다음 중 관능평가절차에서 평가내용으로 옳지 않은 것은?**

① 유화제품은 표준견본과 대조하여 내용물 표면의 매끄러움과 내용물의 흐름성, 내용물의 색이 유백색인지를 육안으로 확인한다.
② 색조제품은 표준견본과 내용물을 슬라이드 글라스(slide glass)에 각각 소량씩 묻힌 후 슬라이드 글라스로 눌러서 대조되는 색상을 육안으로 확인한다.
③ 향취제품은 비이커에 일정량의 내용물을 담고 코를 비이커에 가까이 대고 향취를 맡는다. 또는 피부(손등)에 내용물을 바르고 향취를 맡는다.
④ 사용감은 내용물을 손등에 문질러서 느껴지는 사용감(예. 무거움, 가벼움, 촉촉함 등)을 촉각을 통해서 확인한다.
⑤ 색조제품은 표준견본과 내용물을 슬라이드 글라스(slide glass)에 각각 소량씩 묻힌 후 육안으로 확인하고 반드시 손등 혹은 실제 사용부위에 발라서 색상을 확인해야 한다.

해설 색조제품은 표준견본과 내용물을 슬라이드 글라스(slide glass)에 각각 소량씩 묻힌 후 슬라이드 글라스로 눌러서 대조되는 색상을 육안으로 확인한다. 또는 손등 혹은 실제 사용부위에 발라서 색상을 확인할 수도 있다. 반드시 손등 혹은 실제 사용부위에 발라서 색상을 확인할 필요는 없다.

답 : ⑤

62 다음 중 기능성화장품 중에서 여드름피부 완화에 도움을 주는 제품의 성분으로 알맞은 것은?

① 알부틴
② 살리실산
③ 아데노신
④ 치오글라이콜릭 애씨드
⑤ 징크옥사이드

해설 ① 미백에 도움을 주는 원료 ③ 주름에 도움을 주는 원료 ④ 두발제품(퍼너넌트, 스트레이트너 제품에 11% 사용원료 ⑤ 자외선으로부터 피부를 보호하는데 도움을 주는 원료

답 : ②

63 다음 중 사용금지 성분으로 알맞은 것은?

① 중추신경계에 작용하는 교감신경흥분성아민
② 디아졸리디닐우레아
③ 벤조익애씨드,
④ 소듐하이드록시메칠아미노아세테이트
⑤ 벤질알코올

해설 화장품법제 2조3호의2, 화장품 안전기준등에 관한 규정 5조의1,2.
②③④⑤는 사용제한이 필요한 원료이다.

답 : ①

64 다음 중 사용금지 성분으로 알맞은 것은?

① 메칠이소치아졸리논
② 리도카인
③ 소르빅애씨드
④ 징크피리치온
⑤ 트리클로산

해설 화장품법제 2조3호의2, 화장품 안전기준등에 관한 규정 5조의1,2.
①③④⑤사용제한이 필요한 원료이다.

답 : ②

65 다음 중 자외선차단 성분이 아닌 것은?

① 징크옥사이드
② 티타늄디옥사이드
③ 페녹시에탄올
④ 벤조페논-3(옥시벤존)
⑤ 에칠헥실메톡시신나메이트

해설 화장품법제 2조3호의2, 화장품 안전기준등에 관한 규정 5조의1,2.
③사용제한이 필요한 원료이다.

답 : ③

66 **다음중 화장품의 품질 특성으로 가장 바른 것은?**

① 유용성, 안전성, 배합성, 관리성
② 안전성, 안정성, 유효성, 사용성
③ 안정성, 유효성, 사용성, 배합성
④ 관리성, 유용성, 사용성, 안정성
⑤ 안정성, 안전성, 사용성, 관리성

해설 화장품의 4가지 품질특성은 안전성, 안정성, 유효성(유용성), 사용성이다.

답 : ②

67 **다음 중 맞춤형 화장품에 사용할 수 있는 식물성 오일이 아닌 것은?**

① 올리브유
② 아몬드 오일
③ 로즈 힙 오일
④ 밍크오일
⑤ 그레이프시드 오일

답 : ④

68 **다음 화장품의 종류 중에서 화장품에 속하지 않는 것은?**

① 영양크림
② 바디로션
③ 페이스 파우더
④ 치약, 체취방지제
⑤ 클렌징로션

해설 치약, 체취방지제, 물파스 등은 의약외품에 해당된다.

답 : ④

69 **다음은 화장품에 사용되는 원료의 특성을 설명한 것으로 알맞은 것은?**

① 보습제는 분 자내에 수분을 잡아당기는 친수기가 주변으로부터 물을 잡아당겨서 수소결합을 형성하고 수분을 유지시켜주지만 수분증발은 막지 못한다.
② 계면활성제는 계면에 흡착하여 계면의 성질을 현저하게 변화시키는 물질로서 계면이 가지고 있는 표면장력을 약하게 만드는 것이다.
③ 점증제는 화장품의 점도를 조절하는 원료로 제품의 안정성을 유지하기 위해 사용되며 사용감을 결정하는 요인이 되지는 않는다.
④ 색체로는 유기합성색소로 착색안료, 체질안료, 진주광택 펄안료, 등이 있으며 무기안

료에는 염료, 레이크, 유기안료 등이 있다.

⑤ 정제수는 주원료가 되는 성분으로 화장품 전성분표기에서 가장 마지막에 나열되는 원료이며 화장품을 만드는 기초적인 물질로 사용된다.

해설 ① 수분증발을 막아준다. ③ 사용 감을 결정하는 중요한 요인이 된다.

④ 유기합성색소: 염료, 레이크, 유기안료.

무기안료: 착색안료, 체질안료, 진주광택펄안료, 고분자 분체, 기능성 안료

⑤ 화장품 전성분표기에서 가장 앞에 나열되는 원료이다.

답 : ②

70 맞춤화장품의 종류 중 크림의 유성성분 중 왁스류에 해당하는 원료로 맞는 것은?

① 밀납
② 실리콘유
③ 올리브유
④ 스테아린산
⑤ 스테아릴 알코올

해설 왁스류 : 밀납, 라놀린, 카루나우바왁스, 칸데릴라 왁스 등이 있다.

답 : ①

71 맞춤형화장품에 반드시 표시, 기재해야 할 사항에 해당하지 않는 것은?

① 화장품명칭과 가격
② 제품 식별번호와 사용기한
③ 개봉 후 사용기간
④ 화장품제조업자의 소재지
⑤ 책임판매업자 및 맞춤형화장품 판매업자의 상호

해설 화장품법 제19조 (화장품의 기재 · 표시 등)

답 : ④

72 판매의 목적이 아닌 제품의 선택 등을 위하여 미리 소비자가 시험 사용하도록 제조 또는 수입된 화장품을 무엇이라 하는가?

( )

해설 화장품법 제19조 (화장품의 기재 · 표시 등)

답 : 견본품

73 다음 중 맞춤형화장품의 기재 및 표시를 생략할 수 있는 성분의 설명으로 바르지 않은 것은?

① 제조 과정 중에 제거되어 최종 제품에는 남아 있지 않은 제품

② 안정화제 등 원료자체에 들어 있는 부수성분으로 그 효과가 나타나게 하는 양보다 적은 양이 들어있는 성분
③ 내용 량이 10mL초과 50mL이하의 화장품의 포장인 경우에는 타르색소, 금박, 샴푸와 린스에 들어있는 인산염의 종류, 과일산(AHA), 기능성화장품의 경우 그 효능 효과가 나타나게 하는 원료
④ 식품의약품안전처장이 배합 한도를 고시한 화장품의 원료성분을 제외한 성분
⑤ 내용 중량이 10g이하 50g초과 화장품 포장의 경우에 과일산, 기능성화장품 의 경우 그 효능 효과가 나타나게 하는 원료

해설 ⑤ 내용 중량이 10g초과 50g이하 화장품 포장의 경우에 과일산, 기능성화장품 의 경우 그 효능 효과가 나타나게 하는 원료

답 : ⑤

74 화장품의 제조 또는 보관 과정 중 포장재로부터 이행되는 비의도적 유래물질의 검출 허용 한도로 옳지 않은 것은?

① 디옥산 : 100 μg/g이하
② 안티몬 : 10 μg/g이하
③ 수은 : 10μg/g이하
④ 비소 : 10μg/g이하
⑤ 카드뮴 : 5μg/g이하

해설 화장품 안전기준 등에 관한 규정 제 4장 제6조 ③ 수은 : 1μg/g이하

답 : ③

75 맞춤형화장품의 조제 제품의 특징이 아닌 것은?

① 고객 개인이 원하는 향과 원료를 이용하여 나만의 제품을 가질 수 있다.
② 고객 개인의 피부타입에 맞는 원료를 선택하여 나만의 제품을 가질 수 있다.
③ 천연 재료를 다양하게 사용할 수 있다.
④ 비교적 가격이 싸고 경제적이다
⑤ 일반벌크화장품보다 가격이 비싸고 장기간 사용이 가능하다.

해설 일반벌크화장품보다 가격이 싸고 장기간 사용할 수 없다.

답 : ⑤

76 다음 중 조제 제품의 사용 방법으로 옳지 않은 것은?

① 냉장 보관하여 사용하므로 장기간 사용해도 된다.
② 천연보존제를 사용하므로 냉장 보관하는 것이 좋다.
③ 제품의 올바른 사용법은 먼저 패치테스트를 꼭 해보고 이상이 없을 때 사용하는 것이

좋다.

④ 사용할 때는 손을 깨끗이 씻고 용기를 통한 오염이 되지 않도록 위생적으로 사용해야 한다.

⑤ 되도록 일정기간 안에 빨리 사용하는 것이 좋다.

해설 천연보존제를 사용하므로 냉장 보관하여 사용하더라도 일정기간 안에 빨리 사용하는 것이 좋다.

답 : ①

77 다음 내용 중 화장품의 사용상 주의사항으로 옳지 않은 것은?

① 상처나 습진이 있는 피부에는 사용하지 않는다.

② 손이나 손가락, 스펀지 등 화장품이 닿는 것은 청결하게 한다.

③ 한 번 덜어 낸 화장품은 용기에 다시 넣지 않아야 한다.

④ 분체를 성형한 화장품은 충격에 약하므로 떨어뜨리지 않도록 주의해야 한다.

⑤ 화장품이 눈에 들어가도 이상이 없으면 괜찮다.

해설 화장품이 눈에 들어가지 않도록 주의해야 한다.

답 : ⑤

78 화장품 취급방법 및 관리상 주의사항으로 옳지 않은 것은?

① 용기의 입구는 청결하게 하고 뚜껑을 잘 닫는다.

② 개봉한 화장품을 사용하지 않고 장기간 보관한다.

③ 세면대 등의 위에 제품을 직접 올려놓지 말아야 한다.

④ 직사광선, 습도 변화가 심한 곳을 피하고 상온에 보관한다.

⑤ 유 · 소아의 손이 닿지 않는 곳에 보관한다.

해설 개봉한 화장품은 사용하지 않고 장기간 보관하지 말아야 한다.

답 : ②

79 다음 중 화장품의 사용방법으로 옳지 않은 것은?

① 깨끗한 손으로 깨끗한 주걱을 이용하여 사용할 만큼만 덜어서 바른다.

② 사용 후 항상 뚜껑을 닿지 않아도 된다.

③ 사용기간이 표시된 제품은 반드시 표시기간 내에 사용한다.

④ 직사광선, 습도 변화가 심한 곳을 피하고 상온에 보관한다.

⑤ 화장에 사용되는 퍼프, 섀도우 팁 등 도구는 늘 깨끗하게 관리한다.

해설 화장품 사용 후 뚜껑은 잘 닫아 놓아야 먼지나 미생물 오염을 방지할 수 있다.

답 : ②

80 **화학적 성질이 다른 물질들이나 물리적 상태가 다른 물질들이 서로 접촉하게 되었을 때 그 접촉면을 (   )이라 한다.**

답 : 계면

81 **계면활성제에 대한 내용으로 바르지 않은 것은?**

① 계면활성제는 한 분자 내에 친수성 성분과 친유성 부분을 함께 가지고 있는 화합물이다.
② 계면활성제는 물과 기름의 경계면이 계면의 성질을 변화시킬 수 있는 특성을 가지게 된다.
③ 긴 막대모양의 꼬리부분을 친유성기 또는 소수성기라고 하며 둥근 머리모양을 친수성기라고 한다.
④ 계면활성제의 친수성기의 이온성에 따라 양이온성, 음이온성, 양쪽성, 비이온성으로 구분된다.
⑤ 비이온 계면활성제는 음이온계면활성제보다 자극이 적어서 베이비 샴푸등 유아용품에 주로 사용된다.

해설 유아용품에는 주로 양쪽성 계면활성제를 사용한다.

답 : ⑤

82 **다음 중 계면활성제의 용도별 분류로 옳지 않은 것은?**

① 유화제 : 물과 기름이 잘 섞이게 한다.
② 가용화제 : 소량의 기름을 물에 녹여 백탁현상을 나타나게 한다.
③ 분산제 : 고체입자를 물에 균일하게 분산시켜 준다.
④ 소포제 : 거품을 없애준다.
⑤ 세정제 : 피부의 오염 물질을 제거한다.

해설 가용화제 : 소량의 기름을 물에 투명하게 녹인다.

답 : ②

83 **어떤 계면활성제가 물에 잘 녹는가, 녹지 않는가의 척도로 그 값에 따라 계면활성제의 용도가 구분되는 것은?**
(   )

해설 HLB가 높을수록 물에 잘 녹는 성질을 나타내고, 낮을수록 물에 잘 녹지 않는다. HLB값이 높으면 친수성으로 물에 잘 용해되고, 낮으면 친유성으로 유상에 잘 용해된다.

답 : HLB(Hydrophilic Lipophilic Balance)

84 농도가 낮은 수용액에서 단분자형태로 자유롭게 존재하다가 계면활성제의 농도가 높아지면 계면활성제 분자들이 서로 모이게 되어 미셀을 형성하게 되는데 이러한 현상을 무엇이라고 하는가?

( )

답 : 미셀화

85 미셀이 막 형성되기 시작할 때의 계면활성제의 농도를 무엇이라고 하는지 쓰시오.

( )

답 : 임계미셀농도

86 물에 녹지 않는 유성 성분이 미셀에 흡착되거나 미셀중에 스며들어가는 현상으로 스킨토너, 에센스, 헤어토닉, 향수류 등과 같이 소량의 유성성분을 계면활성제를 이용하여 투명한 상태로 용해시키는 것을 무엇이라 하는지 쓰시오.

( )

답 : 가용화

87 화장품 제조 시 물과 기름을 유화시켜서 안정한 상태로 유지하기 위해서는 분산상의 크기를 미세하게 해주는 것이 좋은데 이때 사용하는 장치가 무엇인지 쓰시오.

( )

답 : 호모믹서

88 색조화장품 등의 고체상태인 안료를 목적에 따라 분쇄하게 되는데 이때 사용하게 되는 장치가 아닌 것은?

① 볼 밀
② 콜로이드 밀
③ 호모믹서
④ 롤러 밀
⑤ 프로펠러식 교반기

해설 호모믹서는 화장품 제조 시 물과 기름을 유화시켜서 안정한 상태로 유지하기 위해서는 분산상의 크기를 미세하게 해주는 것이 좋은데 이때 사용하는 장치.

답 : ③

89 **다음 중 식물성 향료가 아닌 것은?**

① 사향 ② 레몬
③ 오렌지 ④ 계피
⑤ 장미

해설 사향은 머스크 향으로 사향노루의 복부에 있는 향낭에서 얻은 분비물을 건조하여 만든 향료.

답 : ①

90 **방부제의 조건으로 옳지 않은 것은?**

① 다양한 균종에 효과가 있어야 한다.
② 광범위한 온도와 pH범위에서도 안정하게 효과를 나타내야 한다.
③ 처방에 함유되는 원료나 포장재에 의해 항균력이 감소되지 않아야 한다.
④ 수용성 방부제의 경우 적절한 분배 계수가 이루어져야 한다.
⑤ 미생물에 빠르게 효과를 나타낼 필요는 없다.

해설 미생물에 빠르게 효과를 나타내야 한다.

답 : ⑤

91 **다음 중 천연 산화방지제의 종류에 해당하는 것은?**

① BHA ② BHT
③ 아스코르빈산 ④ 구연산
⑤ 주석산

해설 ①② 합성산화방지제로 페놀계의 화합물, ④⑤산화방지보조제

답 : ③

92 **다음 중 금속이온 봉쇄제가 아닌 것은?**

① 호박산 ② 인산
③ 구연산 ④ 비타민 E
⑤ 글루콘산

해설 비타민 E는 천연항산화제이다.

답 : ④

93 **다음 중 가용화 제형의 제품과 관계가 없는 것은?**

① 스킨토너 ② 헤어토닉
③ 미스트 ④ 수분크림
⑤ 아스트린젠트

해설 가용화 제품은 미셀의 입자가 작아서 거의 투명하다.

답 : ④

94 **다음 중 화장품 보존제 중에서 점막에 사용되는 제품에 사용을 금지하는 성분은?**

① 쿼터늄 ② 벤제토늄클로라이드
③ 페녹시에탄올 ④ 하이드록시벤조익애씨드
⑤ 엠디엠하이단토인

해설 화장품법 제2조, 8조 별표2 사용상의 제한이 필요한 원료

답 : ②

95 **다음 중 일반 화장품에서 살리실릭애씨드의 화장품안전기준 등에 관한 규정에 따른 사용 한도는?**

① 0.5% ② 0.1%
③ 0.7% ④ 10%
⑤ 5%

해설 화장품안전기준 등의 관한 규정 별표2

답 : ①

96 **다음중 포화지방산으로만 짝지어진 것은?**

① 라우릭산, 팔미틱산, 스테아린산 ② 올레인산, 리놀산, 팔미톨레산
③ 리놀산, 라우릭산, 리놀렌산 ④ 팔미틱산, 스테아린산, 팔미톨레산
⑤ 미리스틱산, 리놀렌산, 리놀산

해설 포화지방산은 상온에서 고체상태로 존재하며 라우릭산, 팔미틱산, 스테아린산, 미리스틱산등이 있다.

답 : ①

97 **다음 중 고급지방산의 종류에 해당하지 않는 것은?**

① 유동파라핀 ② 라우릭산

③ 이소스테아린산 ④ 스테아린산
⑤ 미리스틱산

해설 탄화수소류에 해당하는 것은 유동파라핀, 바세린, 고형파라핀

답 : ①

98 **실록산 결합을 갖는 유기규소 화합물로 무색, 무취이며, 내수성이 높고 탄화수소류와 같이 끈적임이 없어 사용감이 가벼우며 피부나 모발에 퍼짐성이 우수한 성분은? ( )**

답 : 실리콘오일

99 **다음 중 맞춤형화장품의 조제시 필요한 기구 및 설비로 적당하지 않은 것은?**

① 주걱 ② 스파출라
③ 칭량(계량)저울 ④ 콜로니 카운트
⑤ 유화믹서

해설 콜로니 카운트는 배지에서 자란 미생물의 수를 셀 때 사용하는 것이다.

답 : ④

100 **HLB값에 따른 게면활성제의 범위와 용도로 적당하지 않은 것은?**

① 1~4 소포제 ② 3~6 W/O유화제
③ 7~9 습윤제 ④ 13~15 세정제
⑤ 15~18 O/W유화제

해설 OW유화제는 8~18, 가용화제는 15~18 이다.

답 : ⑤

101 **맞춤형화장품의 혼합 · 소분 시 오염방지를 위한 위생관리 기준으로 적당하지 않은 것은?**

① 혼합 · 소분 시에 사용되는 장비나 기구는 사용 전 후 세척하여 건조시킨다.
② 혼합 · 소분 시에는 일회용 장갑을 착용해야된다.
③ 혼합 · 소분 시에는 손을 소독하거나 세정한다.
④ 혼합 · 소분할 때는 위생복과 위생모자, 마스크를 착용한다.
⑤ 피부에 외상이나 질병이 있는 경우에도 혼합 · 소분을 할 수 있다.

해설 피부에 외상이나 질병이 있는 경우에는 회복되기 전까지 소분행위를 금지한다.

답 : ⑤

102 맞춤형화장품 판매업 준수사항에 맞는 혼합 · 소분 시 위생관리 기준으로 적당하지 않은 것은?

① 혼합 · 소분에 필요한 장소, 시설 및 기구를 정기 점검하고 위생적으로 관리 유지한다.
② 혼합 · 소분 시에는 손을 세정하고 손 소독을 하거나 일회용 장갑을 착용해야 된다.
③ 혼합 · 소분 시에는 장비 또는 기기 등을 사용 후에 세척해야 한다.
④ 혼합 · 소분 할 때는 위생복과 위생모자, 마스크를 착용한다.
⑤ 혼합 · 소분에 사용되는 제품 용기의 오염 여부는 사용 전에 확인하여 소독 후 사용한다.

해설 혼합 · 소분 시에는 장비 또는 기기 등을 사용 전, 후에 세척해야 한다.

답 : ③

103 다음 중 포장 지시서에 포함되지 않은 사항은?

① 제품명
② 포장 설비명
③ 포장 생산수량
④ 포장 개봉일
⑤ 포장재 리스트

해설 우수화장품 제조 및 품질관리기준 제18조 별표2
포장지시서 : 제품명, 포장 설비명, 포장재 리스트, 상세한 포장공정, 포장생산수량

답 : ④

104 다음 중 화장품으로 분류되는 물휴지는?

① 인체세정용 물휴지
② 의료기관에서 시체를 닦는데 사용하는 물휴지
③ 청소용 물휴지
④ 음식점에서 사용하는 물휴지
⑤ 가정에서 다용도로 사용하는 물휴지

해설 인체 세정용 물휴지만 화장품으로 분류된다.

답 : ①

105 다음 중 화장비누표시 기재사항으로 적당하지 않은 것은?

① 부직포, 랩, 비닐, 종이(유산지), 수축필름 등으로 감싸서 이를 단상자 등에 포장한 경우–단 상자에 화장비누의 기재사항을 표시할 수 있다.
② 서로 다른 종류의 화장비누 각각을 부직포, 랩, 비닐, 종이 등의 마감재로 감싸서 하나의 단상자 등에 포장한 경우–화장품의 표시기재 의무사항을 외부박스에표시할 수 있다.

③ 개별 마감재 없이 화장비누를 외부박스 등으로만 포장한 경우-외부 박스를 최종포장으로 판단하여 표시사항을 외부 박스에 표시 할 수 있다.
④ 부직포 랩, 비닐, 종이(유산지), 수축필름 등으로만 포장한 경우-스티커를 부착하여 기재사항을 표시하여 포장한다.
⑤ 여러 개의 부직포 랩, 비닐, 종이(유산지), 수축필름 등으로 함께 감싼 후 하나의 외부박스등에 포장한 경우-여러 개의 화장비누를 화장품의 표시기재 의무사항을 외부 박스에 표시하는 것을 생략할 수 있다.

답 : ⑤

106 **다음 중 화장품 용기의 내용물 보조기능이 아닌 것은?**

① 변취
② 용기 포장 디자인
③ 변질
④ 투과성
⑤ 광 투과성

답 : ②

107 **다음 중 제품의 제형에 따른 충진 방법으로 옳지 않은 것은?**

① 화장수 유액 타입 : 병 충진
② 로션타입 : 특수 장치 충진
③ 크림타입 ; 입구가 넓은 병 또는 튜브타입
④ 에어로졸 타입 : 특수 장치 충진
⑤ 분체 타입 : 종이상자 또는 자루충진기

해설 로션타입: 병 충진

답 : ②

108 **다음 중 원료와 자재의 보관과 관리 방법으로 가장 옳은 것은?**

① 원료 보관소의 온도, 습도는 상온 또는 높게 한다.
② 창문을 차광하지 않고 햇빛이 잘 들게 한다.
③ 바닥에 적재하지 않고 파레트 위에 보관한다.
④ 파레드 위에 겹겹이 쌓아 보관한다.
⑤ 보관소의 공간확보를 위해서 벽 쪽으로 붙여서 보관한다.

해설 원료와 자재는 파레트 위에 보관하며, 벽에서 일정한 거리를 두고, 창문은 차광하며, 온도는 실온을 권장한다.

답 : ③

109 다음 중 피부 유형과 화장품의 사용목적이 틀리게 연결된 것은?

① 민감성 피부 – 진정 및 쿨링 효과
② 여드름 피부 – 멜라닌 생성 억제 및 피부기능 활성화
③ 건성 피부 – 피부에 유 · 수분을 공급하여 보습기능 활성화
④ 노화 피부 – 주름완화, 결체조직 강화, 새로운 세포의 형성 촉진 및 피부보호
⑤ 지성 피부 – 피지조절, 각질제거효과

해설 멜라닌 생성 억제 및 피부기능 활성화 제품은 색소침착피부에 사용 한다.

답 : ②

110 다음 중 자외선에 대한 설명으로 틀린 것은?

① 자외선 C는 오존층에 의해 차단될 수 있다.
② 자외선 A의 파장은 320 ~ 400nm이다.
③ 자외선 B는 유리에 의하여 차단할 수 있다.
④ 피부에 제일 깊게 침투하는 것은 자외선 B이다.
⑤ 자외선 A는 생활자외선이다.

해설 자외선 A는 320~400nm, B는 320~290nm, C는 290~200nm로 파장이 길수록 피부에 깊이 침투되며, 파장이 짧은 자외선 C는 오존층에 의해 차단된다.

답 : ④

111 다음 중 피부의 주체를 이루는 층으로서 망상 층과 유두층으로 구분되며 피부조직 외에 부속기관인 혈관, 신경관, 림프관, 땀샘, 기름샘, 모발과 입모 근을 포함하고 있는 곳은?

① 표피
② 진피
③ 근육
④ 피하조직
⑤ 유극층

해설 진피는 표피의 아래층으로 피부의 90%를 차지하며, 유두 층과 망상층의 두 층으로 구분된다. 진피의 두께는 표피보다 약 10~40배 정도 두꺼우며 피부조직 외에 부속기관인 혈관, 신경관, 림프관, 한선, 피지선, 입모근, 털을 포함하고 있다.

답 : ②

112 **다음 중 진피에 자리하고 있으며 통증이 동반되고, 여드름 피부의 4단계에서 생성되는 것으로 치료 후 흉터가 남는 것은?**

① 가피 ② 농포
③ 면포 ④ 낭종
⑤ 구진

해설 낭종은 진피 층에 자리하여 생길 때부터 통증이 있으며 여드름 4단계에 생성된다.

답 : ④

113 **다음 중 멜라닌 세포가 주로 분포되어 있는 곳은?**

① 투명층 ② 과립층
③ 각질층 ④ 기저층
⑤ 유극층

해설 기저 층에는 각질형성세포(Keratinocyte)와 멜라닌 형성세포(Melanocyte)가 존재한다.

답 : ④

114 **다음 중 인체의 구성 요소 중 기능적, 구조적 최소단위는?**

① 조직 ② 기관
③ 계통 ④ 세포
⑤ 표피

해설 세포 – 조직 – 기관 – 계통의 단계를 거쳐 인체가 완성된다.

답 : ④

115 **다음 중 조직 사이에서 산소와 영양을 공급하고, 이산화탄소와 대사 노폐물이 교환되는 혈관은?**

① 동맥(artery) ② 정맥(vein)
③ 모세혈관(capillary) ④ 림프관(lymphatic vessel)
⑤ 심장

해설 모세혈관은 내막만 갖고 있어 대단히 얇으며 세포와의 물질교환을 담당한다.

답 : ③

116 **다음 중 우드램프로 피부상태를 판단할 때 지성 피부는 어떤 색으로 나타나는가?**

① 푸른색 ② 흰색

③ 오렌지
④ 진보라
⑤ 진한 갈색

해설 〈우드램프의 피부상태〉
- 건성피부 : 연보라
- 민감성피부 : 진보라
- 노화피부 : 암적색
- 색소침착피부 : 암갈색
- 각질 : 흰색

답 : ③

117 다음 중 피부상재균의 증식을 억제하는 항균기능을 가지고 있고, 발생한 체취를 억제하는 기능을 가진 것은?

① 바디샴푸
② 데오도란트
③ 샤워코롱
④ 오데토일렛
⑤ 바디로션

해설 데오도란트는 방취화장품으로 로션, 파우더, 스프레이, 스틱 등 다양한 형태가 있다.

답 : ②

118 다음 중 화장품을 만들 때 필요한 4대 조건은?

① 안전성, 안정성, 사용성, 유효성
② 안전성, 방부성, 방향성, 유효성
③ 발림성, 안정성, 방부성, 사용성
④ 방향성, 안전성, 발림성, 사용성
⑤ 안전성, 방향성, 사용성, 맞춤성

해설 〈화장품의 4대 요건〉
- 안전성 : 피부에 대한 자극이나 알레르기, 독성이 없을 것
- 안정성 : 보관에 따른 변질 변색, 변취 및 미생물의 오염이 없을 것
- 사용성 : 피부에 사용 시 손놀림이 쉽고, 매끄럽게 잘 스며 들 것
- 유효성 : 보습, 노화억제, 자외선차단, 미백, 세정 등을 부여할 것

답 : ①

119 다음 중 캐리어오일 중 액체상 왁스에 속하고, 인체 피지와 지방산의 조성이 유사하여 피부 친화성이 좋으며, 다른 식물성 오일에 비해 쉽게 산화되지 않아 보존안정성이 높은 것은?

① 아몬드 오일(almond oil)
② 호호바 오일(jojoba oil)
③ 아보카도 오일(avocado oil)
④ 맥아 오일(wheat germ oil)

⑤ 올리브오일(olive oil)

해설 호호바 오일은 지성, 여드름, 염증 피부에 효과적이다.

답 : ②

120 다음 중 피부에 수분을 공급하는 보습제의 기능을 가지는 것은?

① 계면활성제
② 알파-히드록시산
③ 글리세린
④ 메틸파라벤
⑤ BHA

해설 화장품에 사용되는 피부보습제는 글리세린, 프로필렌글리콜, 솔비톨, 아미노산, 젖산염, 히아루론산염 등이 있다.

답 : ③

121 다음 중 계면활성제에 대한 설명으로 옳은 것은?

① 계면활성제는 일반적으로 둥근 머리모양의 소수성기와 막대꼬리모양의 친수성기를 가진다.
② 계면활성제의 피부에 대한 자극은 양쪽성 > 양이온성 > 음이 온성 > 비이온성의 순으로 감소한다.
③ 비이온성 계면활성제는 피부자극이 적어 화장수의 가용화제, 크림의 유화제, 클렌징 크림의 세정제 등에 사용된다.
④ 양이온성 계면활성제는 세정작용이 우수하여 비누, 샴푸 등에 사용된다.
⑤ 음이온 계면활성제는 자극이 적어 유아제품 등에 사용한다.

해설 계면활성제는 둥근 머리모양의 친수성기와 꼬리모양의 친유성기(소수성기)를 한 분자내에 가지고 있어 물과 기름의 경계면을 변화 시키는 특성을 가지며, 친수성기의 이온성에 따라 양이온성, 음이 온성, 바이온성, 양쪽성 계면활성제로 구분된다.

답 : ③

122 다음 중 피부유형별 화장품 사용방법으로 적합하지 않은 것은?

① 민감성 피부 - 무색, 무취, 무알콜 화장품 사용
② 복합성 피부 - T존과 U존 부위별로 각각 다른 화장품 사용
③ 건성 피부 - 수분과 유분이 함유된 화장품 사용
④ 모세혈관 확장 피부 - 일주일에 2번정도 딥클렌징제 사용
⑤ 지성피부 - 피지조절과 각질제거 화장품 사용

해설 모세혈관 확장피부는 딥클렌징을 피하는 것이 좋으며, 여드름이나 심한 지성피부의 경우 일

주일에 2회 정도 딥클렌징을 해 준다.

답 : ④

123 다음 중 다음은 어떤 베이스 오일을 설명한 것인가?

인간의 피지와 화학구조가 매우 유사한 오일로 피부염을 비롯하여 여드름, 습진, 건선피부에 안심하고 사용할 수 있으며 침투력과 보습력이 우수하여 일반 화장품에도 많이 함유되어 있다.

① 호호바 오일
② 스위트아몬드 오일
③ 아보카도 오일
④ 그레이프시드 오일
⑤ 카놀라 유

해설 호호바 오일은 지성, 여드름, 염증 피부에 효과적이다.

답 : ①

124 다음 중 천연과일에서 추출한 필링제는?

① AHA
② 라틱산
③ TCA
④ 페놀
⑤ 효소

해설 AHA는 천연유기산으로 각질세포 사이의 응집력을 와해시켜 각질을 탈락시키고, 자연 보습능력을 증가시킨다.

답 : ①

125 다음 중 아토피성 피부에 관계되는 설명으로 옳지 않은 것은?

① 유전적 소인이 있다.
② 가을이나 겨울에 더 심해진다.
③ 면직물의 의복을 착용하는 것이 좋다.
④ 소아습진과는 관계가 없다.
⑤ 피부에 보습제품을 사용하여 관리한다.

해설 소아습진은 초기에 아토피성 피부염의 초기 증상을 나타낸다.

답 : ④

126 다음 중 피지와 땀의 분비 저하로 유, 수분의 균형이 정상적이지 못하고, 피부결이 얇으며 탄력 저하와 주름이 쉽게 형성되는 피부는?

① 건성피부
② 지성피부
③ 이상피부
④ 민감피부

⑤ 정상피부

해설 건성피부는 외관상으로는 좋아 보이나 기름샘이나 땀샘의 분비가 원활하지 못해 항상 건조하고 윤기가 없다.

답 : ①

127 다음 중 피부 색소를 퇴색시키며 기미, 주근깨 등의 치료에 주로 쓰이는 것은?

① 비타민A
② 비타민B
③ 비타민C
④ 비타민D
⑤ 무기질

해설 비타민C는 도파의 산화를 억제하여 피부의 색소침착을 억제한다.

답 : ③

128 다음 중 성인의 경우 피부가 차지하는 부중은 체중의 약 몇 %인가?

① 5~7%
② 15~17%
③ 25~27%
④ 35~37%
⑤ 18~25

해설 성인의 평균피부면적은 16m^2로, 중량은 체중의 약 15~17% 정도이다.

답 : ②

129 다음 중 여드름 발생의 주요 원인과 가장 거리가 먼 것은?

① 아포크린 한선의 분비증가
② 모낭 내 이상 각화
③ 여드름 균의 군락 형성
④ 염증반응
⑤ 피지분비 증가

해설 여드름은 피지선의 발달로 인한 피지 분비의 증가가 원인으로 작용한다.

답 : ①

130 다음 중 피부노화 현상으로 옳은 것은?

① 피부노화가 진행되어도 진피의 두께는 그래도 유지된다.
② 광노화에서는 내인성 노화와 달리 표피가 얇아지는 것이 특징이다.
③ 피부 노화에는 나이에 따른 과정으로 일어나는 광노화와 누적된 햇빛노출에 의하여 야기되기도 한다.
④ 내인성 노화보다는 광노화에서 표피두께가 두꺼워진다.

⑤ 어부의 피부는 자연노화에 해당된다.

해설 광노화는 표지의 두께가 증가하고 멜라닌 세포의 이상항진, 탄력섬유의 이상적 증식 등 내인성 노화와는 조직학적 변화의 차이가 뚜렷하다.

답 : ④

131 다음 중 표피층을 순서대로 나열한 것은?

① 각질층, 유극층, 투명층, 과립층, 기저층
② 각질층, 유극층, 망상층, 기저층, 과립층
③ 각질층, 과립층, 유극층, 투명층, 기저층
④ 각질층, 투명층, 과립층, 유극층, 기저층
⑤ 각질층, 유두층, 망상층, 기저층, 과립층

해설 표피층은 바깥으로부터 각질층 – 투명층(손, 발바닥에만 존재) – 과립층 – 유극층 – 기저 층의 순으로 존재한다.

답 : ④

132 다음 중 원발진이 아닌 것은?

① 구진
② 농포
③ 반흔
④ 종양
⑤ 홍반

해설 원발진 : 반, 홍반, 자반, 구진, 종양, 결절, 소수포, 대수포, 농포, 팽진 등
속발진 : 미란, 찰상, 궤양, 인설, 가피, 균열, 반흔 등

답 : ③

133 다음 중 혈액의 기능이 아닌 것은?

① 조직에 산소를 운반하고 이산화탄소를 제거한다.
② 조직에 영양을 공급하고 대사 노폐물을 제거한다.
③ 체내의 유분을 조절하고 ph를 낮춘다.
④ 호르몬이나 기타 세포 분비물을 필요한 곳으로 운반한다.
⑤ 체온유지하고 면역작용을 한다.

해설 혈액은 산소 및 이산화탄소 운반, 영양분과 노폐물의 운반, 수분유지, 체온유지, 면역작용, 혈액응고작용, 전해질 및 pH 유지 기능을 한다.

답 : ③

134 다음 중 수분측정기로 표피의 수분 함유량을 측정하고자 할 때 고려해야 하는 내용이 아닌 것은?

① 온도는 20~22℃에서 측정하여야 한다.
② 직사광선이나 직접조명 아래에서 측정한다.
③ 운동 직후에는 휴식을 취한 후 측정하도록 한다.
④ 습도는 40~60%가 적당하다.
⑤ 세안 후 바로 측정하지 않고 30분 이후 에 측정한다.

해설 수분측정은 직사광선이나 직접조명 아래에서는 측정을 피한다.

답 : ②

135 다음 중 핸드케어제품 중 사용할 때 물을 사용하지 않고 직접 바르는 것으로 피부 청결 및 소독효과를 위해 사용하는 것은?

① 핸드워시 ② 핸드 새니타이저
③ 비누 ④ 핸드로션
⑤ 핸드크림

해설 핸드 새니타이저는 물로 손을 씻는 것을 대용해 주는 손세정제로 액체 형이나 젤 형태가 있다.

답 : ②

136 다음 중 땀의 분비로 인한 냄새와 세균의 증식을 억제하기 위해 주로 겨드랑이 부위에 사용하는 것은?

① 데오도란트 로션 ② 핸드로션
③ 보디로션 ④ 파우더
⑤ 샤워코롱

해설 데오도란트는 냄새를 제거하거나 약하게 하는 방취화장품이다.

답 : ①

137 다음 중 물에 오일성분이 혼합되어 있는 유화 상태는?

① O/W 에멀젼 ② W/O 에멀젼
③ W/S 에멀젼 ④ W/O/W 에멀젼
⑤ 다상 에멀전

해설 유화의 형태는 물에 오일이 분산되어 있는 O/W형(수중유적형, oil in water)과 오일에 물이 분산되어 있는 W/O형(유중수적형, water in oil)의 2가지와 W/O/W, O/W/O형의 다상에멀전이 있다.

답 : ①

138 다음 중 아로마테라피에 사용되는 아로마 오일에 대한 설명 중 가장 거리가 먼 것은?

① 아로마테라피에 사용되는 아로마 오일은 주로 수증기증류법에 의해 추출된 것이다.
② 아로마 오일은 공기 중의 산소, 빛 등에 의해 변질될 수 있으므로 갈색병에 보관하여 사용하는 것이 좋다.
③ 아로마 오일은 원액을 그대로 피부에 사용해야 한다.
④ 아로마 오일을 사용할 때에는 안전성 확보를 위하여 사전에 패취 테스트를 실시하여야 한다.
⑤ 아로마 오일은 베이스오일(캐리어오일)에 희석하여 사용한다.

해설 아로마 오일은 반드시 희석해서 사용해야 하며, 희석되지 않은 상태에서는 두통이나 매스꺼움, 불쾌감을 줄 수 있다.

답 : ③

139 다음 중 글리콜산이나 젖산을 이용하여 각질층에 침투시키는 방법으로 각질세포의 응집력을 약화시키며 자연 탈피를 유도시키는 필링제는?

① phenol
② TCA
③ AHA
④ BP
⑤ 고마쥐

해설 AHA(Alpha Hydroxy Acid)는 과일 산이라고도 하며, 사탕수수에서 얻어지는 글리콜릭산, 쉰우유에서 추출하는 젖산, 사과에서 얻어지는 말릭산, 포도의 타타릭산, 감귤류에서 얻어지는 시트릭산 등이 있다.

답 : ③

140 다음 팩 중 아줄렌 팩의 주된 효과는?

① 진정효과
② 탄력효과
③ 항산화 작용효과
④ 미백효과
⑤ 각질제거효과

해설 아쥴렌은 카모마일에서 얻은 물질로 항염, 항알러지, 진정, 상처치유 효과가 있다.

답 : ①

141 다음 중 여드름 피부에 직접 사용하기에 가장 좋은 아로 마는?

① 유칼립투스
② 로즈마리
③ 페파민트
④ 티트리
⑤ 제라늄

해설 티트리는 살균과 소독작용이 강하며 여드름 피부에 효과적이다.

답 : ④

142 다음 중 피부구조에 대한 설명 중 틀린 것은?

① 피부는 표피, 진피, 피하지방층의 3개 층으로 구성된다.
② 표피는 일반적으로 내측으로부터 기저층, 유극층, 과립층 투명층, 각질층의 5층으로 나뉜다.
③ 멜라닌 세포는 표피의 유극층에 산재한다.
④ 멜라닌 세포수는 민족과 피부색에 관계없이 일정하다.
⑤ 유극층에 랑겔한스세포가 존재한다.

해설 멜라닌 세포는 표피의 기저 층에 존재한다.

답 : ③

143 다음 중 사춘기 이후에 주로 분비가 되며, 모공을 통하여 분비되어 독특한 채취를 발생시키는 것은?

① 소한선
② 대한선
③ 피지선
④ 갑상선
⑤ 성 선

해설 대한선(아포크린선)은 소한선(에포크린선)보다 깊게 위치하여, 모낭과 연결되어 있고 사춘기 이후에 활동하여 강한 냄새가 나며 겨드랑이, 젖꼭지, 사타구니, 배꼽 주변에 주로 분포한다.

답 : ②

144 다음 중 피부의 각질층에 존재하는 세포 간지질 중 가장 많이 함유된 것은?

① 세라마이드(ceramide)
② 콜레스테롤(cholesterol)
③ 스쿠알렌(squalene)
④ 왁스(wax)
⑤ 요산

해설 세라마이드는 각질세포와 세포사이의 결합력을 높여주고 수분의 증발을 막아주는 작용을 한다.

답 : ①

145 다음 중 콜라겐(collagen)에 대한 설명으로 틀린 것은?

① 노화된 피부에는 콜라겐 함량이 낮다
② 콜라겐이 부족하면 주름이 발생하기 쉽다.

③ 콜라겐은 피부의 표피에 주로 존재한다.
④ 콜라겐은 섬유아세포에서 생성된다.
⑤ 콜라겐을 교원섬유라고도 한다.

해설 콜라겐은 피부의 진피 층에 존재하는 단백질로 진피에 인장강도를 주는 역할을 하며, 피부의 주름을 예방하는 수분 보유원이다.

답 : ③

146 다음 중 성인이 하루에 분비하는 피지의 양은?

① 약 1~2g
② 약 0.1~0.2g
③ 약 3~5g
④ 약 5~8g
⑤ 약 10~20g

해설 피지선은 진피 층에 있으며, 하루 평균 1~2g의 피지를 생산하여 모공을 통해 외부로 배출한다.

답 : ①

147 다음 중 향수의 부향률이 높은 것부터 순서대로 나열된 것은?

① 퍼퓸 〉 오데포퓸 〉 오데코롱 〉 오데토일렛
② 퍼퓸 〉 오데토일렛 〉 오데코롱 〉 오데퍼퓸
③ 퍼퓸 〉 오데퍼퓸 〉 오데토일렛 〉 오데코롱
④ 퍼퓸 〉 오데코롱 〉 오데퍼퓸 〉 오데토일렛
⑤ 퍼퓸 〉 샤워코롱 〉 오데토일렛 〉 오데코롱

해설 퍼퓸의 부향률은 15~30%, 오데퍼퓸은 9~12%, 오데토일렛은 6~8%, 오데코롱은 3~5%, 샤오코롱은 1~3% 정도 이다.

답 : ③

148 다음 중 다음 단면도에서 모발의 색상을 결정짓는 멜라닌 색소를 함유하고 있는 모피질 (毛皮質: cortex)은?

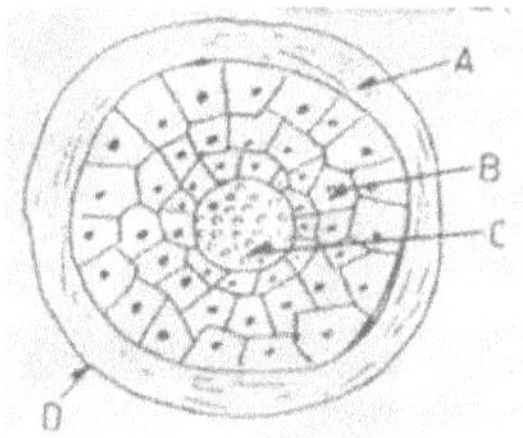

① A ② B
③ C ④ D
⑤ B,C

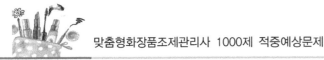

해설 A:모표피, B:모피질, C:모수질, D:모근초

답 : ②

149 모발의 구조를 바르게 설명한 것은 ?

① 피부를 경계로 하여 피부 밖은 모근부, 피부 안은 모간부로 나뉜다.
② 모간부 - 피부 안에 위치하는 부분으로 모표피, 모피질, 모수질 3개 층으로 되어 있다.
③ 모근부 - 모낭, 모구, 모유두, 피지선, 입모근 등이 있다.
④ 모간부 - 피부 밖에 위치하는 부분으로 모표피, 모피질, 모수질,피지선등으로 4개층으로 되어 있다.
⑤ 모근부 - 피부 안에 위치하는 부분으로 모낭 모구, 모피질 3개층으로 되어 있다.

답 : ③

150 모발의 등전점에 대한 설명으로 맞는 것은?

① 산성에 대한 저항력이다.
② 알칼리성에 대한 저항력이다.
③ 모발이 가장 안정화되는 상태를 말한다(pH 4.5~5.5)
④ 모발의 알칼리성 상태를 말한다.
⑤ 모발의 산성 상태를 말한다.

해설 알칼리성 화학제품을 사용한 후에는 반드시 pH를 등전점으로 회복시켜주는 것이 모발건강에 좋다.

답 : ③

151 맞춤형 화장품에 대한 내용으로 ㉠, ㉡에 들어갈 용어는?

가. 제조 또는 수입된 화장품의 내용물에 다른 화장품의 내용물이나 식품의약품안전처장이 정하여 고시하는 (㉠)를 추가하여 혼합한 화장품 나. 제조 또는 수입된 화장품의 내용물을 (㉡)한 화장품

해설 [화장품법 제2조3의2]따른 내용

답 : ㉠ 원료 ㉡ 소분(小分)

152 맞춤형 화장품 주요 규정에 관한 내용으로 옳은 것은?

① 소비자의 직 · 간접적 요구에 따라 원하는 모든 원료의 혼합이 이루어진다.
② 책임판매업자가 특정 성분의 혼합 범위를 규정하고 있는 경우 그 범위 내에서 특정 성분의 혼합이 이루어져야 한다.
③ 기본 제형(유형)이 정해져 있어야 하고 특정 성분의 혼합이 이루어져야 한다.
④ 화학적인 변화 인위적인 공정을 거치지 않는 성분만 사용이 가능하다
⑤ 기존 표시 · 광고된 화장품 효능 · 효과에 변화를 주어야 한다.

해설 2016년3월 식품의약품안전처 고시 제2016-77호 화장품 안전 기준 등에 관한 일부개정고시안 중의 내용

답 : ②

153 맞춤형화장품의 안전성에 대한 내용으로 옳은 것은?

① 인체를 대상으로 장기간 지속적으로 사용하므로 피부자극, 알레르기, 독성 등의 부작용이 없을 것
② 인체를 대상으로 단기간 지속적으로 사용하므로 피부자극, 알레르기, 독성 등의 부작용이 있을 것
③ 인체를 대상으로 장기간 지속적으로 사용하므로 피부자극과 알레르기가 있는 상태
④ 인체를 대상으로 장기간 지속적으로 사용하므로 독성 등의 부작용이 있는 상태
⑤ 사용 또는 보관 중에 화장품의 산화, 변색, 변취가 없을 것

해설 화장품 안전기준등에 관한 내용 참조

답 : ①

154 맞춤형화장품의 유효성에 관한 설명으로 옳은 것은?

① 사용 또는 보관 중에 화장품의 산화, 변색, 변취, 변질되거나 제형의 분리, 미생물 등에 오염되는 경우가 없는 상태
② 사용목적에 적합한 효능 · 효과(보습, 미백, 주름개선, 자외선차단제, 세정, 색채효과 등)를 나타낼 것
③ 체를 대상으로 장기간 지속적으로 사용하므로 피부자극, 알레르기, 독성 등의 부작용이 없을 것
④ 유효성에 관한 적정한 시험항목과 기준치를 설정 할 것
⑤ 사용시 부드럽게 잘 발라질것

해설 화장품 안전기준등에 관한 내용 참조

답 : ②

155 **다음은 맞춤형화장품의 품질 요소에 대한 설명으로 적합한 용어는?**

사용 또는 보관 중에 화장품의 산화, 변색, 변취, 변질되거나 제형의 분리, 미생물 등에 오염되는 경우가 없을 것

해설 화장품 안전기준등에 관한 내용 참조

답 : 안정성

156 **피부구조에 대한 설명으로 ㉠, ㉡, ㉢의 들어갈 용어는?**

피부의 두께는 1mm 미만인 (㉠)와 그 아래에 연결되는 (㉡), 그리고 지방세포로 구성된 (㉢)등 3개의 층과 피부의 기능을 도와주는 기관인 피부 부속기등으로 구성된다.

해설 피부 구조는 표피, 진피, 피하지방으로 구성

답 : ㉠ 표피 ㉡ 진피 ㉢ 피하지방

157 **다음 〈보기〉가 설명하는 것은?**

표피에는 매일 수백만 개의 새로운 세포들이 형성되고 이 세포들은 계속 바깥층으로 이동하며 딱딱한 각질로 변하게 된다. 기저 층에서 생성된 세포는 유극층, 과립층, 투명층, 각질층으로 변하게 되며 이 과정에 의해 이루어진다. 보통 이 과정은 약 4주(28일)가 걸리며 이 기간이 경과하면 피부로부터 노화된 각질 세포가 저절로 떨어져 나가는 현상이다.

답 : 각화현상(Keratinization)

158 **피부 구조 중 진피에 해당 되는 것은?**

① 유극층, 과립층
② 각질층, 투명층
③ 유두층, 망상층
④ 피하지방층
⑤ 피지선

해설 진피에 해당되는 유두 층에는 모세혈관과 신경이 분포되어 있고, 망상 층은 부속인 한선, 피지선, 모낭 등이 분포

답 : ③

159 피부의 생리 기능으로 옳은 것은?

① 보호 작용, 체온조절작용, 감각작용, 흡수작용, 재생작용, 저장작용
② 보호 작용, 헤모글로빈생성, 감각작용, 흡수작용, 재생작용, 저장작용
③ 보호 작용, 체온조절작용, 감각작용, 흡수작용, 재생작용, 멜라닌색소 생성
④ 각화현상, 체온조절작용, 감각작용, 흡수작용, 재생작용, 저장작용
⑤ 케라틴단백질 생성, 체온조절작용, 감각작용, 흡수작용, 재생작용, 저장작용

해설 피부는 외부의 환경과 직접적으로 접촉하고 있기 때문에 여러 가지 자극에 노출되어 있어 피부는 이러한 자극으로부터 인체를 보호하고 신체의 움직임을 주위의 변화에 순응시키는 작용을 가지고 있다.

답 : ①

160 모발의 주기로 바른 것은?

① 성장초기–성장기–퇴행기–휴지지–탈모
② 탈모–성장기–퇴행기–휴지지–성장초기
③ 성장초기–휴지기–퇴행기–성장기–탈모
④ 성장초기–퇴행기–성장기–휴지지–탈모
⑤ 성장초기–탈모–퇴행기–휴지지–성장기

해설 모발의 성장주기는 성장초기–성장기–퇴행기–휴지기를 반복한다.

답 : ①

161 (　　　　) 이란 판매장에서 고객 개인별 피부 특성이나 색, 향 등의 기호, 요구를 반영하여 화장품의 내용물을 소분하거나 화장품의 내용물에 다른 화장품의 내용물 또는 식약처장이 정하는 원료를 혼합한 화장품을 말한다. (　　　　)안에 들어갈 말은?

① 맞춤형화장품
② 기능성화장품
③ 유기농화장품
④ 천연화장품
⑤ 미백화장품

해설 화장품법 제5조(영업자의 의무 등)

답 : ①

162 다음 보기의 내용은 무엇을 설명한 것인가?

(가) 화장품에 사용할 수 없는 원료
(나) 사용상의 제한이 필요한 원료
(다) 사전심사를 받거나 보고서를 제출하지 않는 기능성화장품 고시 원료

① 천연 화장품 제조 시 사용할 수 없는 원료
② 기능성 화장품 제조시 사용할 수 없는 원료
③ 기능성 화장품 제조시 사용할 수 있는 원료
④ 맞춤형 화장품을 제조시 사용할 수 없는 원료
⑤ 맞춤형 화장품을 제조시 사용할 수 있는 원료

해설 화장품법 제2조, 화장품법 제8조

답 : ④

163 보관에 따른 변질, 변색, 변취, 미생물의 오염이 없어야 한다. 이는 화장품의 4대 요건 중 무엇을 설명한 것인가?

① 효율성
② 안전성
③ 안정성
④ 유효성
⑤ 사용성

답 : ③

164 기저층에서 형성된 각질세포가 각질층에 도달한 후, 피부로부터 자연적으로 탈락하게 되는 기간은 (　　　　)이 걸리는데 이 주기를 (　　　　)이라고 한다.

답 : 28일, 각질형성주기

165 각질형성세포와 색소형성세포로 구성된 표피의 층은 어디인가?

① 각질층
② 투명층
③ 과립층
④ 유극층
⑤ 기저층

답 : ⑤

166 2~5개 층의 편평형 세포층으로 이루어졌으며, 수분저지막이 있어 외부로부터 피부를 보호 해준다. 빛을 산란시켜 자외선을 흡수하며, 각질화가 시작되는 곳이다. 어느 층의 설명인가?

① 각질층
② 투명층
③ 과립층
④ 유극층
⑤ 기저층

답 : ③

167 다음 보기에서 설명하는 것은 무엇인가?

(가) 교원섬유와 탄력섬유가 있다.
(나) 유두 층과 망상 층으로 나누어져 있다.
(다) 피부에서 가장 두꺼운 부분이다.
(라) 림프관, 피지선, 한선, 신경등 피부 부속기관이 존재한다.

① 표피층 ② 진피층
③ 피하조직 ④ 투명층
⑤ 유극층

답 : ②

168 피부의 기능과 설명으로 틀린 것은?

① 비타민 D 합성 : 28일 주기로 각질이 떨어져 나감
② 보호기능 : 물리적, 화학적 자극으로부터 신체기관을 보호 및 수분손실 방지
③ 분비기능 ; 땀 분비를 통해 신체의 온도조절 및 노폐물을 배출함
④ 호흡기능 : 폐를 통한 호흡 이외에 피부로도 호흡이 이루어지고 있다
⑤ 흡수기능 : 모낭, 한선, 피지선을 통한 진피 또는 표피를 경유하는 경피 흡수

답 : ①

169 모발의 구조는?

① 각질층 → 투명층 → 과립층 → 유극층 → 기저층
② 유두 층 → 망상 층 → 피하조직
③ 표피 → 진피 → 피하조직
④ 모표피 → 모피질 → 모수질
⑤ 모수질 → 모표피 → 모피질

답 : ④

170 모낭과 모유두가 완전히 분리되어 성장이 멈추고 동시에 모근이 위로 밀려 올라가게 됨으로서 탈모가 시작되는 시기이며, 기간은 3~4개월 정도 걸린다. 전체 모발의 10% 내외를 차지한다. 모발의 모주기중 무엇을 설명한 것인가?

답 : 휴지기

171 **고객의 가족력, 고객의 나이, 과거의 병력, 과거의 피부관리 유무, 직업, 라이프 스타일, 식습관 및 사용중인 화장품, 스트레스정도 등을 판독 할 수 있다. 피부분석 방법 중 무엇을 설명한 것인가?**

① 문진법
② 견진법
③ 촉진법
④ 시진법
⑤ 미용기기를 이용한 분석법

답 : ①

172 **(   ) 여러 가지 품질을 인간의 오감에 의하여 평가하는 제품검사를 말하는 것으로 좋고 싫음을 주관적으로 판단하는 기호형과 표준품 및 한도품 등 기준과 비교하여 합격품, 불량품을 객관적으로 평가하고 선별하거나, 사람의 식별력등을 조사하는 분석형의 종류가 있다. (   )에 들어갈 말은 무엇인가?**

① 절대평가
② 상대평가
③ 관능평가
④ 표준평가
⑤ 제품평가

답 : ③

173 **다음 보기는 관능평가 방법 중 하나이다. 어떤 방법을 설명한 것인가?**

소비자의 판단에 영향을 미칠 수 있고 제품의 효능에 대한 인식을 바뀔 수 있는 상품명, 디자인, 표시사항 등의 정보를 제공하지 않는 제품 사용시험

① 일반패널에 의한 사용시험
② 관능시험
③ 소비자에 의한 사용시험
④ 비맹검 사용시험
⑤ 맹검 사용시험

답 : ⑤

174 **맞춤형 화장품의 목적과 효과로 맞는 것은?**

① 적절한 보습, 노화억제, 자외선차단, 미백등 유효성
② 개인의 기호와 피부타입에 맞게 원료와 내용이 구성되어, 보습, 유연, 영양공급 효과
③ 개인별 피부 타입에 맞게 화장품 제조
④ 고객과의 상담은 무엇보다 중요하다
⑤ 고객의 다양한 소비 욕구 충족

답 : ②

175 맞춤형화장품의 부작용의 종류와 현상으로 틀린 것은?

① 홍반 : 붉은 반점
② 가려움 : 소양증
③ 부종 : 부어오름
④ 작열감 : 굳는 느낌
⑤ 자통 : 찌르는 듯한 느낌

답 : ④

176 맞춤형화장품의 표시사항으로 틀린 것은?

① 제조사명
② 화장품 명칭
③ 사용방법과 사용 시 주의사항
④ 사용기한 또는 개봉후 사용기간
⑤ 식별번호

해설 화장품 시행규칙 제19조(화장품 포장의 기재 · 표시 등)

답 : ①

177 화장품의 안전기준의 주요사항으로 틀린 것은?

① 식품의약품안전처장은 화장품의 제조 등에 사용할 수 없는 원료를 지정하여 고시하여야 한다.
② 식품의약품안전처장은 보존제, 색소, 자외선차단제 등과 같이 특별히 사용상의 제한이 필요한 원료에 대하여는 그 사용기준을 지정하여 고시하여야 한다.
③ 어린이가 화장품을 잘못 사용하여 인체에 위해를 끼치는 사고가 발생하지 아니하도록 안전용기 · 포장을 사용하여야 한다.
④ 어린이용 오일 등 개별포장 당 탄화수소류를 10퍼센트 이상 함유하고 운동점도가 21 센티스톡스(섭씨 40도 기준) 이하인 비에멀젼타입의 액체상태의 제품
⑤ 알레르기 유발물질은 고지하지 않아도 된다.

해설 제18조(안전용기 · 포장 대상 품목 및 기준), 제8조(화장품 안전기준 등)

답 : ⑤

178 맞춤형 화장품의 특징으로 틀린 것은?

① 개인이 원하는 향과 원료를 이용하여 나만의 제품을 만들 수 있다.
② 내 피부 타입에 맞는 원료를 선택하여 만들 수 있다.
③ 비교적 가격이 비싸다.
④ 천연 재료를 다양하게 구할 수 있다.
⑤ 가격이 저렴하여 경제적이나 사용기간이 짧다.

답 : ③

179 맞춤형화장품의 사용법으로 틀린 것은?

① 패치 테스트 후 사용한다.
② 냉장 보관한다.
③ 사용기간이 짧으니 최대한 빠른 기간 안에 사용한다.
④ 용기를 통한 오염은 없다.
⑤ 제품 사용 시 손을 깨끗이 씻고 사용한다.

답 : ④

180 화장품에 사용하는 성분규제 체계는 화장품 원료지정에 관한규정에 의해서 사용제한을 두고 있다. 이중 배합한도 지정 원료는 무엇인가?

① 살균보존제, 자외선차단제등
② 타르색소
③ 활성성분
④ 점증제
⑤ 정제수

해설 화장품법 제8조(화장품 안전기준 등),화장품법 제2조제3호의2

답 : ①

181 관능평가 방법과 절차에서 (분석별 실험실 검사, 차이식별 검사)의 설명으로 옳은 것은?

① 시료간의 유의적 차이가 있는가를 판정
② 30~40명의 훈련된 패널 단일시료 제시법(A not A test)
③ 전문가와 또는 훈련된 패널 4~6명으로 구성
④ 3점 비교 검사
⑤ 둘러앉아서 제시된 시료에 대하여 토의 기록

해설 1.2조 검사(Duo-trio test), 3점 검사(Triangle test), 2점 비교검사

답 : ①

182 관능평가 방법과 절차에서 묘사분석으로 옳은 것은?

① 제품의 관능적 특성을 질적 · 양적으로 표현하는 방법
② 향미와 조직감에 대한 특징과 밀도 등의 묘사
③ 전문가 또는 훈련된 패널 10명 이상
④ 소비자 접촉을 통해 소비자 반응태도를 구체적으로 파악
⑤ 기존 제품의 품질유지, 품질향상, 신상품개발, 판매가능성 분석의 유효

해설 ④과 ⑤은 소비자 검사에 해당

답 : ①

183 화장품의 효과 설명으로 옳지 않은 것은?

① 피부 미백에 도움을 준다.
② 여드름 치료에 도움을 준다.
③ 피부의 주름 개선에 도움을 준다.
④ 자외선으로부터 피부를 보호하는데 도움을 준다.
⑤ 피부 보습, 피부유연 등의 효능과 효과 표시가능

해설 여드름은 인체세정용 제품류에 한정(기능성 화장품의 범위 참조)

답 : ②

184 맞춤형 화장품의 부작용 종류와 현상에 대한 설명으로 자극 반응이 일으킬 수 있는 화장품의 원료는?

① 계면활성제, 방부제, 색소, 인공향료
② 유기농 원료의 라벤더 오일
③ 녹차추출물
④ 전성분의 정제수
⑤ 스쿠알란

해설 [화장품법 제5조]에 따른 맞춤형화장품에 사용 가능한 원료 참조

답 : ①

185 배합금지 사항 확인 · 배합에 대한 내용으로 옳은 것은?

① 소비자의 직 · 간접적인 요구에 따라 화장품의 특정 성분의 혼합이 이루어짐
② 기본제형이 정해져 있으나 제형변화를 줄 수 있는 특정 성분의 혼합이 이루어짐
③ 브랜드명이 있어야 하고, 브랜드명의 변화가 있게 혼합이 이루어짐
④ 제조판매업자가 특정 성분의 혼합 범위를 규정하고 그 외 범위에서 특정 성분의 혼합이 이루어짐
⑤ 기존 표시 · 광고된 화장품의 효능 · 효과에 변화가 없는 범위내에서 특정 성분의 혼합이 이루어져야 함

해설 화장품 안전기준 등에 관한 규정 참조

답 : ⑤

186 맞춤형 화장품을 혼합하기 전 맞춤형조제관리사의 자세로 옳은 것은?

① 오염방지를 위해 혼합행위를 할 때에는 단정한 복장을 하며 혼합 전 · 후에는 손을 소독하거나 씻도록 함
② 전염성 질환 등이 있는 경우는 마스크를 착용한다.

③ 완제품 및 원료의 입고 시 사용기한을 확인하고 사용기한이 지난 제품에 문제가 없을 경우 그대로 사용한다.
④ 오염방지를 위해 혼합행위를 할 때에는 단정한 복장을 하며 혼합 전에만 손을 소독한다.
⑤ 사용하고 남은 제품은 개봉 후 밀폐 시켜 보관 한다.

해설 [화장품법 제5조]에 따른 맞춤형화장품에 사용 가능한 원료 참조

답 : ①

187 **다음 〈보기〉에서 설명하는 원료는?**

가. 사용 후 씻어내는 제품류는 2%
나. 사용 후 씻어내는 두발용 제품류에는 3%
다. 3세 이하 어린이 사용 금지(샴푸는 제외)
라. 기능성화장품의 유효성분으로 사용하는 경우에 한하며 기타 제품에는 사용금지

해설 [화장품법 제5조]에 따른 맞춤형화장품에 사용 가능한 원료 중 기타성분 참조

답 : 살리실릭애씨드 및 그 염류

188 **다음 아래의 원료는 화장품의 사용상의 제한이 필요한 원료들이다. 원료의 공통점은?**

• 벤질코늄클로라이드 0.1%
• 알킬이소퀴놀리늄브로마이드 0.05%
• 페녹시이소프로판올(1-페녹시프로판-2-올) 1.0%

해설 [화장품법 제5조]에 따른 맞춤형화장품에 사용 가능한 원료 중 사용상의 제한이 필요한 원료

답 : 사용 후 씻어내는 제품

189 **시스테인, 시스테인염류 또는 아세틸시스테인을 주성분으로 하는 냉2욕식 퍼머넌트웨이브용 제품의 설명으로 옳지 않는 것은?**

① pH : 4.5 ~ 9.6
② 시스테인 : 3.0 ~ 7.5%
③ 환원후의 환원성물질(시스틴) : 0.65%이하
④ 알칼리 : 0.1N 염산의 소비량은 검체 1mL에 대하여 12mL이하
⑤ 중금속 : 20μg/g이하, 비소 : 5μg/g이하, 철 : 2μg/g이하

해설 [제6조]화장품 안전기준 등에 관한 규정 (유통화장품의 안전관리 기준 내용)

답 : ①

190 혼합 · 소분에 필요한 도구 · 기기 리스트로 옳은 것은?

① 혼합기, 충진기, 저울, 세병기, 기타
② 위생장갑, 충진기, 저울, 세병기, 기타
③ 세척기, 충진기, 저울, 세병기, 기타
④ 혼합기, 소독제, 저울, 세병기, 기타
⑤ 위생가운, 혼합기, 충진기, 저울, 기타

답 : ①

191 맞춤형화장품에 맞는 혼합 · 소분 활동으로 옳은 것은?

① 판매장 또는 혼합 · 판매 시 오염 등 문제가 발생했을 경우 위생관리 교육을 한다.
② 원료나 내용물 등은 직사광선은 상관없으나 품질에 영향을 미치지 않는 장소에 보관할 것
③ 완제품 및 원료의 입고 시 제조소, 품질관리 확인서만 구비하면 된다.
④ 혼합 후에는 물리적 현상(층 분리)에 대하여 육안으로 이상유무 확인하고 판매하도록 함
⑤ 완제품 및 원료의 입고 시 제조소의 품질 성적서를 구비한다.

답 : ④

192 계면활성제에 대한 설명으로 ( )안에 들어갈 내용은?

이 원료는 물과 기름같이 서로 섞이지 않는 물질의 경계면, 즉 계면에 흡착하여 그 계면의 성질을 변화시키는 물질로 하나의 분자 내에 ( )와 ( )를 함께 가지고 있다.

해설 가용화제, 유화제, 분산제, 세정 계면활성제 등

답 : 친유기(親油基), 친수기(親水基)

193 계면활성제 성질을 표현하는 대표적 방법에 대한 설명이다. 그 용어를 쓰시오?

[계면활성제가 가지고 있는 친수기와 친유기의 성질 및 사용양의 비율 등 상대적 조건에 따라 결정되는 해당 계면활성제의 친수성(hydrophilic) 또는 친 유성(lipophilic) 정도의 표현지수]

해설 HLB(Hydrophile–Liphophile Balance System)은 각종 화장품 제조에 이용

답 : HLB(Hydrophile–Liphophile Balance System)

194 계면활성제의 사용목적과 그 범위로 옳은 것은?

① 가용화제-헤어린스, 헤어크림, 헤어스프레이 등 모발용 제품
② 유화제(O/W형 · W/O형)-크림, 로션(유액), 유화 파운데이션 제품, 유화아이메이크업 제품
③ 정전기 방지제-화장수(스킨), 세럼(에센스), 모발용 제품, 색소 또는 유효성분의 용해
④ 세정제-블러셔(치크칼라), 분말제품의 유성 결합제 개선작용 등
⑤ 습윤제-세안 클렌징제품, 헤어샴푸, 바디클렌저, 비누 등

해설 거품제(기포형성제)-목욕제품, 헤어샴푸, 바디크렌저, 클렌징제품 등

답 : ②

195 화장품에 사용하는 산화방지제의 선택에 있어 고려해야 하는 요인이 아닌 것은?

① 피부에 대한 유효성
② 안정성(성분과의 반응, 제조 시 분해 · 파괴되지 않을 것)
③ 지속성(산화방지 기능이 장기간 유지될 것)
④ 제조조건, 경시변화 등에 대한 착색이 없을 것
⑤ 무색 · 무취일 것

해설 피부에 대한 안전성(무독, 무자극)

답 : ①

196 맞춤형화장품은 변질, 변색, 변취, 미생물 오염이 없어야 한다. 이는 무엇을 설명한 것인가?

① 사용성
② 유효성
③ 안전성
④ 안정성
⑤ 방향성

해설 화장품의 품질요소 중 안정성에 대한 내용

답 : ④

197 맞춤형화장품 매장에 소비자가 방문하여 매장에 근무하는 조제관리사에게 천연화장품을 주문하였다. 천연 화장품으로 적합한 것은?

① 천연원료에 합성 보존제 및 변성제를 5%이내를 사용한 화장품
② 천연원료에 석유화학 원료를 5%이내를 사용한 화장품
③ 천연원료에 합성 보존제 및 변성제를 10%이내를 사용한 화장품

④ 천연원료85% 천연 유래와 석유화학 부분을 모두 포함하고 있는 원료
⑤ 천연원료 85%에 합성 보존제 및 변성제를 배합한 화장품

해설 [제3조]천연화장품 및 유기농화장품의 기준에 관한 규정의 내용으로 보존제 및 변성제 원료는 5% 이내, 석유화학 부분(petrochemical moiety의 합)은 2%를 초과할 수 없다.

답 : ①

198 다음 〈보기〉는 맞춤형 화장품의 전 성분으로 조제관리사가 소비자에게 사용한 보존 제에 해당되는 성분을 쓰시오.

정제수, 글리세린, 나이아신아마이드, 잔탄검, 녹차추출물, 3-메칠논-2-엔니트릴, 비타민E(토코페롤), 세틸팔미테이트, 클로로자이레놀, 향료

해설 화장품안전기준 등에 관한 규정[별표2] 사용상의 제한이 필요한 원료

답 : 클로로자이레놀

199 다음 맞춤형 화장품에 혼합 가능한 원료는?

① 벤질신나메이트
② 리모넨
③ 알부틴 2% 이상 함유제품
④ 호호바 오일
⑤ 갈라민트리에치오다이드

해설 화장품 안전기준 등에 관한 규정에 따른 원료

답 : ④

200 다음은 맞춤형 화장품의 유형에 따른 표시 사항이다. 〈보기〉는 무엇을 설명한 것인가?

(가) 화장품 사용 시 또는 사용 후 직사광선에 의하여 사용부위가 붉은 반점, 부어오름 또는 가려움증 등의 시상 증상이나 부작용이 있는 경우 전문의 등과 상담할 것 (나) 상처가 있는 부위 등에는 사용을 자제할 것 (다) 보관 및 취급 시의 주의사항 1) 어린이의 손이 닿지 않는 곳에 보관할 것 2) 직사광선을 피해서 보관할 것

해설 [화장품법 제19조제3항]관련 화장품의 유형과 사용 시의 주의사항 내용(별표3)

답 : 사용 시의 주의사항 중 공통사항

201 맞춤형 화장품판매업의 설명으로 옳은 것은?

① 제조 또는 수입된 화장품의 내용물을 소분(小分)한 화장품을 판매하는 영업
② 화장품의 포장(1차 포장만 해당한다)을 하는 영업
③ 수입된 화장품을 유통 · 판매하는 영업
④ 화장품 제조를 위탁받아 제조하는 영업
⑤ 화장품제조업자에게 위탁하여 제조된 화장품을 유통 · 판매하는 영업

해설 화장품제조업, 화장품책임판매업 내용과 구분

답 : ①

202 맞춤형화장품판매업을 영업하기 위한 규정사항으로 옳은 것은?

① 맞춤형화장품판매업을 총리령에 따라 식품의약품안전처장에게 신고하고 맞춤형화장품조제 관리사를 두고 영업
② 제3조제1항에 따라 화장품제조업을 등록하고 영업 한다.
③ 화장품제조업으로 등록하고 화장품 제조를 위탁받아 제조하는 영업
④ 화장품제조업으로 등록하고 1차 포장만 하여 영업
⑤ 화장품책임판매업으로 등록하고 화장품을 직접 제조하여 유통 · 판매하는 영업

해설 화장품제조업, 화장품책임판매업 영업 범위 구분

답 : ①

203 판매장에서 고객 개인별 피부 특성이나 색, 향 등의 기호 · 요구를 반영하여 제품을 판매할 수 있는 사람은?

① 화장품 제조업을 하는 자
② 피부미용관리사
③ 화장품 책임 판매업으로 등록 된 자
④ 맞춤형화장품조제관리사 자격증을 가진 자
⑤ 화장품 소매 판매업을 하는 자

해설 맞춤형화장품 제도 도입 취지는 다양한 소비자 요구를 충족시키기 위함

답 : ④

204 맞춤형화장품 판매 시설에 대한 내용으로 옳지 않는 것은?

① 적절한 환기시설 되어 있어야 한다
② 구획된 조제실 및 원료 보관장소 필요

③ 작업자의 손 및 조제설비 · 기구 세척시설
④ 판매장소와 조제실은 소비자가 잘 볼수 있는 위치로 시설
⑤ 맞춤형화장품간 혼입이나 미생물 오염을 방지할 수 있는 시설 또는 설비

답 : ④

205 진피의 구성에 포함되지 않는 것은?

① 교원섬유(콜라겐)
② 탄력섬유(엘라스틴)
③ 기질
④ 피하 조직
⑤ 신경

답 : ④

206 피부의 기능에 대한 설명 중 틀린 것은?

① 보호기능 - 물리적, 화학적자극과 미생물과 자외선으로부터 신체기관을 보호 및 수분 손실 방지
② 각화기능 - 21일을 주기로 각질이 떨어져 나감
③ 분비기능 - 땀, 부비를 통해 신체의 온도조절 및 노폐물을 배출함
④ 체온조절기능 - 땀분비를 통해 체온을 조절한다.
⑤ 해독기능 - 지속적인 박리를 통해 독소물질의 배출

해설 기제세포에서 각질세포로 되어가는 과정으로 약 2주 정도 걸린다.

답 : ②

207 피부의 기능을 설명한 것으로 바르지 않는 것은?

① 폐를 통한 호흡 이외의 기능으로 피부로도 호흡
② 땀분비를 통한 체온조절 기능
③ 신경말단 조직과 머켈세포(Merkel cell)의 감각전달 기능
④ 비타민 D의 합성
⑤ 신경전달 기능

해설 피부의 기능으로는 보호기능, 각화기능, 분비기능, 해독기능, 면역기능, 감각전달기능, 비타민 D합성, 체온조절기능, 호흡기능

답 : ⑤

208 피부는 (   ), 진피, 피하지방으로 구성되어 있다. 다음에 들어갈 내용은?

해설 피부는 표피 진피 피하지방으로 구성

답 : 표피

209 탄력섬유(elastin)과 교원섬유(collagen)이 존재하는 층은?

① 표피층
② 표피와 진피 사이
③ 진피층
④ 피하지방층
⑤ 진피와 피하지방층 사이

해설 하이알루로닉애씨드(hyaluronic acid), 혈관, 피지선, 섬유아세포와 함께 진피에 존재

답 : ③

210 피부의 재생주기(turn over)에 대한 설명으로 바른 것은?

① 20세를 기준으로 평균 28일이며, 나이가 들어감에 따라 평균 48일로 보고된다.
② 피부의 재생주기는 20세 평균 28일이며, 나이가 들어가면서 점차 빨라진다.
③ 피부의 재생주기는 20대와 40대의 차이는 없다.
④ 20대를 기준으로 60일로 정한다.
⑤ 재생주기는 40대를 기준으로 한다.

해설 피부의 재생주기 28일(20대 기준) 48일(40~60일, 40대 기준)

답 : ①

211 피부 노화의 내적 요인으로 옳지 않은 것은?

① 지속적인 햇빛 노출
② 섬유아세포의 활성 저하가 콜라겐 생합성 감소, 변성된 엘라스틴 증가
③ 폐경의 의한 에스트로겐 분비 감소
④ 항산화계 효소 카탈라제(catalase) 기능저하로 외부유해인자에 대한 생체방어시 스템 기능 저하
⑤ 지질생산(세라마이드, 콜레스테롤 등)감소로 (피부보호장벽) 기능약화

해설 피부노화의 내적요인, 외적요인 내용과 구분

답 : ①

212 다음 피부노화의 요인 중 구분이 다른 하나는?

① 흡연
② 공기오염

③ 피부염증 ④ 건조한 피부
⑤ 자외선 등에 의한 활성산소 증가

해설 피부노화의 외적요인, 환경적요인과 내용 구분

답 : ⑤

213 **다음 〈보기〉에서 피부노화의 환경적 요인을 모두 고르시오.**

(가) 수질오염	(나) 열(heat) 노출
(다) 적외선 노출	(라) 피부염증
(마) Dermo-Epidermal-Junction(DEJ)감소로 표피로 전달되는 영양분감소	
(바) 섬유아세포의 활성 저하가 콜라겐 생합성 감소, 변성된 엘라스틴 증가	

해설 피부노화의 내적요인, 외적요인, 환경적요인과 내용 구분

답 : (나), (다)

214 **다음 피부 표피층의 순서로 바른 것은?**

① 각질층–투명층–과립층–유극층–기저층
② 투명층–과립층–유극층–각질층–기저층
③ 각질층–기저층–투명층–과립층–유극층
④ 과립층–유극층–투명층–기저층–각질층
⑤ 기저층–유극층–과립층–투명층–각질층

해설 표피층 각질층–투명층–과립층–유극층–기저층으로 구분

답 : ①

215 **다음은 표피의 각 층에 대한 연결이 바르지 않는 것은?**

① 각질층–NMF(천연보습인자)가 존재
② 투명층–엘라이딘(elaidin) 때문에 투명하게 보임
③ 유극층–수분을 흡수하고 죽은 세포로 구성
④ 과립층–각화가 시작되는 층
⑤ 기저층–멜라닌형성세포와 각질형성세포 존재함

해설 유극층은 수분을 많이 함유하고 표피에 영양을 공급, 항원전달세포인 랑거한스세포 존재

답 : ③

216 다음은 진피에 대한 설명으로 바르지 않은 것은?

① 모세혈관이 분포하여 표피에 영양을 공급

② 기저층의 세포분열을 도움

③ 열격리, 충격흡수, 영양저장소의 기능을 함

④ 유두층과 망상층으로 나뉜다

⑤ 진피 망상층에는 교원섬유, 탄력섬유를 생산하는 섬유아세포 존재

해설 진피와 피하지방의 내용을 구분

답 : ③

217 여드름 유발성 물질이 아닌 것은?

① 미네랄 오일

② 페트롤라툼(petrolatum)

③ 올레익애씨드(oleicacid)

④ 코코아 버터

⑤ 비타민 B6

해설 여드름 치료성분과, 유발성 물질 구분

답 : ⑤

218 땀과 피지에 대한 설명 중 바르지 않은 것은?

① 피부는 땀(수상)과 피지(유상)가 섞여서 형성된 피지막이 피부를 보호한다.

② 입모근은 모근에 붙어있는 작은 근육으로 털세움근이라고 하며 자율신경의 지배를 받는다.

③ 소한선은 표피에 직접 땀을 분비하며, 주로 열에 의해 분비된다.

④ 땀은 물과 소금으로만 구성되어 있다.

⑤ 대한선은 겨드랑이, 유두, 항문주위, 생식기부위, 배꼽주위에 분포한다.

해설 땀의 구성성분 물, 소금, 요소, 암모니아, 아미노산, 단백질, 젖산 등이다.

답 : ④

219 아래의 표는 (　　　　　　)에 대한 설명이다. (　　　　)를 채우시오.

성분	구성(%)	성분	구성(%)
유리 아미노산	40.0	칼륨(K)	4.0
피롤리돈카복실릭애씨드	12.0	칼슘(Ca)	1.5
젖산염	12.0	요산, 글루코사민, 암모니아	1.5
당류, 유기산 기타물질	8.5	마그네슘(Mg)	1.5
요소	7.0	인삼염	0.5
염산염	6.0	구산염	0.5
나트륨(Na)	5.0	포름산(formic acid)	0.5

해설 각질층의 수분량을 일정하게(15~20%) 유지하도록 돕는 역할

답: 천연보습인자(Natural Moisturizing Factor)

220 모발의 구조에 대한 설명으로 바르지 않은 것은?

① 모피질(cortex)과 모수질(medulla)이 있으며 모피질에는 피질세포, 케라틴, 멜라닌이 존재
② 멜라닌은 티로신으로부터 만들어 진다
③ 모발의 색은 유멜라닌(eumelanin)과 페어멜라닌(pheomelanin)의 구성비에 의해 결정
④ 멜라닌은 모피질과 모수질에서 만들어 짐
⑤ 유멜라닌(eumelanin)−검정, 갈색 페어멜라닌(pheomelanin)−빨간색과 금발

해설 멜라닌은 티로신으로부터 만들어짐

답 : ④

221 모발에서 환원제(reducing agent)와 산화제(oxidizing agent) 역할은?

① 디설파이드(disulfide, S−S)결합을 재구성하여 모발의 모양이나 웨이브 정도를 결정
② 멜라닌에 의한 색상 결정
③ 산성염료를 전기적으로 모발에 부착시켜 염색을 시킨다.
④ 모발의 성장을 도와 준다.
⑤ 모발의 등전점 pH가 낮아 진다.

해설 디설파이드(disulfide, S−S)결합에 의해 모발형태와 웨이브 결정

답 : ①

222 모발의 등전점에 대한 설명으로 바른 것은?

① 모발이 가장 안정화되는 상태를 말한다(pH4.5~5.5).
② 알칼리성에 대한 저항력이다.
③ 산성에 대한 저항력을 말한다.
④ 모발이 산성 상태를 말한다.
⑤ 모발이 알칼리성 상태를 말한다.

해설 알칼리성인 화학제품을 사용한 후에는 반드시 pH를 등전점으로 회복시켜 주는 것이 모발건강 좋다.

답 : ①

223 모발과 산성에 대한 설명으로 바르지 않는 것은?

① 산성에 대한 저항력은 알칼리성에 비해 강함
② 모발의 수축을 일으켜 pH4.5~5.5에서 모발이 가장 단단해지고 탄력이 생긴다.
③ 강한 산성(pH1.5~2)에서는 모발이 가수분해 되어 폴리펩티드 결합이 끊어져 아미노산으로 분해
④ 폴리펩티드 결합이 끊어져 아미노산으로 분해되어 모발의 손상을 준다.
⑤ 알칼리성에 대한 저항력은 매우 약하다.

해설 모발은 알칼리성에 대한 저항력이 약하다

답 : ⑤

224 모발과 알칼리와의 관계 대한 설명으로 바른 것은?

① 알칼리성에 대한 저항력은 산성에 비해 강함
② 알칼리성에 대한 저항력은 매우 약해 모발의 큐티클을 열어주고 측쇄결합 중 이온결합을 이완시켜 단백질 구조는 느슨해져 불안정한 상태가 된다.
③ 모발의 수축을 일으켜 pH4.5~5.5에서 모발이 가장 단단해지고 탄력이 생긴다.
④ 폴리펩티드 결합이 끊어져 아미노산으로 분해
⑤ 모발이 가장 안정화되는 상태를 말한다(pH4.5~5.5).

해설 헤어제품에 이용되는 화학제품들의 대부분이 알칼리성을 띄는 이유

답 : ②

225 모발의 성장주기를 나열한 순서로 바른 것은?

① 성장기모발-퇴행기-휴지기-새로운 성장기
② 성장기모발-휴지기-퇴행기-새로운 성장기
③ 성장기모발-퇴행기-새로운 성장기-휴지기
④ 새로운 성장기-퇴행기-휴지기-성장기모발
⑤ 성장기모발-퇴행기모발-새로운 성장기

해설 초기성장기, 성장기, 퇴행기, 휴지기로 구성

답 : ①

226 화장품 관능평가의 내용으로 옳지 않는 것은?

① 관능평가는 여러 가지 품질을 인간의 오감(五感)에 의하여 평가하는 제품검사를 말한다.
② 관능평가에는 좋고 싫음을 주관적으로 판단하는 기호형, 표준형(기준품), 한도품이

있다.

③ 기호형, 표준형, 한도품 기준과 비교하여 합격품, 불량품을 객관적으로 평가, 선별하거나, 사람의 식별력 등을 조사하는 분석형의 종류가 있다.

④ 사용감은 원자재나 제품을 사용할 때 피부에서 느끼는 감각으로 매끄럽게 발리거나 바른 후 가볍거나 무거운 느낌, 밀착감, 청량감등을 말한다.

⑤ 피부분석기기, 어플리케이션, 문진(설문), 육안평가, 전문가 상담

해설 피부분석기기, 어플리케이션, 문진(설문), 육안평가, 전문가 상담(판매절차 수단에 대한 내용)

답 : ⑤

227 육안을 통한 관능평가가 아닌 것은?

① 제품 표준견본
② 벌크제품 표준견본
③ 레벨 부착 위치견본
④ 용기 · 포장재 표준견본
⑤ 전문가에 의한 평가

해설 전문가에 의한 평가-의사의 감독 하에서 실시하는 평가

답 : ⑤

228 관능평가 절차(성상 · 색상)에 대한 설명으로 옳지 않는 것은?

① 내용물을 손등에 문질러서 느껴지는 사용감
② 유화제품은 표준견본과 대조하여 내용물 표면의 매끄러움 확인
③ 유화제품은 내용물의 흐름성, 색이 유백색인지 육안으로 확인
④ 색조제품은 표준견본과 내용물을 슬라이드 글라스에 각각 소량씩 묻힌 후 눌러서 대조되는 색상을 육안으로 확인
⑤ 내용물을 손등 혹은 실제 사용부위에 발라서 색상을 확인할 수도 있다.

해설 관능평가 절차-사용감에 대한 내용과 구분

답 : ①

229 제품평가 측면의 관능평가에 해당하지 않는 것은?

① 관능시험(sensorisl test)-전문가의 감각을 통한 제품성능 평가
② 소비자(일반 패널)에 의한 평가
③ 전문가 패널에 의한 평가
④ 전문가의 의한 평가
⑤ 내용물을 바르고 향취로 평가

해설 관능평가 절차-향취

답 : ⑤

230 육안을 통한 관능평가의 사용되는 표준품으로 바르지 않는 것은?

① 충진 위치견본:내용물을 제품용기에 충진할 때의 액면위치에 관한 표준
② 색소원료 표준견본:색소의 색조에 관한 표준
③ 용기 · 포장재 한도견본:용기 · 포장재 외관검사에 사용하는 합격품 한도를 나타내는 표준
④ 원료 표준견본 : 향취, 색상, 성상 등에 관한표준
⑤ 제품 표준견본 : 성상, 냄새, 사용감에 관한 표준

해설 제품 표준견본 ; 완제품의 개별포장에 관한 표준

답 : ⑤

231 (　　　　　　)를 채우세요.

1. 맞춤형화장품판매업은 제조 또는 수입된 화장품의 내용물에 다른 화장품의 내용물이나 식약처장이 정하는 (㉠)를 추가하여 (㉡)한 화장품을 유통 · 판매하려는 경우 2. 맞춤형화장품판매업 제조 또는 수입된 화장품의 내용물을 (㉢)한 화장품을 유통 · 판매하려는 경우

해설 맞춤형화장품판매업에 대한 내용

답 : ㉠ 원료 ㉡ 혼합 ㉢ 소분

232 맞춤형화장품에 사용할 수 있는 원료는?

① 별표 1의 화장품에 사용할 수 없는 원료
② 별표 2의 화장품에 사용상의 제한이 필요한 원료
③ 식품의약품안전처장이 고시한 기능성화장품의 효능 · 효과를 나타내는 원료
④ 맞춤형화장품판매업자에게 원료를 공급하는 화장품책임판매업자가「화장품법」제4조 따라 해당 원료를 포함하여 기능성화장품에 대한 심사를 받거나 보고서를 제출한 원료
⑤ 인체 세포, 조직 배양액

해설 화장품 안전기준 등에 관한 규칙에 의한 규정

답 : ④

233 다음 제형에 따라 분산계, 계면활성제의 용도에 따라 제품을 응용하여 만들었다 연결이 바른 것은?

① 분산 - 분산제 - 클렌징 크림
② 유화 - 유화제 - 크림
③ 가용화 - 가용화제 - 마스카라
④ 유화 - 분산제 - 화장수
⑤ 가용화 - 세정제 - 팩

해설 계면활성제의 – 세정제, 가용화제, 유화제, 분산제 따라 품에 응용

답 : ②

234 다음 분산계는 유화, 계면활성제의 용도는 유화제로 만들어 볼수 있는 화장품은?

① 밀크로션, 크림, 에센스. 클렌징크림, 마사지크림
② 샴푸, 바디 클렌저
③ 향수, 화장수, 에센스, 팩
④ 립스틱, 마스카라, 아이라이너, 파운데이션, 투웨이케익, 네일에나멜
⑤ 샴푸, 로션, 에센스, 팩

해설 세정제–샴푸, 바디 클렌저 가용화제–향수, 화장수, 에센스, 팩
분산제–립스틱, 마스카라, 아이라이너, 파운데이션, 투웨이케익, 네일에나멜

답 : ①

235 계면활성제형에 따라 성상의 특징을 설명한 것으로 바르지 않는 것은?

① 고형비누 – 전신용 세정제의 주류, 사용이 간편하다
② 페이스트 - 얼굴전용으로 사용시 거품 생성이 잘됨
③ 젤 - 두발, 바디용, 세정제의 주류
④ 과립, 분말 - 전신용 화장품, 사용간편
⑤ 에어로졸 - 발포형으로 쉐이빙품에 주로 사용

해설 과립, 분말–사용간편하고 효소 등에 배합 가능

답 : ④

236 제형별 종류에 따라 특징이 바르지 않는 것은?

① O/W Emulsion - 가볍고 산뜻한 사용감을 갖는 제형으로 화장품에서 가장 많이 이용되는 제형
② W/O Emulsion - 보습효과 및 효능이 우수함
③ W/O/W Emulsion - 사용감 및 효능이 우수함

④ S/W Emulsion - 가볍고 산뜻함
⑤ W/S Emulsion - 오일감이 많고 화장의 지속성이 없음

해설 W/S Emulsion-오일감이 적고 사용감 및 화장지속성이 우수함

답 : ⑤

237 **다음 제형의 설명으로 바르지 않는 것은?**

① 수계분산 - 물, 알코올등 - 무기분체
② 수계분산 - 유화액(O/W) - 착색안료, 백색안료
③ 비수계분산 - 유기용매 -유기안료, 무기안료
④ 비수계분산 - 유화액(O/W) - 체질안료, 착색안료
⑤ 비수계분산 - 오일, 왁스 - 체질안료, 착색안료

해설 비수계분산 - 오일, 왁스 분산상은 체질안료, 착색안료

답 : ④

238 **여드름은 비염증성과 염증성으로 분류된다. 비염증성 여드름에 해당하는 것은?**

① 뾰루지(pimple)
② 구진(papule)
③ 면포(comedo, blackhead, whitehead)
④ 농포
⑤ 결절

답 : ③

239 **다음의 예)에 가장 적합한 화장품은?**

예) 50대의 여성이 맞춤형 화장품 판매점에 방문하여 기미와 잡티 때문에 고민을 상담

① 닥나무추출물 2%, 피부의 미백에 도움을 주는 제품을 추천
② 레티놀 제품을 추천
③ 자외선 차단제 제품을 추천
④ 피부의 주름개선에 도움을 주는 제품을 추천
⑤ 알부틴의 10%이상인 제품 추천

해설 고시 기능성화장품심사에 관한 규정 별표 4참조

답 : ①

240 〈보기〉의 성분은 어떤 화장품을 만들기 위한 성분인가?

연번	성분명	함량
1	레티놀	2,500IU/g
2	레티닐팔미테이트	10,000IU/g
3	아데노신	0.04%
4	폴리에톡실레이티드레틴아마이드	0.05~0.2%

해설 화장품 시행규칙 [별표3] 1.화장품의 유형

답 : 피부의 주름개선에 도움을 주는 제품

241 피부를 곱게 태워주거나 자외선으로부터 보호하는데 도움을 주는 제품의 성분 및 함량이 다 아닌 것을 고르시오?

① 트로메트리졸, 1%
② 벤조페논-3, 5%
③ 옥토크릴렌, 10%
④ 알파-비사모롤, 0.5%
⑤ 이소아밀p-메톡시신나메이트

해설 기능성화장품심사에 관한 규정 [별표4]참조

답 : ④

242 원료(Specification) 규격의 설정은 (항목 설정), (시험법의 설정), (　　　　), (설정된 규격 시험 확인검증)의 4단계로 이루어지며, 품질관리에 필요한 기준은 해당 원료의 안전성 등을 고려하여 설정한다. (　　　　)안에 들어갈 내용은?

해설 화장품 원료 사용기준 지정 및 심사 가이드라인(민원인 안내서) 참조

답 : 기준치 설정

243 원료의 기재항목 중 제제 항목에 해당 되는 것은?

① 명칭
② 분자식 및 분자량
③ 함량기준, 성상, 확인시험
④ 강열잔분, 회분 또는 산불용성회분
⑤ 구조식 또는 시성식

해설 기능성화장품 기준 및 시험방법 참조

답 : ③

244 화장품을 만들기 위한 혼합 · 소분에 필요한 도구가 아닌 것은?

① 분석용 저울, 전자저울
② pH meter
③ 점도계, 경도계, 굴절계
④ 융점 측정기

⑤ 피부측정기

해설 기능성화장품심사에 관한 규정 [별표4]참조

답 : ⑤

245 **화장품 시설 및 기구명의 용도가 바르지 않는 것은?**

① Test Tube Mixer - 미생물 시험
② UV-vis spectrometer - 흡광도 측정
③ Clean bench - 미생물 시험
④ HPLC - 미생물배양
⑤ BOD Incubator - 미생물배양

해설 기능성화장품 기준 및 시험방법 참조

답 : ④

246 **화장품을 소분하기 위해 필요한 기구?**

① 호모믹서
② 스텐스파츌라
③ 표준분동세트
④ 오토 클레이브
⑤ 히팅맨틀

해설 기능성화장품 기준 및 시험방법 참조

답 : ②

247 **화장품 기구 사용에서 디스퍼의 역할이 아닌 것은?**

① 간단히 두 물질을 혼합할 때
② 혼합기로 화장품 제조에서는 주로 스킨과 같은 점도가 낮은 가용화 제품을 제조
③ 오일에 고체성분을 용해시켜 혼합할 때
④ 폴리머를 정세수에 분산시킬 때
⑤ 연속상에 강한 전단력으로 분산상을 입자화하여 분산시키는 기기

답 : ⑤

248 **화장품 판매업 준수사항에 맞게 원료를 혼합하고 소분 작업을 할수 있는 사람은?**

해설 화장품법 시행규칙 개정안 제12조의2참조

답 : 맞춤형화장품조제관리사

249 **맞춤형화장품의 식별번호란?**

① 맞춤형화장품의 혼합 또는 소분에 사용되는 내용물 및 원료의 제조번호와 혼합 · 소

분 기록을 포함하여 맞춤형화장품판매업자가 부여한 번호

② 수입한 원료를 혼합 또는 소분에 사용되는 내용물 및 원료의 제조번호와 혼합 · 소분 기록을 포함하여 맞춤형화장품판매업자가 부여한 번호

③ 화장품제조업을 하는 사람이 내용물 및 원료의 제조번호와 혼합 · 소분 기록 하여 맞춤형화장품판매업자에게 부여한 번호

④ 화장품책임 판매업자가 혼합 또는 소분에 사용되는 내용물 및 원료의 제조번호와 혼합 · 소분 기록을 부여한 번호

⑤ 맞춤형화장품의 제조 등록 번호

답 : ①

250 맞춤형화장품 사용기한 또는 개봉 후 사용기간 대한 설명으로 옳은 것은?

① 맞춤형화장품의 사용기한 또한 개봉 후 사용기간은 맞춤형화장품의 혼합 또는 소분에 사용되는 내용물의 사용기한 또는 개봉 후 사용기간을 초과할 수 없다.

② 맞춤형화장품의 사용기한 또한 개봉 후 사용기간은 맞춤형화장품의 혼합 또는 소분에 사용되는 내용물의 사용기한 또는 개봉 후 사용기간을 초과할 수 있다.

③ 맞춤형화장품의 사용기한 또한 개봉 후 사용기한과 맞춤형화장품의 혼합 또는 소분에 사용되는 내용물의 사용기한과 같아야 한다.

④ 맞춤형화장품의 사용기한 또한 개봉 후 사용기간은 맞춤형화장품의 혼합 또는 소분에 사용되는 내용물의 사용기한과는 상관 없다.

⑤ 맞춤형화장품의 사용기한 또한 개봉 후 사용기간은 소비자가 정한다.

해설 화장품법 시행규칙 개정안 제12조의2참조 맞춤형화장품판매업자의 준수사항 참조

답 : ①

251 혼합 · 소분시 오염방지를 위하여 안전관리 기준의 내용이 옳지 않는 것은?

① 혼합 · 소분 전에는 손을 소독

② 혼합 · 소분 전에는 손을 세정하거나 일회용 장갑을 착용할 것

③ 혼합 · 소분 전에 사용되는 장비 또는 기기 등은 사용 전 · 후 세척할 것

④ 혼합 · 소분된 제품을 담을 용기의 오염여부를 사전에 확인할 것

⑤ 혼합 · 소분 전에 사용되는 장비 또는 기기 등은 사용 후 세척할 것

답 : ⑤

252 맞춤형화장품 안전기준의 주요사항이 아닌 것은?

① 판매 중인 맞춤형화장품이 제14조의2 각 호의 어느 하나에 해당함을 알게 된 경우

신속히 책임판매업자에게 보고하고, 회수대상 맞춤형화장품을 구입한 소비자에게 적극적으로 회수조치를 취할 것

② 맞춤형화장품과 관련하여 안전성 정보(부작용 발생 사례를 포함한다)에 대하여 신속히 책임판매업자에게 보고할 것

③ 맞춤형화장품의 내용물 및 원료의 입고 시 품질관리 여부를 확인하고 책임판매업자가 제공하는 품질성적서를 구비할 것(다만, 책임판매업자와 맞춤형화장품업자가 동일한 경우는 제외)

④ 맞춤형화장품 판매 시 해당 맞춤형화장품의 혼합 또는 소분에 사용되는 내용물 및 원료, 사용시의 주의사항에 대하여 소비자에게 설명할 것

⑤ 판매 중인 맞춤형화장품이 제14조의2 각 호의 어느 하나에 해당함을 알게 된 경우 신속히 책임판매업자에게 보고하고, 회수대상 맞춤형화장품을 구입한 소비자 회수를 원하지 않으면 그대로 둔다.

답 : ⑤

253 화장품 용기의 내용물 보조기능이 아닌 것은?

① 광 투과성
② 투과성
③ 변취
④ 포장 디자인
⑤ 변질

답 : ④

254 화장품의 품질 유지를 내용물 보호 기능으로 광 투과성에 내용으로 바르지 않은 것은?

① 내용물의 색상을 보기 위하여 투명 용기(색조를 사용함)
② 자외선차단 효과가 있는 용기가 필요
③ 투명 유리 용기는 파장이 400nm이하인 자외선에 투과되므로 착색병 사용
④ 내용물에 자외선 흡수제를 투입 퇴색을 방지
⑤ 알카리 함유가 많은 것을 말함

답 : ⑤

255 화장품의 적정 포장에 대한 내용으로 바르지 않은 것은?

① 입구가 작은 용기 내용물은 주위 온도에 따라 팽창하여 내부 압력이 상승함으로 감안하여 설정
② 유리의 경우는 용기 파손이 발생하므로 감안하여 설정
③ 플라스틱의 경우 용기 변형이 되므로 용량 산정각각의 체적 팽창을 감안하여 설정

④ 병의 입구의 외경이 몸체에 비해 큰 것
⑤ 입구가 큰 용기는 내용물 팽창에 의한 흘러 넘침 캠핑을 방지해야 함

답 : ④

256 제품의 제형에 따른 충진 방법으로 옳지 않는 것은?

① 화장수 유액 타입 : 병 충진
② 크림타입 : 입구가 넓은 병 또는 튜브 충진
③ 분체 타입 : 종이상자 또는 자루충진기
④ 에어로졸 타입 : 특수장치 충진
⑤ 크림 타입 : 특수장치 충진

답 : ⑤

257 화장품 용기에 대한 기재사항이 아닌 것은?

① 화장품의 명칭
② 화장품 가격
③ 식별번호
④ 사용기한 또는 개봉 후 사용기간
⑤ 맞춤형화장품판매업자의 거주지 주소

답 : ⑤

258 다음 중 모발의 구조중 모발에서 85~90%차지하는 두꺼운 부분으로 과립상의 멜라닌을 함유하고 있으며 그 양에 따라 모발의 색이 결정되는 부분은 어디인지 기술하시오.

( )

답 : 모피질

259 표피세포의 약 5%를 차지하며 기저층에 위치하는 세포로 자외선으로부터 비부를 보호하고 피부색을 결정하는 세포는?

( )

답 : 멜라닌형성세포(Melanocyte)

260 신경 말단과 연결되어 주로 촉각이 예민한 부위에 존재하며, 손바닥, 발바닥 등에서도 발견되는 세포는?

( )

답 : 머켈세포(촉각인지세포)

APPENDIX

부록

Ⅰ. 화장품법

Ⅱ. 화장품법 시행령

Ⅲ. 화장품법 시행규칙

화장품법

[시행 2020. 1. 16.] [법률 제16298호, 2019. 1. 15., 일부개정]

제1장 총칙

제1조(목적) 이 법은 화장품의 제조 · 수입 · 판매 및 수출 등에 관한 사항을 규정함으로써 국민보건향상과 화장품 산업의 발전에 기여함을 목적으로 한다. 〈개정 2018. 3. 13.〉 ≪시행일 2019. 3.14≫

제2조(정의) 이 법에서 사용하는 용어의 뜻은 다음과 같다. 〈개정 2013. 3. 23 제11690호(정부조직법), 2016. 5. 29., 2018. 3. 13., 2019. 1. 15.〉 ≪시행일 2019.3.14.≫≪시행일 2020.3.14.: 맞춤형화장품, 맞춤형화장품판매업자 및 맞춤형화장품조제관리사와 관련된 부부≫

1. "화장품"이란 인체를 청결 · 미화하여 매력을 더하고 용모를 밝게 변화시키거나 피부 · 모발의 건강을 유지 또는 증진하기 위하여 인체에 바르고 문지르거나 뿌리는 등 이와 유사한 방법으로 사용되는 물품으로서 인체에 대한 작용이 경미한 것을 말한다.
   다만, 「약사법」 제2조제4호의 의약품에 해당하는 물품은 제외한다.
2. "기능성화장품"이란 화장품 중에서 다음 각 목의 어느 하나에 해당되는 것으로서 총리령으로 정하는 화장품을 말한다.
   가. 피부의 미백에 도움을 주는 제품
   나. 피부의 주름개선에 도움을 주는 제품
   다. 피부를 곱게 태워주거나 자외선으로부터 피부를 보호하는 데에 도움을 주는 제품
   라. 모발의 색상 변화 · 제거 또는 영양공급에 도움을 주는 제품
   마. 피부나 모발의 기능 약화로 인한 건조함, 갈라짐, 빠짐, 각질화 등을 방지하거나 개선하는 데에 도움을 주는 제품
   2의2. "천연화장품"이란 동식물 및 그 유래 원료 등을 함유한 화장품으로서 식품의약품안전처장이 정하는 기준에 맞는 화장품을 말한다.
3. "유기농화장품"이란 유기농 원료, 동식물 및 그 유래 원료 등을 함유한 화장품으로서 식품의약품안전처장이 정하는 기준에 맞는 화장품을 말한다.
   3의2. "맞춤형화장품"이란 다음 각 목의 화장품을 말한다.
   가. 제조 또는 수입된 화장품의 내용물에 다른 화장품의 내용물이나 식품의약품안전처장이 정하는 원료를 추가하여 혼합한 화장품

나. 제조 또는 수입된 화장품의 내용물을 소분(小分)한 화장품
4. "안전용기 · 포장"이란 만 5세 미만의 어린이가 개봉하기 어렵게 설계 · 고안된 용기나 포장을 말한다.
5. "사용기한"이란 화장품이 제조된 날부터 적절한 보관 상태에서 제품이 고유의 특성을 간직한 채 소비자가 안정적으로 사용할 수 있는 최소한의 기한을 말한다.
6. "1차 포장"이란 화장품 제조 시 내용물과 직접 접촉하는 포장용기를 말한다.
7. "2차 포장"이란 1차 포장을 수용하는 1개 또는 그 이상의 포장과 보호재 및 표시의 목적으로 한 포장(첨부문서 등을 포함한다)을 말한다.
8. "표시"란 화장품의 용기 · 포장에 기재하는 문자 · 숫자 · 도형 또는 그림 등을 말한다.
9. "광고"란 라디오 · 텔레비전 · 신문 · 잡지 · 음성 · 음향 · 영상 · 인터넷 · 인쇄물 · 간판, 그 밖의 방법에 의하여 화장품에 대한 정보를 나타내거나 알리는 행위를 말한다.
10. "화장품제조업"이란 화장품의 전부 또는 일부를 제조(2차 포장 또는 표시만의 공정은 제외한다)하는 영업을 말한다.
11. "화장품책임판매업"이란 취급하는 화장품의 품질 및 안전 등을 관리하면서 이를 유통 · 판매하거나 수입대행형 거래를 목적으로 알선 · 수여(授與)하는 영업을 말한다.
12. "맞춤형화장품판매업"이란 맞춤형화장품을 판매하는 영업을 말한다.

제2조의2 (영업의 종류) ① 이 법에 따른 영업의 종류는 다음 각 호와 같다.
1. 화장품제조업
2. 화장품책임판매업
3. 맞춤형화장품판매업

② 제1항에 따른 영업의 세부 종류와 그 범위는 대통령령으로 정한다.
[본조신설 2018. 3. 13.] [[시행일:2020. 3. 14.]]맞춤형화장품, 맞춤형화장품판매업자 및 맞춤형화장품조제관리사와 관련된 부분

제2장 화장품의 제조 · 유통

제3조(영업의 등록) ① 화장품제조업 또는 화장품책임판매업을 하려는 자는 각각 총리령으로 정하는 바에 따라 식품의약품안전처장에게 등록하여야 한다. 등록한 사항 중 총리령으로 정하는 중요한 사항을 변경할 때에도 또한 같다. 〈개정 2013. 3. 23. 제11690(정부조직법), 2016. 2. 3., 2018. 3. 13.〉 ≪시행일 2019.3.14.≫
② 제1항에 따라 화장품제조업을 등록하려는 자는 총리령으로 정하는 시설기준을 갖추어야 한다. 다만, 화장품의 일부 공정만을 제조하는 등 총리령으로 정하는 경우에 해당하는 때에는 시

설의 일부를 갖추지 아니할 수 있다. 〈개정 2013. 3. 23., 2018. 3. 13.〉
③ 제1항에 따라 화장품책임판매업을 등록하려는 자는 총리령으로 정하는 화장품의 품질관리 및 책임판매 후 안전관리에 관한 기준을 갖추어야 하며, 이를 관리할 수 있는 관리자(이하 "책임판매관리자"라 한다)를 두어야 한다. 〈개정 2013. 3. 23., 2018. 3. 13.〉
④ 제1항부터 제3항까지의 규정에 따른 등록 절차 및 책임판매관리자의 자격기준과 직무 등에 관하여 필요한 사항은 총리령으로 정한다. 〈개정 2013. 3. 23., 2018. 3. 13.〉
[제목개정 2018. 3. 13.]

제3조의2 (맞춤형화장품판매업의 신고) ① 맞춤형화장품판매업을 하려는 자는 총리령으로 정하는 바에 따라 식품의약품안전처장에게 신고하여야 한다. 신고한 사항 중 총리령으로 정하는 사항을 변경할 때에도 또한 같다.
② 제1항에 따라 맞춤형화장품판매업을 신고한 자(이하 "맞춤형화장품판매업자"라 한다)는 총리령으로 정하는 바에 따라 맞춤형화장품의 혼합 · 소분 업무에 종사하는 자(이하 "맞춤형화장품조제관리사"라 한다)를 두어야 한다.
[본조신설 2018. 3. 13.] [시행일 : 2020. 3. 14.]

제3조의3 (결격사유) 다음 각 호의 어느 하나에 해당하는 자는 화장품제조업 또는 화장품책임판매업의 등록이나 맞춤형화장품판매업의 신고를 할 수 없다. 다만, 제1호 및 제3호는 화장품제조업만 해당한다.

1. 「정신건강증진 및 정신질환자 복지서비스 지원에 관한 법률」 제3조제1호에 따른 정신질환자. 다만, 전문의가 화장품제조업자(제3조제1항에 따라 화장품제조업을 등록한 자를 말한다. 이하 같다)로서 적합하다고 인정하는 사람은 제외한다.
2. 피성년후견인 또는 파산선고를 받고 복권되지 아니한 자
3. 「마약류 관리에 관한 법률」 제2조제1호에 따른 마약류의 중독자
4. 이 법 또는 「보건범죄 단속에 관한 특별조치법」을 위반하여 금고 이상의 형을 선고받고 그 집행이 끝나지 아니하거나 그 집행을 받지 아니하기로 확정되지 아니한 자
5. 제24조에 따라 등록이 취소되거나 영업소가 폐쇄(이 조 제1호부터 제3호까지의 어느 하나에 해당하여 등록이 취소되거나 영업소가 폐쇄된 경우는 제외한다)된 날부터 1년이 지나지 아니한 자 [본조신설 2018. 3. 13.] [시행일:2020. 3. 14 - 맞춤형화장품, 맞춤형화장품판매업자 및 맞춤형화장품조제관리사와 관련된 부분]

제3조의4 (맞춤형화장품조제관리사 자격시험) ① 맞춤형화장품조제관리사가 되려는 사람은 화장품과 원료 등에 대하여 식품의약품안전처장이 실시하는 자격시험에 합격하여야 한다.
② 식품의약품안전처장은 맞춤형화장품조제관리사가 거짓이나 그 밖의 부정한 방법으로 시험

에 합격한 경우에는 자격을 취소하여야 하며, 자격이 취소된 사람은 취소된 날부터 3년간 자격시험에 응시할 수 없다.
③ 식품의약품안전처장은 제1항에 따른 자격시험 업무를 효과적으로 수행하기 위하여 필요한 전문 인력과 시설을 갖춘 기관 또는 단체를 시험운영기관으로 지정하여 시험업무를 위탁할 수 있다.
④ 제1항 및 제3항에 따른 자격시험의 시기, 절차, 방법, 시험과목, 자격증의 발급, 시험운영기관의 지정 등 자격시험에 필요한 사항은 총리령으로 정한다.
[본조신설 2018. 3. 13.] [시행일 : 2020. 3. 14.]

제4조 (기능성화장품의 심사 등) ① 기능성화장품으로 인정받아 판매 등을 하려는 화장품제조업자, 화장품책임판매업자(제3조제1항에 따라 화장품책임판매업을 등록한 자를 말한다. 이하 같다) 또는 총리령으로 정하는 대학 · 연구소 등은 품목별로 안전성 및 유효성에 관하여 식품의약품안전처장의 심사를 받거나 식품의약품안전처장에게 보고서를 제출하여야 한다. 제출한 보고서나 심사받은 사항을 변경할 때에도 또한 같다. 〈개정 2013. 3. 23., 2018. 3. 13.〉
② 제1항에 따른 유효성에 관한 심사는 제2조제2호 각 목에 규정된 효능 · 효과에 한하여 실시한다.
③ 제1항에 따른 심사를 받으려는 자는 총리령으로 정하는 바에 따라 그 심사에 필요한 자료를 식품의약품안전처장에게 제출하여야 한다. 〈개정 2013. 3. 23.〉
④ 제1항 및 제2항에 따른 심사 또는 보고서 제출의 대상과 절차 등에 관하여 필요한 사항은 총리령으로 정한다. 〈개정 2013. 3. 23.〉

제4조의2 (영유아 또는 어린이 사용 화장품의 관리) ① 화장품책임판매업자는 영유아 또는 어린이가 사용할 수 있는 화장품임을 표시 · 광고하려는 경우에는 제품별로 안전과 품질을 입증할 수 있는 다음 각 호의 자료(이하 "제품별 안전성 자료"라 한다)를 작성 및 보관하여야 한다.
1. 제품 및 제조방법에 대한 설명 자료
2. 화장품의 안전성 평가 자료
3. 제품의 효능 · 효과에 대한 증명 자료

② 식품의약품안전처장은 제1항에 따른 화장품에 대하여 제품별 안전성 자료, 소비자 사용실태, 사용 후 이상사례 등에 대하여 주기적으로 실태조사를 실시하고, 위해요소의 저감화를 위한 계획을 수립하여야 한다.
③ 식품의약품안전처장은 소비자가 제1항에 따른 화장품을 안전하게 사용할 수 있도록 교육 및 홍보를 할 수 있다.
④ 제1항에 따른 영유아 또는 어린이의 연령 및 표시 · 광고의 범위, 제품별 안전성 자료의 작성 범위 및 보관기간 등과 제2항에 따른 실태조사 및 계획 수립의 범위, 시기, 절차 등에 필요한

사항은 총리령으로 정한다.
[본조신설 2019. 1. 15.]

제5조 (영업자의 의무 등) ① 화장품제조업자는 화장품의 제조와 관련된 기록 · 시설 · 기구 등 관리 방법, 원료 · 자재 · 완제품 등에 대한 시험 · 검사 · 검정 실시 방법 및 의무 등에 관하여 총리령으로 정하는 사항을 준수하여야 한다. 〈개정 2013. 3. 23., 2018. 3. 13.〉
[시행일:2020. 3. 14.- 맞춤형화장품, 맞춤형화장품판매업자 및 맞춤형화장품조제관리사와 관련된 부분]
② 화장품책임판매업자는 화장품의 품질관리기준, 책임판매 후 안전관리기준, 품질 검사 방법 및 실시 의무, 안전성 · 유효성 관련 정보사항 등의 보고 및 안전대책 마련 의무 등에 관하여 총리령으로 정하는 사항을 준수하여야 한다. 〈개정 2013. 3. 23., 2018. 3. 13.〉
③ 맞춤형화장품판매업자는 맞춤형화장품 판매장 시설 · 기구의 관리 방법, 혼합 · 소분 안전관리기준의 준수 의무, 혼합 · 소분되는 내용물 및 원료에 대한 설명 의무 등에 관하여 총리령으로 정하는 사항을 준수하여야 한다. 〈신설 2018. 3. 13.〉
④ 화장품책임판매업자는 총리령으로 정하는 바에 따라 화장품의 생산실적 또는 수입실적, 화장품의 제조과정에 사용된 원료의 목록 등을 식품의약품안전처장에게 보고하여야 한다. 이 경우 원료의 목록에 관한보고는 화장품의 유통 · 판매 전에 하여야 한다. 〈개정 2013. 3. 23., 2018. 3. 13.〉
⑤ 책임판매관리자 및 맞춤형화장품조제관리사는 화장품의 안전성 확보 및 품질관리에 관한 교육을 매년 받아야 한다. 〈개정 2013. 3. 23., 2016. 2. 3., 2018. 3. 13.〉
⑥ 식품의약품안전처장은 국민 건강상 위해를 방지하기 위하여 필요하다고 인정하면 화장품제조업자, 화장품책임판매업자 및 맞춤형화장품판매업자(이하 "영업자"라 한다)에게 화장품 관련 법령 및 제도(화장품의 안전성 확보 및 품질관리에 관한 내용을 포함한다)에 관한 교육을 받을 것을 명할 수 있다. 〈개정 2016. 2. 3., 2018. 3. 13.〉
⑦ 제6항에 따라 교육을 받아야 하는 자가 둘 이상의 장소에서 화장품제조업, 화장품책임판매업 또는 맞춤형화장품판매업을 하는 경우에는 종업원 중에서 총리령으로 정하는 자를 책임자로 지정하여 교육을 받게 할 수 있다. 〈신설 2016. 2. 3., 2018. 3. 13.〉
⑧ 제5항부터 제7항까지의 규정에 따른 교육의 실시 기관, 내용, 대상 및 교육비 등에 관하여 필요한 사항은 총리령으로 정한다. 〈신설 2016. 2. 3., 2018. 3. 13.〉
[제목개정 2018. 3. 13.] [시행일:2020. 3. 14.- 맞춤형화장품, 맞춤형화장품판매업자 및 맞춤형화장품조제관리사와 관련된 부분]

제5조의2 (위해화장품의 회수) ① 영업자는 제9조, 제15조 또는 제16조제1항에 위반되어 국민보건에 위해(危害)를 끼치거나 끼칠 우려가 있는 화장품이 유통 중인 사실을 알게 된 경우에

는 지체 없이 해당 화장품을 회수하거나 회수하는 데에 필요한 조치를 하여야 한다. 〈개정 2018. 12. 11.〉

② 제1항에 따라 해당 화장품을 회수하거나 회수하는 데에 필요한 조치를 하려는 영업자는 회수계획을 식품의약품안전처장에게 미리 보고하여야 한다. 〈개정 2018. 3. 13.〉

③ 식품의약품안전처장은 제1항에 따른 회수 또는 회수에 필요한 조치를 성실하게 이행한 영업자가 해당 화장품으로 인하여 받게 되는 제24조에 따른 행정처분을 총리령으로 정하는 바에 따라 감경 또는 면제할 수 있다. 〈개정 2018. 3. 13.〉

④ 제1항 및 제2항에 따른 회수 대상 화장품, 해당 화장품의 회수에 필요한 위해성 등급 및 그 분류기준, 회수계획 보고 및 회수절차 등에 필요한 사항은 총리령으로 정한다. 〈개정 2018. 12. 11.〉 [본조신설 2015. 1. 28.] [시행일:2020. 3. 14.-맞춤형화장품, 맞춤형화장품판매업자 및 맞춤형화장품조제관리사와 관련된 부분]

제6조 (폐업 등의 신고) ① 영업자는 다음 각 호의 어느 하나에 해당하는 경우에는 총리령으로 정하는 바에 따라 식품의약품안전처장에게 신고하여야 한다. 다만, 휴업기간이 1개월 미만이거나 그 기간 동안 휴업하였다가 그 업을 재개하는 경우에는 그러하지 아니하다. 〈개정 2013. 3. 23., 2018. 3. 13., 2018. 12. 11.〉

1. 폐업 또는 휴업하려는 경우
2. 휴업 후 그 업을 재개하려는 경우
3. 삭제 〈2018. 12. 11.〉

② 식품의약품안전처장은 화장품제조업자 또는 화장품책임판매업자가 「부가가치세법」 제8조에 따라 관할 세무서장에게 폐업신고를 하거나 관할 세무서장이 사업자등록을 말소한 경우에는 등록을 취소할 수 있다. 〈신설 2018. 3. 13.〉

③ 식품의약품안전처장은 제2항에 따라 등록을 취소하기 위하여 필요하면 관할 세무서장에게 화장품제조업자 또는 화장품책임판매업자의 폐업여부에 대한 정보 제공을 요청할 수 있다. 이 경우 요청을 받은 관할 세무서장은 「전자정부법」 제39조에 따라 화장품제조업자 또는 화장품책임판매업자의 폐업여부에 대한 정보를 제공하여야 한다. 〈신설 2018. 3. 13.〉

④ 식품의약품안전처장은 제1항제1호에 따른 폐업신고 또는 휴업신고를 받은 날부터 7일 이내에 신고수리 여부를 신고인에게 통지하여야 한다. 〈신설 2018. 12. 11.〉

⑤ 식품의약품안전처장이 제4항에서 정한 기간 내에 신고수리 여부 또는 민원 처리 관련 법령에 따른 처리기간의 연장을 신고인에게 통지하지 아니하면 그 기간(민원 처리 관련 법령에 따라 처리기간이 연장 또는 재연장된 경우에는 해당 처리기간을 말한다)이 끝난 날의 다음 날에 신고를 수리한 것으로 본다. 〈신설 2018. 12. 11.〉

[시행일:2020. 3. 14.- 맞춤형화장품, 맞춤형화장품판매업자 및 맞춤형화장품조제관리사와 관련된 부분

제7조 삭제 〈2018. 3. 13.〉

제3장 화장품의 취급

제1절 기준

제8조 (화장품 안전기준 등) ① 식품의약품안전처장은 화장품의 제조 등에 사용할 수 없는 원료를 지정하여 고시하여야 한다. 〈개정 2013. 3. 23.〉
② 식품의약품안전처장은 보존제, 색소, 자외선차단제 등과 같이 특별히 사용상의 제한이 필요한 원료에 대하여는 그 사용기준을 지정하여 고시하여야 하며, 사용기준이 지정 · 고시된 원료 외의 보존제, 색소, 자외선차단제 등은 사용할 수 없다. 〈개정 2013. 3. 23., 2018. 3. 13.〉
③ 식품의약품안전처장은 국내외에서 유해물질이 포함되어 있는 것으로 알려지는 등 국민보건상 위해 우려가 제기되는 화장품 원료 등의 경우에는 총리령으로 정하는 바에 따라 위해요소를 신속히 평가하여 그 위해 여부를 결정하여야 한다. 〈개정 2013. 3. 23.〉
④ 식품의약품안전처장은 제3항에 따라 위해평가가 완료된 경우에는 해당 화장품 원료 등을 화장품의 제조에 사용할 수 없는 원료로 지정하거나 그 사용기준을 지정하여야 한다. 〈개정 2013. 3. 23.〉
⑤ 식품의약품안전처장은 제2항에 따라 지정 · 고시된 원료의 사용기준의 안전성을 정기적으로 검토하여야 하고, 그 결과에 따라 지정 · 고시된 원료의 사용기준을 변경할 수 있다. 이 경우 안전성 검토의 주기 및 절차 등에 관한 사항은 총리령으로 정한다. 〈신설 2018. 3. 13.〉
⑥ 화장품제조업자, 화장품책임판매업자 또는 대학 · 연구소 등 총리령으로 정하는 자는 제2항에 따라 지정 · 고시되지 아니한 원료의 사용기준을 지정 · 고시하거나 지정 · 고시된 원료의 사용기준을 변경하여 줄 것을 총리령으로 정하는 바에 따라 식품의약품안전처장에게 신청할 수 있다. 〈신설 2018. 3. 13.〉
⑦ 식품의약품안전처장은 제6항에 따른 신청을 받은 경우에는 신청된 내용의 타당성을 검토하여야 하고, 그 타당성이 인정되는 경우에는 원료의 사용기준을 지정 · 고시하거나 변경하여야 한다. 이 경우 신청인에게 검토 결과를 서면으로 알려야 한다. 〈신설 2018. 3. 13.〉
⑧ 식품의약품안전처장은 그 밖에 유통화장품 안전관리 기준을 정하여 고시할 수 있다. 〈개정 2013. 3. 23., 2018. 3. 13.〉

제9조 (안전용기 · 포장 등) ① 화장품책임판매업자 및 맞춤형화장품판매업자는 화장품을 판매할 때에는 어린이가 화장품을 잘못 사용하여 인체에 위해를 끼치는 사고가 발생하지 아니하도록 안전용기 · 포장을 사용하여야 한다. 〈개정 2018. 3. 13.〉
② 제1항에 따라 안전용기 · 포장을 사용하여야 할 품목 및 용기 · 포장의 기준 등에 관하여는

총리령으로 정한다. 〈개정 2013. 3. 23.〉
[시행일:2020. 3. 14.- 맞춤형화장품, 맞춤형화장품판매업자 및 맞춤형화장품조제관리사와 관련된 부분]

제2절 표시 · 광고 · 취급

제10조 (화장품의 기재사항) ① 화장품의 1차 포장 또는 2차 포장에는 총리령으로 정하는 바에 따라 다음 각 호의 사항을 기재 · 표시하여야 한다. 다만, 내용량이 소량인 화장품의 포장 등 총리령으로 정하는 포장에는 화장품의 명칭, 화장품책임판매업자 및 맞춤형화장품판매업자의 상호, 가격, 제조번호와 사용기한 또는 개봉 후 사용기간(개봉 후 사용기간을 기재할 경우에는 제조연월일을 병행 표기하여야 한다. 이하 이 조에서 같다)만을 기재 · 표시할 수 있다. 〈개정 2013. 3. 23., 2016. 2. 3., 2018. 3. 13.〉

1. 화장품의 명칭
2. 영업자의 상호 및 주소
3. 해당 화장품 제조에 사용된 모든 성분(인체에 무해한 소량 함유 성분 등 총리령으로 정하는 성분은 제외한다)
4. 내용물의 용량 또는 중량
5. 제조번호
6. 사용기한 또는 개봉 후 사용기간
7. 가격
8. 기능성화장품의 경우 "기능성화장품"이라는 글자 또는 기능성화장품을 나타내는 도안으로서 식품의약품안전처장이 정하는 도안
9. 사용할 때의 주의사항
10. 그 밖에 총리령으로 정하는 사항

② 제1항 각 호 외의 부분 본문에도 불구하고 다음 각 호의 사항은 1차 포장에 표시하여야 한다. 〈개정 2018. 3. 13.〉

1. 화장품의 명칭
2. 영업자의 상호
3. 제조번호
4. 사용기한 또는 개봉 후 사용기간

③ 제1항에 따른 기재사항을 화장품의 용기 또는 포장에 표시할 때 제품의 명칭, 영업자의 상호는 시각장애인을 위한 점자 표시를 병행할 수 있다. 〈개정 2018. 3. 13.〉
④ 제1항 및 제2항에 따른 표시기준과 표시방법 등은 총리령으로 정한다. 〈개정 2013. 3. 23.〉
[시행일:2020. 3. 14.-맞춤형화장품, 맞춤형화장품판매업자 및 맞춤형화장품조제관리사와 관

련된 부분]

제11조 (화장품의 가격표시) ① 제10조제1항제7호에 따른 가격은 소비자에게 화장품을 직접 판매하는 자(이하 "판매자"라 한다)가 판매하려는 가격을 표시하여야 한다.
② 제1항에 따른 표시방법과 그 밖에 필요한 사항은 총리령으로 정한다. 〈개정 2013. 3. 23.〉

제12조 (기재 · 표시상의 주의) 제10조 및 제11조에 따른 기재 · 표시는 다른 문자 또는 문장보다 쉽게 볼 수 있는 곳에 하여야 하며, 총리령으로 정하는 바에 따라 읽기 쉽고 이해하기 쉬운 한글로 정확히 기재 · 표시하여야 하되, 한자 또는 외국어를 함께 기재할 수 있다. 〈개정 2013. 3. 23.〉

제13조 (부당한 표시 · 광고 행위 등의 금지) ① 영업자 또는 판매자는 다음 각 호의 어느 하나에 해당하는 표시 또는 광고를 하여서는 아니 된다. 〈개정 2018. 3. 13.〉
1. 의약품으로 잘못 인식할 우려가 있는 표시 또는 광고
2. 기능성화장품이 아닌 화장품을 기능성화장품으로 잘못 인식할 우려가 있거나 기능성화장품의 안전성 · 유효성에 관한 심사결과와 다른 내용의 표시 또는 광고
3. 천연화장품 또는 유기농화장품이 아닌 화장품을 천연화장품 또는 유기농화장품으로 잘못 인식할 우려가 있는 표시 또는 광고
4. 그 밖에 사실과 다르게 소비자를 속이거나 소비자가 잘못 인식하도록 할 우려가 있는 표시 또는 광고

② 제1항에 따른 표시 · 광고의 범위와 그 밖에 필요한 사항은 총리령으로 정한다. 〈개정 2013. 3. 23.〉
[시행일:2020. 3. 14.] 제13조의 개정규정 중 맞춤형화장품, 맞춤형화장품판매업자 및 맞춤형화장품조제관리사와 관련된 부분

제14조(표시 · 광고 내용의 실증 등) ① 영업자 및 판매자는 자기가 행한 표시 · 광고 중 사실과 관련한 사항에 대하여는 이를 실증할 수 있어야 한다. 〈개정 2018. 3. 13.〉
② 식품의약품안전처장은 영업자 또는 판매자가 행한 표시 · 광고가 제13조제1항제4호에 해당하는지를 판단하기 위하여 제1항에 따른 실증이 필요하다고 인정하는 경우에는 그 내용을 구체적으로 명시하여 해당 영업자 또는 판매자에게 관련 자료의 제출을 요청할 수 있다. 〈개정 2013. 3. 23., 2018. 3. 13.〉
③ 제2항에 따라 실증자료의 제출을 요청받은 영업자 또는 판매자는 요청받은 날부터 15일 이내에 그 실증자료를 식품의약품안전처장에게 제출하여야 한다. 다만, 식품의약품안전처장은 정당한 사유가 있다고 인정하는 경우에는 그 제출기간을 연장할 수 있다. 〈개정 2013. 3. 23.,

2018. 3. 13.〉
④ 식품의약품안전처장은 영업자 또는 판매자가 제2항에 따라 실증자료의 제출을 요청받고도 제3항에 따른 제출기간 내에 이를 제출하지 아니한 채 계속하여 표시 · 광고를 하는 때에는 실증자료를 제출할 때까지 그 표시 · 광고 행위의 중지를 명하여야 한다. 〈개정 2013. 3. 23., 2018. 3. 13.〉
⑤ 제2항 및 제3항에 따라 식품의약품안전처장으로부터 실증자료의 제출을 요청받아 제출한 경우에는 「표시 · 광고의 공정화에 관한 법률」 등 다른 법률에 따라 다른 기관이 요구하는 자료제출을 거부할 수 있다. 〈개정 2013. 3. 23.〉
⑥ 식품의약품안전처장은 제출받은 실증자료에 대하여 「표시 · 광고의 공정화에 관한 법률」 등 다른 법률에 따른 다른 기관의 자료요청이 있는 경우에는 특별한 사유가 없는 한 이에 응하여야 한다. 〈개정 2013. 3. 23.〉
⑦ 제1항부터 제4항까지의 규정에 따른 실증의 대상, 실증자료의 범위 및 요건, 제출방법 등에 관하여 필요한 사항은 총리령으로 정한다. 〈개정 2013. 3. 23.〉
[시행일:2020. 3. 14.] 제14조의 개정규정 중 맞춤형화장품, 맞춤형화장품판매업자 및 맞춤형화장품조제관리사와 관련된 부분

제14조의2 (천연화장품 및 유기농화장품에 대한 인증) ① 식품의약품안전처장은 천연화장품 및 유기농화장품의 품질제고를 유도하고 소비자에게 보다 정확한 제품정보가 제공될 수 있도록 식품의약품안전처장이 정하는 기준에 적합한 천연화장품 및 유기농화장품에 대하여 인증할 수 있다.
② 제1항에 따라 인증을 받으려는 화장품제조업자, 화장품책임판매업자 또는 총리령으로 정하는 대학 · 연구소 등은 식품의약품안전처장에게 인증을 신청하여야 한다.
③ 식품의약품안전처장은 제1항에 따라 인증을 받은 화장품이 다음 각 호의 어느 하나에 해당하는 경우에는 그 인증을 취소하여야 한다.
1. 거짓이나 그 밖의 부정한 방법으로 인증을 받은 경우
2. 제1항에 따른 인증기준에 적합하지 아니하게 된 경우
④ 식품의약품안전처장은 인증업무를 효과적으로 수행하기 위하여 필요한 전문 인력과 시설을 갖춘 기관 또는 단체를 인증기관으로 지정하여 인증업무를 위탁할 수 있다.
⑤ 제1항부터 제4항까지에 따른 인증절차, 인증기관의 지정기준, 그 밖에 인증제도 운영에 필요한 사항은 총리령으로 정한다.
[본조신설 2018. 3. 13.]

제14조의3 (인증의 유효기간) ① 제14조의2제1항에 따른 인증의 유효기간은 인증을 받은 날부터 3년으로 한다.

② 인증의 유효기간을 연장 받으려는 자는 유효기간 만료 90일 전에 총리령으로 정하는 바에 따라 연장신청을 하여야 한다.
[본조신설 2018. 3. 13.]

제14조의4 (인증의 표시) ① 제14조의2제1항에 따라 인증을 받은 화장품에 대해서는 총리령으로 정하는 인증표시를 할 수 있다.
② 누구든지 제14조의2제1항에 따라 인증을 받지 아니한 화장품에 대하여 제1항에 따른 인증표시나 이와 유사한 표시를 하여서는 아니 된다.
[본조신설 2018. 3. 13.]

제14조의5(인증기관 지정의 취소 등) ① 식품의약품안전처장은 필요하다고 인정하는 경우에는 관계 공무원으로 하여금 제14조의2제4항에 따라 지정받은 인증기관(이하 "인증기관"이라 한다)이 업무를 적절하게 수행하는지를 조사하게 할 수 있다.
② 식품의약품안전처장은 인증기관이 다음 각 호의 어느 하나에 해당하면 그 지정을 취소하거나 1년 이내의 기간을 정하여 해당 업무의 전부 또는 일부의 정지를 명할 수 있다. 다만, 제1호에 해당하는 경우에는 그 지정을 취소하여야 한다.
1. 거짓이나 그 밖의 부정한 방법으로 인증기관의 지정을 받은 경우
2. 제14조의2제5항에 따른 지정기준에 적합하지 아니하게 된 경우
③ 제2항에 따른 지정 취소 및 업무 정지 등에 필요한 사항은 총리령으로 정한다.
[본조신설 2018. 3. 13.]

제3절 제조 · 수입 · 판매 등의 금지

제15조(영업의 금지) 누구든지 다음 각 호의 어느 하나에 해당하는 화장품을 판매(수입대행형 거래를 목적으로 하는 알선 · 수여를 포함한다)하거나 판매할 목적으로 제조 · 수입 · 보관 또는 진열하여서는 아니 된다. 〈개정 2016. 5. 29., 2018. 3. 13.〉
1. 제4조에 따른 심사를 받지 아니하거나 보고서를 제출하지 아니한 기능성화장품
2. 전부 또는 일부가 변패(變敗)된 화장품
3. 병원미생물에 오염된 화장품
4. 이물이 혼입되었거나 부착된 것
5. 제8조제1항 또는 제2항에 따른 화장품에 사용할 수 없는 원료를 사용하였거나 같은 조 제8항에 따른 유통화장품 안전관리 기준에 적합하지 아니한 화장품
6. 코뿔소 뿔 또는 호랑이 뼈와 그 추출물을 사용한 화장품
7. 보건위생상 위해가 발생할 우려가 있는 비위생적인 조건에서 제조되었거나 제3조제2항에 따른 시설기준에 적합하지 아니한 시설에서 제조된 것

8. 용기나 포장이 불량하여 해당 화장품이 보건위생상 위해를 발생할 우려가 있는 것
9. 제10조제1항제6호에 따른 사용기한 또는 개봉 후 사용기간(병행 표기된 제조연월일을 포함한다)을 위조 · 변조한 화장품 [본조제목개정 2018. 3. 13.] [시행일:2020. 3. 14.] 제15조의 개정규정 중 맞춤형화장품, 맞춤형화장품판매업자 및 맞춤형화장품조제관리사와 관련된 부분

제15조의2(동물실험을 실시한 화장품 등의 유통판매 금지) ① 화장품책임판매업자는 「실험동물에 관한 법률」 제2조제1호에 따른 동물실험(이하 이 조에서 "동물실험"이라 한다)을 실시한 화장품 또는 동물실험을 실시한 화장품 원료를 사용하여 제조(위탁제조를 포함한다) 또는 수입한 화장품을 유통 · 판매하여서는 아니 된다. 다만, 다음 각 호의 어느 하나에 해당하는 경우는 그러하지 아니하다. 〈개정 2018. 3. 13.〉

1. 제8조제2항의 보존제, 색소, 자외선차단제 등 특별히 사용상의 제한이 필요한 원료에 대하여 그 사용기준을 지정하거나 같은 조 제3항에 따라 국민보건상 위해 우려가 제기되는 화장품 원료 등에 대한 위해평가를 하기 위하여 필요한 경우
2. 동물대체시험법(동물을 사용하지 아니하는 실험방법 및 부득이하게 동물을 사용하더라도 그 사용되는 동물의 개체 수를 감소하거나 고통을 경감시킬 수 있는 실험방법으로서 식품의약품안전처장이 인정하는 것을 말한다. 이하 이 조에서 같다)이 존재하지 아니하여 동물실험이 필요한 경우
3. 화장품 수출을 위하여 수출 상대국의 법령에 따라 동물실험이 필요한 경우
4. 수입하려는 상대국의 법령에 따라 제품 개발에 동물실험이 필요한 경우
5. 다른 법령에 따라 동물실험을 실시하여 개발된 원료를 화장품의 제조 등에 사용하는 경우
6. 그 밖에 동물실험을 대체할 수 있는 실험을 실시하기 곤란한 경우로서 식품의약품안전처장이 정하는 경우

② 식품의약품안전처장은 동물대체시험법을 개발하기 위하여 노력하여야 하며, 화장품책임판매업자 등이 동물대체시험법을 활용할 수 있도록 필요한 조치를 하여야 한다. 〈개정 2018. 3. 13.〉 [본조신설 2016. 2. 3.]

제16조 (판매 등의 금지) ① 누구든지 다음 각 호의 어느 하나에 해당하는 화장품을 판매하거나 판매할 목적으로 보관 또는 진열하여서는 아니 된다. 다만, 제3호의 경우에는 소비자에게 판매하는 화장품에 한한다. 〈개정 2016. 5. 29., 2018. 3. 13.〉

1. 제3조제1항에 따른 등록을 하지 아니한 자가 제조한 화장품 또는 제조 · 수입하여 유통 · 판매한 화장품

   1의2. 제3조의2제1항에 따른 신고를 하지 아니한 자가 판매한 맞춤형화장품

   1의3. 제3조의2제2항에 따른 맞춤형화장품조제관리사를 두지 아니하고 판매한 맞춤형화

장품

2. 제10조부터 제12조까지에 위반되는 화장품 또는 의약품으로 잘못 인식할 우려가 있게 기재 · 표시된 화장품
3. 판매의 목적이 아닌 제품의 홍보 · 판매촉진 등을 위하여 미리 소비자가 시험 · 사용하도록 제조 또는 수입된 화장품
4. 화장품의 포장 및 기재 · 표시 사항을 훼손(맞춤형화장품 판매를 위하여 필요한 경우는 제외한다) 또는 위조 · 변조한 것

② 누구든지(맞춤형화장품조제관리사를 통하여 판매하는 맞춤형화장품판매업자는 제외한다) 화장품의 용기에 담은 내용물을 나누어 판매하여서는 아니 된다. 〈개정 2018. 3. 13.〉
[시행일:2020. 3. 14.] 제16조의 개정규정 중 맞춤형화장품, 맞춤형화장품판매업자 및 맞춤형화장품조제관리사와 관련된 부분

제4절 화장품업 단체 등 〈개정 2018. 3. 13.〉

제17조(단체 설립) 영업자는 자주적인 활동과 공동이익을 보장하고 국민보건향상에 기여하기 위하여 단체를 설립할 수 있다. 〈개정 2018. 3. 13.〉 [제목개정 2018. 3. 13.]
[시행일:2020. 3. 14.] 제17조의 개정규정 중 맞춤형화장품, 맞춤형화장품판매업자 및 맞춤형화장품조제관리사와 관련된 부분

제4장 감독

제18조(보고와 검사 등) ① 식품의약품안전처장은 필요하다고 인정하면 영업자 · 판매자 또는 그 밖에 화장품을 업무상 취급하는 자에 대하여 필요한 보고를 명하거나, 관계 공무원으로 하여금 화장품 제조장소 · 영업소 · 창고 · 판매장소, 그 밖에 화장품을 취급하는 장소에 출입하여 그 시설 또는 관계 장부나 서류, 그 밖의 물건의 검사 또는 관계인에 대한 질문을 할 수 있다. 〈개정 2013. 3. 23., 2018. 3. 13.〉
② 식품의약품안전처장은 화장품의 품질 또는 안전기준, 포장 등의 기재 · 표시 사항 등이 적합한지 여부를 검사하기 위하여 필요한 최소 분량을 수거하여 검사할 수 있다. 〈개정 2013. 3. 23.〉
③ 식품의약품안전처장은 총리령으로 정하는 바에 따라 제품의 판매에 대한 모니터링 제도를 운영할 수 있다. 〈개정 2013. 3. 23.〉
④ 제1항의 경우에 관계 공무원은 그 권한을 표시하는 증표를 관계인에게 내보여야 한다.
⑤ 제1항 및 제2항의 관계 공무원의 자격과 그 밖에 필요한 사항은 총리령으로 정한다. 〈개정 2013. 3. 23.〉 [시행일:2020. 3. 14.] 제18조의 개정규정 중 맞춤형화장품, 맞춤형화장품판매

업자 및 맞춤형화장품조제관리사와 관련된 부분

제18조의2 (소비자화장품안전관리감시원) ① 식품의약품안전처장 또는 지방식품의약품안전청장은 화장품 안전관리를 위하여 제17조에 따라 설립된 단체 또는 「소비자기본법」 제29조에 따라 등록한 소비자단체의 임직원 중 해당 단체의 장이 추천한 사람이나 화장품 안전관리에 관한 지식이 있는 사람을 소비자화장품안전관리감시원으로 위촉할 수 있다.
② 제1항에 따라 위촉된 소비자화장품안전관리감시원(이하 "소비자화장품감시원"이라 한다)의 직무는 다음 각 호와 같다.

1. 유통 중인 화장품이 제10조제1항 및 제2항에 따른 표시기준에 맞지 아니하거나 제13조제1항 각 호의 어느 하나에 해당하는 표시 또는 광고를 한 화장품인 경우 관할 행정관청에 신고하거나 그에 관한 자료 제공
2. 제18조제1항 · 제2항에 따라 관계 공무원이 하는 출입 · 검사 · 질문 · 수거의 지원
3. 그 밖에 화장품 안전관리에 관한 사항으로서 총리령으로 정하는 사항

③ 식품의약품안전처장 또는 지방식품의약품안전청장은 소비자화장품감시원에게 직무 수행에 필요한 교육을 실시할 수 있다.
④ 식품의약품안전처장 또는 지방식품의약품안전청장은 소비자화장품감시원이 다음 각 호의 어느 하나에 해당하는 경우에는 해당 소비자화장품감시원을 해촉(解囑)하여야 한다.

1. 해당 소비자화장품감시원을 추천한 단체에서 퇴직하거나 해임된 경우
2. 제2항 각 호의 직무와 관련하여 부정한 행위를 하거나 권한을 남용한 경우
3. 질병이나 부상 등의 사유로 직무 수행이 어렵게 된 경우

⑤ 소비자화장품감시원의 자격, 교육, 그 밖에 필요한 사항은 총리령으로 정한다.
[본조신설 2018. 3. 13.] [시행일:2020. 3. 14.] 제18조의2의 개정규정 중 맞춤형화장품, 맞춤형화장품판매업자 및 맞춤형화장품조제관리사와 관련된 부분

제19조(시정명령) 식품의약품안전처장은 이 법을 지키지 아니하는 자에 대하여 필요하다고 인정하면 그 시정을 명할 수 있다. 〈개정 2013. 3. 23.〉

제20조(검사명령) 식품의약품안전처장은 영업자에 대하여 필요하다고 인정하면 취급한 화장품에 대하여 「식품 · 의약품분야 시험 · 검사 등에 관한 법률」 제6조제2항제5호에 따른 화장품 시험 · 검사기관의 검사를 받을 것을 명할 수 있다. 〈개정 2013. 3. 23., 2013. 7. 30., 2018. 3. 13.〉 [시행일:2020. 3. 14.] 제20조의 개정규정 중 맞춤형화장품, 맞춤형화장품판매업자 및 맞춤형화장품조제관리사와 관련된 부분

제21조 삭제 〈2013. 7. 30.〉

제22조(개수명령) 식품의약품안전처장은 화장품제조업자가 갖추고 있는 시설이 제3조제2항에 따른 시설기준에 적합하지 아니하거나 노후 또는 오손되어 있어 그 시설로 화장품을 제조하면 화장품의 안전과 품질에 문제의 우려가 있다고 인정되는 경우에는 화장품제조업자에게 그 시설의 개수를 명하거나 그 개수가 끝날 때까지 해당 시설의 전부 또는 일부의 사용금지를 명할 수 있다. 〈개정 2013. 3. 23., 2018. 3. 13.〉

제23조(회수 · 폐기명령 등) ① 식품의약품안전처장은 판매 · 보관 · 진열 · 제조 또는 수입한 화장품이나 그 원료 · 재료 등(이하 "물품"이라 한다)이 제9조, 제15조 또는 제16조제1항을 위반하여 국민보건에 위해를 끼칠 우려가 있는 경우에는 해당 영업자 · 판매자 또는 그 밖에 화장품을 업무상 취급하는 자에게 해당 물품의 회수 · 폐기 등의 조치를 명하여야 한다. 〈개정 2018. 12. 11.〉

② 식품의약품안전처장은 판매 · 보관 · 진열 · 제조 또는 수입한 물품이 국민보건에 위해를 끼치거나 끼칠 우려가 있다고 인정되는 경우에는 해당 영업자 · 판매자 또는 그 밖에 화장품을 업무상 취급하는 자에게 해당 물품의 회수 · 폐기 등의 조치를 명할 수 있다. 〈신설 2018. 12. 11.〉

③ 제1항 및 제2항에 따른 명령을 받은 영업자 · 판매자 또는 그 밖에 화장품을 업무상 취급하는 자는 미리 식품의약품안전처장에게 회수계획을 보고하여야 한다. 〈신설 2018. 12. 11.〉

④ 식품의약품안전처장은 다음 각 호의 어느 하나에 해당하는 경우에는 관계 공무원으로 하여금 해당 물품을 폐기하게 하거나 그 밖에 필요한 처분을 하게 할 수 있다. 〈개정 2013. 3. 23., 2018. 12. 11.〉

  1. 제1항 및 제2항에 따른 명령을 받은 자가 그 명령을 이행하지 아니한 경우
  2. 그 밖에 국민보건을 위하여 긴급한 조치가 필요한 경우

⑤ 제1항부터 제3항까지의 규정에 따른 물품의 회수에 필요한 위해성 등급 및 그 분류기준, 회수 · 폐기의 절차 · 계획 및 사후조치 등에 필요한 사항은 총리령으로 정한다. 〈신설 2015. 1. 28., 2018. 12. 11.〉[제목개정 2015. 1. 28.] [시행일:2020. 3. 14.] 제23조의 개정규정 중 맞춤형화장품, 맞춤형화장품판매업자 및 맞춤형화장품조제관리사와 관련된 부분

제23조의2(위해화장품의 공표) ① 식품의약품안전처장은 다음 각 호의 어느 하나에 해당하는 경우에는 해당 영업자에 대하여 그 사실의 공표를 명할 수 있다. 〈개정 2018. 3. 13., 2018. 12. 11.〉

  1. 제5조의2제2항에 따른 회수계획을 보고받은 때
  2. 제23조제3항에 따른 회수계획을 보고받은 때

② 제1항에 따른 공표의 방법 · 절차 등에 필요한 사항은 총리령으로 정한다.

[본조신설 2015. 1. 28.]

[시행일:2020. 3. 14.] 제23조의2의 개정규정 중 맞춤형화장품, 맞춤형화장품판매업자 및 맞춤형화장품조제관리사와 관련된 부분

제24조(등록의 취소 등) ① 영업자가 다음 각 호의 어느 하나에 해당하는 경우에는 식품의약품안전처장은 등록을 취소하거나 영업소 폐쇄(제3조의2제1항에 따라 신고한 영업만 해당한다. 이하 이 조에서 같다)를 명하거나, 품목의 제조 · 수입 및 판매(수입대행형 거래를 목적으로 하는 알선 · 수여를 포함한다)의 금지를 명하거나 1년의 범위에서 기간을 정하여 그 업무의 전부 또는 일부에 대한 정지를 명할 수 있다. 다만, 제3호 또는 제14호(광고 업무에 한정하여 정지를 명한 경우는 제외한다)에 해당하는 경우에는 등록을 취소하거나 영업소를 폐쇄하여야 한다. 〈개정 2013. 3. 23., 2015. 1. 28., 2016. 5. 29., 2018. 3. 13., 2018. 12. 11., 2019. 1. 15.〉

1. 제3조제1항 후단에 따른 화장품제조업 또는 화장품책임판매업의 변경 사항 등록을 하지 아니한 경우
2. 제3조제2항에 따른 시설을 갖추지 아니한 경우

   2의2. 제3조의2제1항 후단에 따른 맞춤형화장품판매업의 변경신고를 하지 아니한 경우
3. 제3조의3 각 호의 어느 하나에 해당하는 경우
4. 국민보건에 위해를 끼쳤거나 끼칠 우려가 있는 화장품을 제조 · 수입한 경우
5. 제4조제1항을 위반하여 심사를 받지 아니하거나 보고서를 제출하지 아니한 기능성화장품을 판매한 경우

   5의2. 제4조의2제1항에 따른 제품별 안전성 자료를 작성 또는 보관하지 아니한 경우
6. 제5조를 위반하여 영업자의 준수사항을 이행하지 아니한 경우

   6의2. 제5조의2제1항을 위반하여 회수 대상 화장품을 회수하지 아니하거나 회수하는 데에 필요한 조치를 하지 아니한 경우

   6의3. 제5조의2제2항을 위반하여 회수계획을 보고하지 아니하거나 거짓으로 보고한 경우
7. 삭제 〈2018. 3. 13.〉
8. 제9조에 따른 화장품의 안전용기 · 포장에 관한 기준을 위반한 경우
9. 제10조부터 제12조까지의 규정을 위반하여 화장품의 용기 또는 포장 및 첨부문서에 기재 · 표시한 경우
10. 제13조를 위반하여 화장품을 표시 · 광고하거나 제14조제4항에 따른 중지명령을 위반하여 화장품을 표시 · 광고 행위를 한 경우
11. 제15조를 위반하여 판매하거나 판매의 목적으로 제조 · 수입 · 보관 또는 진열한 경우
12. 제18조제1항 · 제2항에 따른 검사 · 질문 · 수거 등을 거부하거나 방해한 경우
13. 제19조, 제20조, 제22조, 제23조제1항 · 제2항 또는 제23조의2에 따른 시정명령 · 검사명령 · 개수명령 · 회수명령 · 폐기명령 또는 공표명령 등을 이행하지 아니한 경우

13의2. 제23조제3항에 따른 회수계획을 보고하지 아니하거나 거짓으로 보고한 경우
14. 업무정지기간 중에 업무를 한 경우
② 제1항에 따른 행정처분의 기준은 총리령으로 정한다. 〈개정 2013. 3. 23.〉
[제목개정 2018. 3. 13.] [시행일:2020. 3. 14.] 제24조의 개정규정 중 맞춤형화장품, 맞춤형화장품판매업자 및 맞춤형화장품조제관리사와 관련된 부분

제25조 삭제 〈2013. 7. 30.〉

제26조(영업자의 지위 승계) 영업자가 사망하거나 그 영업을 양도한 경우 또는 법인인 영업자가 합병한 경우에는 그 상속인, 영업을 양수한 자 또는 합병 후 존속하는 법인이나 합병에 따라 설립되는 법인이 그 영업자의 의무 및 지위를 승계한다. 〈개정 2018. 3. 13.〉
[제목개정 2018. 3. 13.] [시행일:2020. 3. 14.] 제26조의 개정규정 중 맞춤형화장품, 맞춤형화장품판매업자 및 맞춤형화장품조제관리사와 관련된 부분

제26조의2(행정제재처분 효과의 승계) 제26조에 따라 영업자의 지위를 승계한 경우에 종전의 영업자에 대한 제24조에 따른 행정제재처분의 효과는 그 처분 기간이 끝난 날부터 1년간 해당 영업자의 지위를 승계한 자에게 승계되며, 행정제재처분의 절차가 진행 중일 때에는 해당 영업자의 지위를 승계한 자에 대하여 그 절차를 계속 진행할 수 있다. 다만, 영업자의 지위를 승계한 자가 지위를 승계할 때에 그 처분 또는 위반 사실을 알지 못하였음을 증명하는 경우에는 그러하지 아니하다.[본조신설 2018. 12. 11.]

제27조(청문) 식품의약품안전처장은 제14조의2제3항에 따른 인증의 취소, 제14조의5제2항에 따른 인증기관 지정의 취소 또는 업무의 전부에 대한 정지를 명하거나 제24조에 따른 등록의 취소, 영업소 폐쇄, 품목의 제조 · 수입 및 판매(수입대행형 거래를 목적으로 하는 알선 · 수여를 포함한다)의 금지 또는 업무의 전부에 대한 정지를 명하고자 하는 경우에는 청문을 하여야 한다. 〈개정 2013. 3. 23., 2016. 5. 29., 2018. 3. 13.〉
[시행일:2020. 3. 14.] 제27조의 개정규정 중 맞춤형화장품, 맞춤형화장품판매업자 및 맞춤형화장품조제관리사와 관련된 부분

제28조(과징금처분) ① 식품의약품안전처장은 제24조에 따라 영업자에게 업무정지처분을 하여야 할 경우에는 그 업무정지처분을 갈음하여 10억원 이하의 과징금을 부과할 수 있다. 〈개정 2013. 3. 23., 2018. 3. 13., 2018. 12. 11.〉
② 제1항에 따른 과징금을 부과하는 위반행위의 종류와 위반정도 등에 따른 과징금의 금액과 그 밖에 필요한 사항은 대통령령으로 정한다.

③ 식품의약품안전처장은 과징금을 부과하기 위하여 필요한 경우에는 다음 각 호의 사항을 적은 문서로 관할 세무관서의 장에게 과세 정보 제공을 요청할 수 있다. 〈신설 2018. 3. 13.〉

1. 납세자의 인적 사항
2. 과세 정보의 사용 목적
3. 과징금 부과기준이 되는 매출금액

④ 식품의약품안전처장은 제1항에 따른 과징금을 내야 할 자가 납부기한까지 과징금을 내지 아니하면 대통령령으로 정하는 바에 따라 제1항에 따른 과징금부과처분을 취소하고 제24조제1항에 따른 업무정지처분을 하거나 국세 체납처분의 예에 따라 이를 징수한다. 다만, 제6조에 따른 폐업 등으로 제24조제1항에 따른 업무정지처분을 할 수 없을 때에는 국세 체납처분의 예에 따라 이를 징수한다. 〈개정 2013. 3. 23., 2018. 3. 13.〉

⑤ 식품의약품안전처장은 제4항에 따라 체납된 과징금의 징수를 위하여 다음 각 호의 어느 하나에 해당하는 자료 또는 정보를 해당 각 호의 자에게 요청할 수 있다. 이 경우 요청을 받은 자는 정당한 사유가 없으면 요청에 따라야 한다. 〈신설 2018. 3. 13.〉

1. 「건축법」 제38조에 따른 건축물대장 등본: 국토교통부장관
2. 「공간정보의 구축 및 관리 등에 관한 법률」 제71조에 따른 토지대장 등본: 국토교통부장관
3. 「자동차관리법」 제7조에 따른 자동차등록원부 등본: 특별시장 · 광역시장 · 특별자치시장 · 도지사 또는 특별자치도지사

[시행일:2020. 3. 14.] 제28조의 개정규정 중 맞춤형화장품, 맞춤형화장품판매업자 및 맞춤형화장품조제관리사와 관련된 부분

제28조의2(위반사실의 공표) ① 식품의약품안전처장은 제22조, 제23조, 제23조의2, 제24조 또는 제28조에 따라 행정처분이 확정된 자에 대한 처분 사유, 처분 내용, 처분 대상자의 명칭 · 주소 및 대표자 성명, 해당 품목의 명칭 등 처분과 관련한 사항으로서 대통령령으로 정하는 사항을 공표할 수 있다.

② 제1항에 따른 공표방법 등 공표에 필요한 사항은 대통령령으로 정한다.

[본조신설 2015. 1. 28.]

제29조(자발적 관리의 지원) 식품의약품안전처장은 영업자가 스스로 표시 · 광고, 품질관리, 국내외 인증 등의 준수사항을 위하여 노력하는 자발적 관리체계가 정착 · 확산될 수 있도록 행정적 · 재정적 지원을 할 수 있다. 〈개정 2013. 3. 23., 2018. 3. 13.〉

[시행일:2020. 3. 14.] 제29조의 개정규정 중 맞춤형화장품, 맞춤형화장품판매업자 및 맞춤형화장품조제관리사와 관련된 부분

제30조(수출용 제품의 예외) 국내에서 판매되지 아니하고 수출만을 목적으로 하는 제품은 제

4조, 제8조부터 제12조까지, 제14조, 제15조제1호 · 제5호, 제16조제1항제2호 · 제3호 및 같은 조 제2항을 적용하지 아니하고 수입국의 규정에 따를 수 있다. 〈개정 2016. 5. 29.〉

제5장 보칙

제31조(등록필증 등의 재교부) 영업자가 등록필증 · 신고필증 또는 기능성화장품심사결과통지서 등을 잃어버리거나 못쓰게 될 때는 총리령으로 정하는 바에 따라 이를 다시 교부받을 수 있다. 〈개정 2013. 3. 23., 2018. 3. 13.〉
[시행일:2020. 3. 14.] 제31조의 개정규정 중 맞춤형화장품, 맞춤형화장품판매업자 및 맞춤형화장품조제관리사와 관련된 부분

제32조(수수료) 이 법에 따른 등록 · 신고 · 심사 또는 인증을 받거나, 자격시험 응시와 자격증 발급을 신청하고자 하는 자는 총리령으로 정하는 바에 따라 수수료를 납부하여야 한다. 등록 · 신고 · 심사 또는 인증 받은 사항을 변경하고자 하는 경우에도 또한 같다.
[전문개정 2018. 3. 13.]
[시행일:2020. 3. 14.] 제32조의 개정규정 중 맞춤형화장품, 맞춤형화장품판매업자 및 맞춤형화장품조제관리사와 관련된 부분

제33조(화장품산업의 지원) 보건복지부장관과 식품의약품안전처장은 화장품산업의 진흥을 위한 기반조성 및 경쟁력 강화에 필요한 시책을 수립 · 시행하여야 하며 이를 위한 재원을 마련하고 기술개발, 조사 · 연구 사업, 해외 정보의 제공, 국제협력체계의 구축 등에 필요한 지원을 하여야 한다. 〈개정 2013. 3. 23., 2018. 3. 13.〉

제33조의2(국제협력) 식품의약품안전처장은 화장품의 수출 진흥 및 안전과 품질관리 등을 위하여 수입국 · 수출국과 협약을 체결하는 등 국제협력에 노력하여야 한다.
[본조신설 2018. 12. 11.]

제34조(권한 등의 위임 · 위탁) ① 이 법에 따른 식품의약품안전처장의 권한은 그 일부를 대통령령으로 정하는 바에 따라 지방식품의약품안전청장이나 특별시장 · 광역시장 · 도지사 또는 특별자치도지사에게 위임할 수 있다. 〈개정 2013. 3. 23.〉
② 식품의약품안전처장은 이 법에 따른 화장품에 관한 업무의 일부를 대통령령으로 정하는 바에 따라 제17조에 따른 단체 또는 화장품 관련 기관 · 법인 · 단체에 위탁할 수 있다. 〈개정 2013. 3. 23., 2018. 3. 13.〉 [제목개정 2018. 3. 13.]

[시행일:2020. 3. 14.] 제34조의 개정규정 중 맞춤형화장품, 맞춤형화장품판매업자 및 맞춤형화장품조제관리사와 관련된 부분

제6장 벌칙

제35조 삭제 〈2018. 3. 13.〉

제36조(벌칙) ① 다음 각 호의 어느 하나에 해당하는 자는 3년 이하의 징역 또는 3천만원 이하의 벌금에 처한다. 〈개정 2014. 3. 18., 2018. 3. 13.〉

1. 제3조제1항 전단을 위반한 자
   1의2. 제3조의2제1항 전단을 위반한 자
   1의3. 제3조의2제2항을 위반한 자
2. 제4조제1항 전단을 위반한 자
   2의2. 제14조의2제3항제1호의 거짓이나 부정한 방법으로 인증 받은 자
   2의3. 제14조의4제2항을 위반하여 인증표시를 한 자
3. 제15조를 위반한 자
4. 제16조제1항제1호 또는 제4호를 위반한 자

② 제1항의 징역형과 벌금형은 이를 함께 부과할 수 있다.

[시행일:2020. 3. 14.] 제36조의 개정규정 중 맞춤형화장품, 맞춤형화장품판매업자 및 맞춤형화장품조제관리사와 관련된 부분

제37조(벌칙) ① 제4조의2제1항, 제9조, 제13조, 제16조제1항제2호 · 제3호 또는 같은 조 제2항을 위반하거나, 제14조제4항에 따른 중지명령에 따르지 아니한 자는 1년 이하의 징역 또는 1천만원 이하의 벌금에 처한다. 〈개정 2013. 7. 30., 2014. 3. 18., 2019. 1. 15.〉

② 제1항의 징역형과 벌금형은 이를 함께 부과할 수 있다.

제38조(벌칙) 다음 각 호의 어느 하나에 해당하는 자는 200만원 이하의 벌금에 처한다. 〈개정 2018. 3. 13., 2018. 12. 11.〉

1. 제5조제1항부터 제3항까지의 규정에 따른 준수사항을 위반한 자
   1의2. 제5조의2제1항을 위반한 자
   1의3. 제5조의2제2항을 위반한 자
2. 제10조제1항(같은 항 제7호는 제외한다) · 제2항을 위반한 자
   2의2. 제14조의3에 따른 인증의 유효기간이 경과한 화장품에 대하여 제14조의4제1항에 따른 인증표시를 한 자

3. 제18조, 제19조, 제20조, 제22조 및 제23조에 따른 명령을 위반하거나 관계 공무원의 검사 · 수거 또는 처분을 거부 · 방해하거나 기피한 자

[시행일:2020. 3. 14.] 제38조의 개정규정 중 맞춤형화장품, 맞춤형화장품판매업자 및 맞춤형화장품조제관리사와 관련된 부분

제39조(양벌규정) 법인의 대표자나 법인 또는 개인의 대리인, 사용인, 그 밖의 종업원이 그 법인 또는 개인의 업무에 관하여 제36조부터 제38조까지의 어느 하나에 해당하는 위반행위를 하면 그 행위자를 벌하는 외에 그 법인 또는 개인에게도 해당 조문의 벌금형을 과(科)한다. 다만, 법인 또는 개인이 그 위반행위를 방지하기 위하여 해당 업무에 관하여 상당한 주의와 감독을 게을리 하지 아니한 경우에는 그러하지 아니하다. 〈개정 2018. 3. 13.〉

[시행일:2020. 3. 14.] 제39조의 개정규정 중 맞춤형화장품, 맞춤형화장품판매업자 및 맞춤형화장품조제관리사와 관련된 부분

제40조(과태료) ① 다음 각 호의 어느 하나에 해당하는 자에게는 100만원 이하의 과태료를 부과한다. 〈개정 2016. 2. 3., 2018. 3. 13., 2018. 12. 11.〉

1. 삭제 〈2018. 3. 13.〉
2. 제4조제1항 후단을 위반하여 변경심사를 받지 아니한 자
3. 제5조제4항을 위반하여 화장품의 생산실적 또는 수입실적 또는 화장품 원료의 목록 등을 보고하지 아니한 자
4. 제5조제5항에 따른 명령을 위반한 자
5. 제6조를 위반하여 폐업 등의 신고를 하지 아니한 자

5의2. 제10조제1항제7호 및 제11조를 위반하여 화장품의 판매 가격을 표시하지 아니한 자

6. 제18조에 따른 명령을 위반하여 보고를 하지 아니한 자
7. 제15조의2제1항을 위반하여 동물실험을 실시한 화장품 또는 동물실험을 실시한 화장품 원료를 사용하여 제조(위탁제조를 포함한다) 또는 수입한 화장품을 유통 · 판매한 자

② 제1항에 따른 과태료는 대통령령으로 정하는 바에 따라 식품의약품안전처장이 부과 · 징수한다. 〈개정 2013. 3. 23. 제11690호(정부조직법)〉

화장품법 시행령

[시행 2019. 12. 12.] [대통령령 제30245호, 2019. 12. 10., 일부개정]

제1조(목적) 이 영은 「화장품법」에서 위임된 사항과 그 시행에 필요한 사항을 규정함을 목적으로 한다. 〈개정 2012. 2. 3.〉

제2조(영업의 세부 종류와 범위) 「화장품법」(이하 "법"이라 한다) 제2조의2제1항에 따른 화장품 영업의 세부 종류와 그 범위는 다음 각 호와 같다.

1. 화장품제조업: 다음 각 목의 구분에 따른 영업
   가. 화장품을 직접 제조하는 영업
   나. 화장품 제조를 위탁받아 제조하는 영업
   다. 화장품의 포장(1차 포장만 해당한다)을 하는 영업
2. 화장품책임판매업: 다음 각 목의 구분에 따른 영업
   가. 화장품제조업자(법 제3조제1항에 따라 화장품제조업을 등록한 자를 말한다. 이하 같다)가 화장품을 직접 제조하여 유통·판매하는 영업
   나. 화장품제조업자에게 위탁하여 제조된 화장품을 유통·판매하는 영업
   다. 수입된 화장품을 유통·판매하는 영업
   라. 수입대행형 거래(「전자상거래 등에서의 소비자보호에 관한 법률」 제2조제1호에 따른 전자상거래만 해당한다)를 목적으로 화장품을 알선·수여(授與)하는 영업
3. 맞춤형화장품판매업: 다음 각 목의 구분에 따른 영업
   가. 제조 또는 수입된 화장품의 내용물에 다른 화장품의 내용물이나 식품의약품안전처장이 정하여 고시하는 원료를 추가하여 혼합한 화장품을 판매하는 영업
   나. 제조 또는 수입된 화장품의 내용물을 소분(小分)한 화장품을 판매하는 영업

[본조신설 2019. 3. 12.] [시행일 : 2020. 3. 14.] 제2조제3호

제3조 삭제 〈2012. 2. 3.〉

제4조 삭제 〈2012. 2. 3.〉

제5조 삭제 〈2012. 2. 3.〉

제6조 삭제 〈2012. 2. 3.〉

제7조 삭제 〈2012. 2. 3.〉

제8조 삭제 〈2012. 2. 3.〉

제9조 삭제 〈2012. 2. 3.〉

제10조 삭제 〈2012. 2. 3.〉

제11조(과징금의 산정기준) 법 제28조제1항에 따른 과징금의 금액은 위반행위의 종류 · 정도 등을 고려하여 총리령으로 정하는 업무정지처분기준에 따라 별표 1의 기준을 적용하여 산정하되, 과징금의 총액은 10억원을 초과하여서는 아니 된다. 〈개정 2008. 2. 29., 2010. 3. 15., 2012. 2. 3., 2013. 3. 23., 2019. 3. 12., 2019. 12. 10.〉

제12조(과징금의 부과 · 징수절차) ① 법 제28조에 따라 식품의약품안전처장이 과징금을 부과하려면 그 위반행위의 종류와 과징금의 금액 등을 적은 서면으로 통지하여야 한다. 〈개정 2012. 2. 3., 2013. 3. 23.〉
② 과징금의 징수절차는 총리령으로 정한다. 〈개정 2008. 2. 29., 2010. 3. 15., 2013. 3. 23.〉

제12조의2(과징금 미납자에 대한 처분) ①식품의약품안전처장은 법 제28조제4항 본문에 따라 과징금을 내야 할 자가 납부기한까지 내지 아니하면 납부기한이 지난 후 15일 이내에 독촉장을 발부하여야 한다. 이 경우 납부기한은 독촉장을 발부하는 날부터 10일 이내로 하여야 한다. 〈개정 2012. 2. 3., 2013. 3. 23., 2019. 3. 12.〉
② 식품의약품안전처장은 제1항에 따라 과징금을 내지 아니한 자가 독촉장을 받고도 납부기한까지 과징금을 내지 아니하면 과징금부과처분을 취소하고 업무정지처분을 하여야 한다. 다만, 법 제28조제4항 단서에 해당하는 경우에는 국세 체납처분의 예에 따라 징수하여야 한다. 〈개정 2014. 11. 4., 2019. 3. 12.〉
③ 제2항 본문에 따라 과징금 부과처분을 취소하고 업무정지처분을 하려면 처분대상자에게 서면으로 그 내용을 통지하되, 서면에는 처분이 변경된 사유와 업무정지처분의 기간 등 업무정지처분에 필요한 사항을 적어야 한다. 〈개정 2012. 2. 3., 2014. 11. 4.〉
[본조신설 2007. 7. 3.]

제13조(위반사실의 공표) ① 법 제28조의2제1항에서 "대통령령으로 정하는 사항"이란 다음 각 호의 사항을 말한다.

1. 처분 사유
2. 처분 내용
3. 처분 대상자의 명칭 · 주소 및 대표자 성명
4. 해당 품목의 명칭 및 제조번호

② 법 제28조의2제1항에 따른 공표는 식품의약품안전처의 인터넷 홈페이지에 게재하는 방법으로 한다.

[본조신설 2015. 7. 24.]

제14조(권한의 위임) 법 제34조제1항에 따라 식품의약품안전처장은 다음 각 호의 권한을 지방식품의약품안전청장에게 위임한다. 〈개정 2012. 2. 3., 2013. 3. 23., 2014. 11. 4., 2015. 7. 24., 2017. 1. 31., 2019. 3. 12.〉

1. 법 제3조에 따른 화장품제조업 또는 화장품제조책임판매업의 등록 및 변경등록
   1의2. 법 제3조의2제1항에 따른 맞춤형화장품판매업의 신고 및 변경신고의 수리
   1의3. 법 제5조제6항에 따른 화장품제조업자, 화장품책임판매업자 및 맞춤형화장품판매업자 (이하 "영업자"라 한다)에 대한 교육명령
   1의4. 법 제5조의2제2항에 따른 회수계획 보고의 접수 및 같은 조 제3항에 따른 행정처분의 감경 · 면제
2. 법 제6조제1항에 따른 영업자의 폐업, 휴업 등 신고의 수리
3. 법 제18조에 따른 보고명령 · 출입 · 검사 · 질문 및 수거
   3의2. 법 제18조의2에 따른 소비자화장품안전관리감시원의 위촉 · 해촉 및 교육
   3의3. 다음 각 목의 경우에 대한 법 제19조에 따른 시정명령
   가. 법 제3조제1항 후단에 따른 변경등록을 하지 않은 경우
   나. 법 제3조의2제1항 후단에 따른 변경신고를 하지 않은 경우
   다. 법 제5조제6항에 따른 교육명령을 위반한 경우
   라. 법 제6조제1항에 따른 폐업 또는 휴업신고나 휴업 후 재개신고를 하지 않은 경우
4. 법 제20조에 따른 검사명령
5. 법 제22조에 따른 개수명령 및 시설의 전부 또는 일부의 사용금지명령
6. 법 제23조에 따른 회수 · 폐기 등의 명령, 회수계획 보고의 접수와 폐기 또는 그 밖에 필요한 처분
   6의2. 법 제23조의2에 따른 공표명령
7. 법 제24조에 따른 등록의 취소, 영업소의 폐쇄명령, 품목의 제조 · 수입 및 판매의 금지명령, 업무의 전부 또는 일부에 대한 정지명령

8. 법 제27조에 따른 청문
9. 법 제28조에 따른 과징금의 부과 · 징수
   9의2. 법 제28조의2에 따른 공표
10. 법 제31조에 따른 등록필증 · 신고필증의 재교부
11. 법 제40조제1항에 따른 과태료의 부과 · 징수

[본조신설 2007. 7. 3.]
[시행일 : 2020. 3. 14.] 제14조제1호의3, 제14조제2호, 제14조제3호의3, 제14조제7호, 제14조제10호, 제14조제11호의 개정규정 중 맞춤형화장품판매업 및 맞춤형화장품판매업자와 관련된 부분 [시행일 : 2020. 3. 14.] 제14조제1호의2

제15조(민감정보 및 고유식별정보의 처리) 식품의약품안전처장(제14조에 따라 식품의약품안전처장의 권한을 위임받은 자 또는 법 제3조의4제3항에 따라 자격시험 업무를 위탁받은 자를 포함한다)은 다음 각 호의 사무를 수행하기 위하여 불가피한 경우 「개인정보 보호법」 제23조에 따른 건강에 관한 정보, 같은 법 시행령 제18조제2호에 따른 범죄경력자료에 해당하는 정보, 같은 영 제19조제1호 또는 제4호에 따른 주민등록번호 또는 외국인등록번호가 포함된 자료를 처리할 수 있다. 〈개정 2012. 2. 3., 2013. 3. 23., 2015. 7. 24., 2019. 3. 12., 2019. 12. 10.〉

1. 법 제3조에 따른 화장품제조업 또는 화장품책임판매업의 등록 및 변경등록에 관한 사무
   1의2. 법 제3조의2제1항에 따른 맞춤형화장품판매업의 신고 및 변경신고에 관한 사무
   1의3. 법 제3조의4제1항에 따른 맞춤형화장품조제관리사 자격시험에 관한 사무
2. 법 제4조에 따른 기능성화장품의 심사 등에 관한 사무
3. 법 제6조에 따른 폐업 등의 신고에 관한 사무
4. 법 제18조에 따른 보고와 검사 등에 관한 사무
   4의2. 법 제19조에 따른 시정명령에 관한 사무
5. 법 제20조에 따른 검사명령에 관한 사무
6. 법 제22조에 따른 개수명령 및 시설의 전부 또는 일부의 사용금지명령에 관한 사무
7. 법 제23조에 따른 회수 · 폐기 등의 명령과 폐기 또는 그 밖에 필요한 처분에 관한 사무
8. 법 제24조에 따른 등록의 취소, 영업소의 폐쇄명령, 품목의 제조 · 수입 및 판매의 금지명령, 업무의 전부 또는 일부에 대한 정지명령에 관한 사무
9. 법 제27조에 따른 청문에 관한 사무
10. 법 제28조에 따른 과징금의 부과 · 징수에 관한 사무
11. 법 제31조에 따른 등록필증 등의 재교부에 관한 사무

[본조신설 2012. 1. 6.] [시행일 : 2020. 3. 14.] 제15조제8호의 개정규정 중 맞춤형화장품판매업 및 맞춤형화장품판매업자와 관련된 부분

[시행일 : 2020. 3. 14.] 제15조제1호의2
[시행일 : 2020. 3. 14.] 제15조 각 호 외의 부분, 제15조제1호의3

제16조(과태료의 부과기준) 법 제40조제1항에 따른 과태료의 부과기준은 별표 2와 같다. 〈개정 2019. 3. 12.〉
[전문개정 2012. 2. 3 제13조에서 이동]

화장품법 시행규칙

[시행 2020. 1. 22] [총리령 제1592호, 2020. 1. 22, 일부개정]

제1조(목적) 이 규칙은 「화장품법」 및 같은 법 시행령에서 위임된 사항과 그 시행에 필요한 사항을 규정함을 목적으로 한다.

제2조(기능성화장품의 범위) 「화장품법」(이하 "법"이라 한다) 제2조제2호 각 목 외의 부분에서 "총리령으로 정하는 화장품"이란 다음 각 호의 화장품을 말한다. 〈개정 2013. 3. 23., 2017. 1. 12.〉

1. 피부에 멜라닌색소가 침착하는 것을 방지하여 기미 · 주근깨 등의 생성을 억제함으로써 피부의 미백에 도움을 주는 기능을 가진 화장품
2. 피부에 침착된 멜라닌색소의 색을 엷게 하여 피부의 미백에 도움을 주는 기능을 가진 화장품
3. 피부에 탄력을 주어 피부의 주름을 완화 또는 개선하는 기능을 가진 화장품
4. 강한 햇볕을 방지하여 피부를 곱게 태워주는 기능을 가진 화장품
5. 자외선을 차단 또는 산란시켜 자외선으로부터 피부를 보호하는 기능을 가진 화장품
6. 모발의 색상을 변화[탈염(脫染) · 탈색(脫色)을 포함한다]시키는 기능을 가진 화장품. 다만, 일시적으로 모발의 색상을 변화시키는 제품은 제외한다.
7. 체모를 제거하는 기능을 가진 화장품. 다만, 물리적으로 체모를 제거하는 제품은 제외한다.
8. 탈모 증상의 완화에 도움을 주는 화장품. 다만, 코팅 등 물리적으로 모발을 굵게 보이게 하는 제품은 제외한다.
9. 여드름성 피부를 완화하는 데 도움을 주는 화장품. 다만, 인체세정용 제품류로 한정한다.
10. 아토피성 피부로 인한 건조함 등을 완화하는 데 도움을 주는 화장품
11. 튼살로 인한 붉은 선을 엷게 하는 데 도움을 주는 화장품

제3조(제조업의 등록 등) ① 삭제 〈2019. 3. 14.〉

② 법 제3조제1항 전단에 따라 화장품제조업 등록을 하려는 자는 별지 제1호서식의 화장품제조업 등록신청서(전자문서로 된 신청서를 포함한다)에 다음 각 호의 서류(전자문서를 포함한다)를 첨부하여 제조소의 소재지를 관할하는 지방식품의약품안전청장에게 제출하여야 한다. 〈개정 2019. 3. 14.〉

1. 화장품제조업을 등록하려는 자(법인인 경우에는 대표자를 말한다. 이하 이 항에서 같다)가 법 제3조의3제1호 본문에 해당되지 않음을 증명하는 의사의 진단서 또는 법 제3조의3제1

호 단서에 해당하는 사람임을 증명하는 전문의의 진단서

2. 화장품제조업을 등록하려는 자가 법 제3조의3제3호에 해당되지 않음을 증명하는 의사의 진단서
3. 시설의 명세서

③ 제2항에 따라 신청서를 받은 지방식품의약품안전청장은 「전자정부법」 제36조제1항에 따른 행정정보의 공동이용을 통하여 법인 등기사항증명서(법인인 경우만 해당한다)를 확인하여야 한다.

④ 지방식품의약품안전청장은 제2항에 따른 등록신청이 등록요건을 갖춘 경우에는 화장품 제조업 등록대장에 다음 각 호의 사항을 적고, 별지 제2호서식의 화장품제조업 등록필증을 발급하여야 한다. 〈개정 2014. 9. 24., 2019. 3. 14.〉

1. 등록번호 및 등록연월일
2. 화장품제조업자(화장품제조업을 등록한 자를 말한다. 이하 같다)의 성명 및 생년월일(법인인 경우에는 대표자의 성명 및 생년월일)
3. 화장품제조업자의 상호(법인인 경우에는 법인의 명칭)
4. 제조소의 소재지
5. 제조 유형

제4조(화장품책임판매업의 등록 등) ① 삭제 〈2019. 3. 14.〉

② 법 제3조제1항 전단에 따라 화장품책임판매업을 등록하려는 자는 별지 제3호서식의 화장품책임판매업 등록신청서(전자문서로 된 신청서를 포함한다)에 다음 각 호의 서류[전자문서를 포함하며, 「화장품법 시행령」(이하 "영"이라 한다) 제2조제2호라목에 해당하는 경우에는 제출하지 않는다]를 첨부하여 화장품책임판매업소의 소재지를 관할하는 지방식품의약품안전청장에게 제출해야 한다. 〈개정 2019. 3. 14.〉

1. 법 제3조제3항에 따른 화장품의 품질관리 및 책임판매 후 안전관리에 적합한 기준에 관한 규정
2. 법 제3조제3항에 따른 책임판매관리자(이하 "책임판매관리자"라 한다)의 자격을 확인할 수 있는 서류

③ 제2항에 따라 신청서를 받은 지방식품의약품안전청장은 「전자정부법」 제36조제1항에 따른 행정정보의 공동이용을 통하여 법인 등기사항증명서(법인인 경우만 해당한다)를 확인하여야 한다.

④ 지방식품의약품안전청장은 제2항에 따른 등록신청이 등록요건을 갖춘 경우에는 화장품책임판매업 등록대장에 다음 각 호의 사항을 적고, 별지 제4호서식의 화장품책임판매업 등록필증을 발급하여야 한다. 〈개정 2014. 9. 24., 2019. 3. 14.〉

1. 등록번호 및 등록연월일

2. 화장품책임판매업자(화장품책임판매업을 등록한 자를 말한다. 이하 같다)의 성명 및 생년월일(법인인 경우에는 대표자의 성명 및 생년월일)
3. 화장품책임판매업자의 상호(법인인 경우에는 법인의 명칭)
4. 화장품책임판매업소의 소재지
5. 책임판매관리자의 성명 및 생년월일
6. 책임판매 유형

[제목개정 2019. 3. 14.]

제5조(화장품제조업 등의 변경등록) ① 법 제3조제1항 후단에 따라 화장품제조업자 또는 화장품책임판매업자가 변경등록을 하여야 하는 경우는 다음 각 호와 같다. 〈개정 2014. 9. 24., 2019. 3. 14.〉

1. 화장품제조업자는 다음 각 목의 어느 하나에 해당하는 경우
   가. 화장품제조업자의 변경(법인인 경우에는 대표자의 변경)
   나. 화장품제조업자의 상호 변경(법인인 경우에는 법인의 명칭 변경)
   다. 제조소의 소재지 변경
   라. 제조 유형 변경
2. 화장품책임판매업자는 다음 각 목의 어느 하나에 해당하는 경우
   가. 화장품책임판매업자의 변경(법인인 경우에는 대표자의 변경)
   나. 화장품책임판매업자의 상호 변경(법인인 경우에는 법인의 명칭 변경)
   다. 화장품책임판매업소의 소재지 변경
   라. 책임판매관리자의 변경
   마. 책임판매 유형 변경

② 화장품제조업자 또는 화장품책임판매업자는 제1항에 따른 변경등록을 하는 경우에는 변경 사유가 발생한 날부터 30일(행정구역 개편에 따른 소재지 변경의 경우에는 90일) 이내에 별지 제5호서식의 화장품제조업 변경등록 신청서(전자문서로 된 신청서를 포함한다) 또는 별지 제6호서식의 화장품책임판매업 변경등록 신청서(전자문서로 된 신청서를 포함한다)에 화장품제조업 등록필증 또는 화장품책임판매업 등록필증과 다음 각 호의 구분에 따라 해당 서류(전자문서를 포함한다)를 첨부하여 지방식품의약품안전청장에게 제출하여야 한다. 이 경우 등록 관청을 달리하는 화장품제조소 또는 화장품책임판매업소의 소재지 변경의 경우에는 새로운 소재지를 관할하는 지방식품의약품안전청장에게 제출하여야 한다. 〈개정 2014. 9. 24., 2016. 9. 9., 2019. 3. 14., 2019. 12. 12.〉

1. 화장품제조업자 또는 화장품책임판매업자의 변경(법인의 경우에는 대표자의 변경)의 경우에는 다음 각 목의 서류
   가. 제3조제2항제1호에 해당하는 서류(제조업자만 제출한다)

나. 제3조제2항제2호에 해당하는 서류(제조업자만 제출한다)

다. 양도 · 양수의 경우에는 이를 증명하는 서류

라. 상속의 경우에는 「가족관계의 등록 등에 관한 법률」 제15조제1항제1호의 가족관계증명서

2. 제조소의 소재지 변경(행정구역개편에 따른 사항은 제외한다)의 경우: 제3조제2항제3호에 해당하는 서류

3. 책임판매관리자 변경의 경우: 제4조제2항제2호에 해당하는 서류(영 제2조제2호라목의 화장품책임판매업을 등록한 자가 두는 책임판매관리자는 제외한다)

4. 다음 각 목에 해당하는 제조 유형 또는 책임판매 유형 변경의 경우

가. 영 제2조제1호다목의 화장품제조 유형으로 등록한 자가 같은 호 가목 또는 나목의 화장품제조 유형으로 변경하거나 같은 호 가목 또는 나목의 제조 유형을 추가하는 경우: 제3조제2항제3호에 해당하는 서류

나. 영 제2조제2호라목의 화장품책임판매 유형으로 등록한 자가 같은 호 가목부터 다목까지의 책임판매 유형으로 변경하거나 같은 호 가목부터 다목까지의 책임판매 유형을 추가하는 경우: 제4조제2항제1호 및 제2호에 해당하는 서류

③ 제1항 및 제2항에 따라 화장품제조업 변경등록 신청서 또는 화장품책임판매업 변경등록 신청서를 받은 지방식품의약품안전청장은 「전자정부법」 제36조제1항에 따른 행정정보의 공동이용을 통하여 법인 등기사항증명서(법인인 경우만 해당한다)를 확인하여야 한다. 〈개정 2019. 3. 14.〉

④ 지방식품의약품안전청장은 제2항 및 제3항에 따른 변경등록 신청사항을 확인한 후 화장품제조업 등록대장 또는 화장품책임판매업 등록대장에 각각의 변경사항을 적고, 화장품제조업 등록필증 또는 화장품책임판매업 등록필증의 뒷면에 변경사항을 적은 후 이를 내주어야 한다. 〈개정 2019. 3. 14.〉

[제목개정 2019. 3. 14.]

제6조(시설기준 등) ① 법 제3조제2항 본문에 따라 화장품제조업을 등록하려는 자가 갖추어야 하는 시설은 다음 각 호와 같다. 〈개정 2019. 3. 14.〉

1. 제조 작업을 하는 다음 각 목의 시설을 갖춘 작업소

가. 쥐 · 해충 및 먼지 등을 막을 수 있는 시설

나. 작업대 등 제조에 필요한 시설 및 기구

다. 가루가 날리는 작업실은 가루를 제거하는 시설

2. 원료 · 자재 및 제품을 보관하는 보관소

3. 원료 · 자재 및 제품의 품질검사를 위하여 필요한 시험실

4. 품질검사에 필요한 시설 및 기구

② 제1항에도 불구하고 법 제3조제2항 단서에 따라 다음 각 호의 경우에는 그 구분에 따라 시설의 일부를 갖추지 아니할 수 있다. 〈개정 2013. 3. 23., 2014. 8. 20., 2019. 3. 14.〉

1. 화장품제조업자가 화장품의 일부 공정만을 제조하는 경우에는 해당 공정에 필요한 시설 및 기구 외의 시설 및 기구
2. 다음 각 목의 어느 하나에 해당하는 기관 등에 원료 · 자재 및 제품에 대한 품질검사를 위탁하는 경우에는 제1항제3호 및 제4호의 시설 및 기구

   가. 「보건환경연구원법」 제2조에 따른 보건환경연구원

   나. 제1항제3호에 따른 시험실을 갖춘 제조업자

   다. 「식품 · 의약품분야 시험 · 검사 등에 관한 법률」 제6조에 따른 화장품 시험 · 검사기관(이하 "화장품 시험 · 검사기관"이라 한다)

   라. 「약사법」 제67조에 따라 조직된 사단법인인 한국의약품수출입협회

③ 제조업자는 화장품의 제조시설을 이용하여 화장품 외의 물품을 제조할 수 있다. 다만, 제품 상호간에 오염의 우려가 있는 경우에는 그러하지 아니하다.

제7조(화장품의 품질관리기준 등) 법 제3조제3항에 따른 화장품의 품질관리기준은 별표 1과 같고, 책임판매 후 안전관리기준은 별표 2와 같다. 〈개정 2019. 3. 14.〉

제8조(책임판매관리자의 자격기준 등) ① 법 제3조제3항에 따라 화장품책임판매업자(영 제2조제2호라목의 화장품책임판매업을 등록한 자는 제외한다)가 두어야 하는 책임판매관리자는 다음 각 호의 어느 하나의 해당하는 사람이어야 한다. 〈개정 2013. 12. 6., 2014. 9. 24., 2016. 9. 9., 2018. 12. 31., 2019. 3. 14.〉

1. 「의료법」에 따른 의사 또는 「약사법」에 따른 약사
2. 「고등교육법」 제2조 각 호에 따른 학교(같은 조 제4호의 전문대학은 제외한다. 이하 이 조에서 "대학등"이라 한다)에서 학사 이상의 학위를 취득한 사람(법령에서 이와 같은 수준 이상의 학력이 있다고 인정한 사람을 포함한다. 이하 이 조에서 같다)으로서 이공계(「국가과학기술 경쟁력 강화를 위한 이공계지원 특별법」 제2조제1호에 따른 이공계를 말한다) 학과 또는 향장학 · 화장품과학 · 한의학 · 한약학과 등을 전공한 사람

2의2. 대학등에서 학사 이상의 학위를 취득한 사람으로서 간호학과, 간호과학과, 건강간호학과를 전공하고 화학 · 생물학 · 생명과학 · 유전학 · 유전공학 · 향장학 · 화장품과학 · 의학 · 약학 등 관련 과목을 20학점 이상 이수한 사람

3. 「고등교육법」 제2조제4호에 따른 전문대학(이하 이 조에서 "전문대학"이라 한다) 졸업자(법령에서 이와 같은 수준 이상의 학력이 있다고 인정한 사람을 포함한다. 이하 이 조에서 같다)로서 화학 · 생물학 · 화학공학 · 생물공학 · 미생물학 · 생화학 · 생명과학 · 생명공학 · 유전공학 · 향장학 · 화장품과학 · 한의학과 · 한약학과 등 화장품 관련 분야(이하 "화장품 관련 분야"라 한다)를 전공한 후 화장품 제조 또는 품질관리 업무에 1년 이상 종사한

경력이 있는 사람

3의2. 전문대학을 졸업한 사람으로서 간호학과, 간호과학과, 건강간호학과를 전공하고 화학 · 생물학 · 생명과학 · 유전학 · 유전공학 · 향장학 · 화장품과학 · 의학 · 약학 등 관련 과목을 20학점 이상 이수한 후 화장품 제조나 품질관리 업무에 1년 이상 종사한 경력이 있는 사람

3의3. 식품의약품안전처장이 정하여 고시하는 전문 교육과정을 이수한 사람(식품의약품안전처장이 정하여 고시하는 품목만 해당한다)

4. 그 밖에 화장품 제조 또는 품질관리 업무에 2년 이상 종사한 경력이 있는 사람

5. 삭제 〈2014. 9. 24.〉

6. 삭제 〈2014. 9. 24.〉

② 책임판매관리자는 다음 각 호의 직무를 수행한다. 〈개정 2019. 3. 14.〉

1. 별표 1의 품질관리기준에 따른 품질관리 업무
2. 별표 2의 책임판매 후 안전관리기준에 따른 안전확보 업무
3. 원료 및 자재의 입고(入庫)부터 완제품의 출고에 이르기까지 필요한 시험 · 검사 또는 검정에 대하여 제조업자를 관리 · 감독하는 업무

③ 상시근로자수가 10명 이하인 화장품책임판매업을 경영하는 화장품책임판매업자(법인인 경우에는 그 대표자를 말한다)가 제1항 각 호의 어느 하나에 해당하는 사람인 경우에는 그 사람이 제2항에 따른 책임판매관리자의 직무를 수행할 수 있다. 이 경우 책임판매관리자를 둔 것으로 본다. 〈신설 2013. 12. 6., 2016. 6. 30., 2019. 3. 14.〉

[제목개정 2019. 3. 14.]

제9조(기능성화장품의 심사) ① 법 제4조제1항에 따라 기능성화장품(제10조에 따라 보고서를 제출해야 하는 기능성화장품은 제외한다. 이하 이 조에서 같다)으로 인정받아 판매 등을 하려는 화장품제조업자, 화장품책임판매업자 또는 「기초연구진흥 및 기술개발지원에 관한 법률」 제6조제1항 및 제14조의2에 따른 대학 · 연구기관 · 연구소(이하 "연구기관등"이라 한다)는 품목별로 별지 제7호서식의 기능성화장품 심사의뢰서(전자문서로 된 심사의뢰서를 포함한다)에 다음 각 호의 서류(전자문서를 포함한다)를 첨부하여 식품의약품안전평가원장의 심사를 받아야 한다. 다만, 식품의약품안전처장이 제품의 효능 · 효과를 나타내는 성분 · 함량을 고시한 품목의 경우에는 제1호부터 제4호까지의 자료 제출을, 기준 및 시험방법을 고시한 품목의 경우에는 제5호의 자료 제출을 각각 생략할 수 있다. 〈개정 2013. 3. 23., 2013. 12. 6., 2019. 3. 14.〉

1. 기원(起源) 및 개발 경위에 관한 자료
2. 안전성에 관한 자료
   가. 단회 투여 독성시험 자료
   나. 1차 피부 자극시험 자료

다. 안(眼)점막 자극 또는 그 밖의 점막 자극시험 자료
라. 피부 감작성시험(感作性試驗) 자료
마. 광독성(光毒性) 및 광감작성 시험 자료
바. 인체 첩포시험(貼布試驗) 자료
3. 유효성 또는 기능에 관한 자료
가. 효력시험 자료
나. 인체 적용시험 자료
4. 자외선 차단지수 및 자외선A 차단등급 설정의 근거자료(자외선을 차단 또는 산란시켜 자외선으로부터 피부를 보호하는 기능을 가진 화장품의 경우만 해당한다)
5. 기준 및 시험방법에 관한 자료[검체(檢體)를 포함한다]

② 제1항에도 불구하고 기능성화장품 심사를 받은 자 간에 법 제4조제1항에 따라 심사를 받은 기능성화장품에 대한 권리를 양도 · 양수하여 제1항에 따른 심사를 받으려는 경우에는 제1항 각 호의 첨부서류를 갈음하여 양도 · 양수계약서를 제출할 수 있다. 〈개정 2019. 3. 14.〉

③ 제1항에 따라 심사를 받은 사항을 변경하려는 자는 별지 제8호서식의 기능성화장품 변경심사 의뢰서(전자문서로 된 의뢰서를 포함한다)에 다음 각 호의 서류(전자문서를 포함한다)를 첨부하여 식품의약품안전평가원장에게 제출하여야 한다. 〈개정 2013. 3. 23.〉
1. 먼저 발급받은 기능성화장품심사결과통지서
2. 변경사유를 증명할 수 있는 서류

④ 식품의약품안전평가원장은 제1항 또는 제3항에 따라 심사의뢰서나 변경심사 의뢰서를 받은 경우에는 다음 각 호의 심사기준에 따라 심사하여야 한다. 〈개정 2013. 3. 23.〉
1. 기능성화장품의 원료와 그 분량은 효능 · 효과 등에 관한 자료에 따라 합리적이고 타당하여야 하며, 각 성분의 배합의의(配合意義)가 인정되어야 할 것
2. 기능성화장품의 효능 · 효과는 법 제2조제2호 각 목에 적합할 것
3. 기능성화장품의 용법 · 용량은 오용될 여지가 없는 명확한 표현으로 적을 것

⑤ 식품의약품안전평가원장은 제1항부터 제4항까지의 규정에 따라 심사를 한 후 심사대장에 다음 각 호의 사항을 적고, 별지 제9호서식의 기능성화장품 심사 · 변경심사 결과통지서를 발급하여야 한다. 〈개정 2013. 3. 23., 2019. 3. 14.〉
1. 심사번호 및 심사연월일 또는 변경심사 연월일
2. 기능성화장품 심사를 받은 화장품제조업자, 화장품책임판매업자 또는 연구기관등의 상호(법인인 경우에는 법인의 명칭) 및 소재지
3. 제품명
4. 효능 · 효과

⑥ 제1항부터 제4항까지의 규정에 따른 첨부자료의 범위 · 요건 · 작성요령과 제출이 면제되는 범위 및 심사기준 등에 관한 세부 사항은 식품의약품안전처장이 정하여 고시한다. 〈개정 2013.

3. 23., 2013. 12. 6.〉

제10조(보고서 제출 대상 등) ① 법 제4조제1항에 따라 기능성화장품의 심사를 받지 아니하고 식품의약품안전평가원장에게 보고서를 제출하여야 하는 대상은 다음 각 호와 같다. 〈개정 2013. 3. 23., 2013. 12. 6., 2017. 7. 31., 2019. 3. 14., 2019. 12. 12.〉

1. 효능 · 효과가 나타나게 하는 성분의 종류 · 함량, 효능 · 효과, 용법 · 용량, 기준 및 시험방법이 식품의약품안전처장이 고시한 품목과 같은 기능성화장품
2. 이미 심사를 받은 기능성화장품[화장품제조업자(화장품제조업자가 제품을 설계 · 개발 · 생산하는 방식으로 제조한 경우만 해당한다)가 같거나 화장품책임판매업자가 같은 경우 또는 제9조제1항에 따라 기능성화장품으로 심사받은 연구기관등이 같은 기능성화장품만 해당한다. 이하 제3호에서 같다]과 다음 각 목의 사항이 모두 같은 품목. 다만, 제2조제1호부터 제3호까지 및 같은 조 제8호부터 제11호까지의 기능성화장품은 이미 심사를 받은 품목이 대조군(對照群)(효능 · 효과가 나타나게 하는 성분을 제외한 것을 말한다)과의 비교실험을 통하여 효능이 입증된 경우만 해당한다.
   가. 효능 · 효과가 나타나게 하는 원료의 종류 · 규격 및 함량(액체상태인 경우에는 농도를 말한다)
   나. 효능 · 효과(제2조제4호 및 제5호의 기능성화장품의 경우 자외선 차단지수의 측정값이 마이너스 20퍼센트 이하의 범위에 있는 경우에는 같은 효능 · 효과로 본다)
   다. 기준[산성도(pH)에 관한 기준은 제외한다] 및 시험방법
   라. 용법 · 용량
   마. 제형(劑形)[제2조제1호부터 제3호까지 및 같은 조 제6호부터 제11호까지의 기능성화장품의 경우에는 액제(Solution), 로션제(Lotion) 및 크림제(Cream)를 같은 제형으로 본다]
3. 이미 심사를 받은 기능성화장품 및 식품의약품안전처장이 고시한 기능성화장품과 비교하여 다음 각 목의 사항이 모두 같은 품목(이미 심사를 받은 제2조제4호 및 제5호의 기능성화장품으로서 그 효능 · 효과를 나타나게 하는 성분 · 함량과 식품의약품안전처장이 고시한 제2조제1호부터 제3호까지의 기능성화장품으로서 그 효능 · 효과를 나타나게 하는 성분 · 함량이 서로 혼합된 품목만 해당한다)
   가. 효능 · 효과를 나타나게 하는 원료의 종류 · 규격 및 함량
   나. 효능 · 효과(제2조제4호 및 제5호에 따른 효능 · 효과의 경우 자외선차단지수의 측정값이 마이너스 20퍼센트 이하의 범위에 있는 경우에는 같은 효능 · 효과로 본다)
   다. 기준[산성도(pH)에 관한 기준은 제외한다] 및 시험방법
   라. 용법 · 용량
   마. 제형

② 기능성화장품으로 인정받아 판매 등을 하려는 화장품제조업자, 화장품책임판매업자 또는 연구기관등은 제1항에 따라 품목별로 별지 제10호서식의 기능성화장품 심사 제외 품목 보고서(전자문서로 된 보고서를 포함한다)를 식품의약품안전평가원장에게 제출해야 한다. 〈개정 2013. 3. 23., 2019. 3. 14.〉

③ 제2항에 따라 보고서를 받은 식품의약품안전평가원장은 제1항에 따른 요건을 확인한 후 다음 각 호의 사항을 기능성화장품의 보고대장에 적어야 한다. 〈개정 2013. 3. 23., 2019. 3. 14.〉

1. 보고번호 및 보고연월일
2. 화장품제조업자, 화장품책임판매업자 또는 연구기관등의 상호(법인인 경우에는 법인의 명칭) 및 소재지
3. 제품명
4. 효능 · 효과

제10조의2(영유아 또는 어린이 사용 화장품의 표시 · 광고) ① 법 제4조의2제1항에 따른 영유아 또는 어린이의 연령 기준은 다음 각 호의 구분에 따른다.

1. 영유아: 만 3세 이하
2. 어린이: 만 4세 이상부터 만 13세 이하까지

② 화장품책임판매업자가 법 제4조의2제1항 각 호에 따른 자료(이하 "제품별 안전성 자료"라 한다)를 작성 · 보관해야 하는 표시 · 광고의 범위는 다음 각 호의 구분에 따른다.

1. 표시의 경우: 화장품의 1차 포장 또는 2차 포장에 영유아 또는 어린이가 사용할 수 있는 화장품임을 특정하여 표시하는 경우(화장품의 명칭에 영유아 또는 어린이에 관한 표현이 표시되는 경우를 포함한다)
2. 광고의 경우: 별표 5 제1호가목부터 바목까지(어린이 사용 화장품의 경우에는 바목을 제외한다)의 규정에 따른 매체 · 수단 또는 해당 매체 · 수단과 유사하다고 식품의약품안전처장이 정하여 고시하는 매체 · 수단에 영유아 또는 어린이가 사용할 수 있는 화장품임을 특정하여 광고하는 경우

[본조신설 2020. 1. 22.]

제10조의3(제품별 안전성 자료의 작성 · 보관) ① 법 제4조의2제1항 및 이 규칙 제10조의2 제2항에 따라 화장품의 표시 · 광고를 하려는 화장품책임판매업자는 법 제4조의2제1항제1호부터 제3호까지의 규정에 따른 제품별 안전성 자료 모두를 미리 작성해야 한다.

② 제품별 안전성 자료의 보관기간은 다음 각 호의 구분에 따른다.

1. 화장품의 1차 포장에 사용기한을 표시하는 경우: 영유아 또는 어린이가 사용할 수 있는 화장품임을 표시 · 광고한 날부터 마지막으로 제조 · 수입된 제품의 사용기한 만료일 이후

1년까지의 기간. 이 경우 제조는 화장품의 제조번호에 따른 제조일자를 기준으로 하며, 수입은 통관일자를 기준으로 한다.

2. 화장품의 1차 포장에 개봉 후 사용기간을 표시하는 경우: 영유아 또는 어린이가 사용할 수 있는 화장품임을 표시·광고한 날부터 마지막으로 제조·수입된 제품의 제조연월일 이후 3년까지의 기간. 이 경우 제조는 화장품의 제조번호에 따른 제조일자를 기준으로 하며, 수입은 통관일자를 기준으로 한다.

③ 제1항 및 제2항에서 규정한 사항 외에 제품별 안전성 자료의 작성·보관의 방법 및 절차 등에 필요한 세부 사항은 식품의약품안전처장이 정하여 고시한다.

[본조신설 2020. 1. 22.]

제10조의4(실태조사의 실시) ① 식품의약품안전처장은 법 제4조의2제2항에 따른 실태조사(이하 "실태조사"라 한다)를 5년마다 실시한다.

② 실태조사에는 다음 각 호의 사항이 포함되어야 한다.

1. 제품별 안전성 자료의 작성 및 보관 현황
2. 소비자의 사용실태
3. 사용 후 이상사례의 현황 및 조치 결과
4. 영유아 또는 어린이 사용 화장품에 대한 표시·광고의 현황 및 추세
5. 영유아 또는 어린이 사용 화장품의 유통 현황 및 추세
6. 그 밖에 제1호부터 제5호까지의 사항과 유사한 것으로서 식품의약품안전처장이 필요하다고 인정하는 사항

③ 식품의약품안전처장은 실태조사를 위해 필요하다고 인정하는 경우에는 관계 행정기관, 공공기관, 법인·단체 또는 전문가 등에게 필요한 의견 또는 자료의 제출 등을 요청할 수 있다.

④ 식품의약품안전처장은 실태조사의 효율적 실시를 위해 필요하다고 인정하는 경우에는 화장품 관련 연구기관 또는 법인·단체 등에 실태조사를 의뢰하여 실시할 수 있다.

⑤ 제1항부터 제4항까지에서 규정한 사항 외에 실태조사의 대상, 방법 및 절차 등에 필요한 세부 사항은 식품의약품안전처장이 정한다.

[본조신설 2020. 1. 22.]

제10조의5(위해요소 저감화계획의 수립) ① 법 제4조의2제2항에 따른 위해요소의 저감화를 위한 계획(이하 "위해요소 저감화계획"이라 한다)에는 다음 각 호의 사항이 포함되어야 한다.

1. 위해요소 저감화를 위한 기본 방향과 목표
2. 위해요소 저감화를 위한 단기별 및 중장기별 추진 정책
3. 위해요소 저감화 추진을 위한 환경 여건 및 관련 정책의 평가
4. 위해요소 저감화 추진을 위한 조직 및 재원 등에 관한 사항

5. 그 밖에 제1호부터 제4호까지의 사항과 유사한 것으로서 위해요소 저감화를 위해 식품의약품안전처장이 필요하다고 인정하는 사항

② 식품의약품안전처장은 위해요소 저감화계획을 수립하는 경우에는 실태조사에 대한 분석 및 평가 결과를 반영해야 한다.

③ 식품의약품안전처장은 위해요소 저감화계획의 수립을 위해 필요하다고 인정하는 경우에는 관계 행정기관, 공공기관, 법인 · 단체 또는 전문가 등에게 필요한 의견 또는 자료의 제출 등을 요청할 수 있다.

④ 식품의약품안전처장은 위해요소 저감화계획을 수립한 경우에는 그 내용을 식품의약품안전처 인터넷 홈페이지에 공개해야 한다.

⑤ 제1항부터 제4항까지에서 규정한 사항 외에 위해요소 저감화계획의 수립 대상, 방법 및 절차 등에 필요한 세부 사항은 식품의약품안전처장이 정한다.

[본조신설 2020. 1. 22.]

제11조(화장품책임판매업자의 준수사항) 법 제5조제2항에 따라 화장품책임판매업자가 준수해야 할 사항은 다음 각 호(영 제2조제2호라목의 화장품책임판매업을 등록한 자는 제1호, 제2호, 제4호가목 · 다목 · 사목 · 차목 및 제10호만 해당한다)와 같다. 〈개정 2013. 3. 23., 2013. 12. 6., 2015. 4. 2., 2019. 3. 14.〉

1. 별표 1의 품질관리기준을 준수할 것
2. 별표 2의 책임판매 후 안전관리기준을 준수할 것
3. 제조업자로부터 받은 제품표준서 및 품질관리기록서(전자문서 형식을 포함한다)를 보관할 것
4. 수입한 화장품에 대하여 다음 각 목의 사항을 적거나 또는 첨부한 수입관리기록서를 작성 · 보관할 것
   가. 제품명 또는 국내에서 판매하려는 명칭
   나. 원료성분의 규격 및 함량
   다. 제조국, 제조회사명 및 제조회사의 소재지
   라. 기능성화장품심사결과통지서 사본
   마. 제조 및 판매증명서. 다만, 「대외무역법」 제12조제2항에 따른 통합 공고상의 수출입 요건 확인기관에서 제조 및 판매증명서를 갖춘 화장품책임판매업자가 수입한 화장품과 같다는 것을 확인받고, 제6조제2항제2호가목, 다목 또는 라목의 기관으로부터 화장품책임판매업자가 정한 품질관리기준에 따른 검사를 받아 그 시험성적서를 갖추어 둔 경우에는 이를 생략할 수 있다.
   바. 한글로 작성된 제품설명서 견본
   사. 최초 수입연월일(통관연월일을 말한다. 이하 이 호에서 같다)

아. 제조번호별 수입연월일 및 수입량

자. 제조번호별 품질검사 연월일 및 결과

차. 판매처, 판매연월일 및 판매량

5. 제조번호별로 품질검사를 철저히 한 후 유통시킬 것. 다만, 화장품제조업자와 화장품책임판매업자가 같은 경우 또는 제6조제2항제2호 각 목의 어느 하나에 해당하는 기관 등에 품질검사를 위탁하여 제조번호별 품질검사결과가 있는 경우에는 품질검사를 하지 아니할 수 있다.

6. 화장품의 제조를 위탁하거나 제6조제2항제2호나목에 따른 제조업자에게 품질검사를 위탁하는 경우 제조 또는 품질검사가 적절하게 이루어지고 있는지 수탁자에 대한 관리 · 감독을 철저히 하여야 하며, 제조 및 품질관리에 관한 기록을 받아 유지 · 관리하고, 그 최종 제품의 품질관리를 철저히 할 것

7. 제5호에도 불구하고 영 제2조제2호다목의 화장품책임판매업을 등록한 자는 제조국 제조회사의 품질관리기준이 국가 간 상호 인증되었거나, 제12조제2항에 따라 식품의약품안전처장이 고시하는 우수화장품 제조관리기준과 같은 수준 이상이라고 인정되는 경우에는 국내에서의 품질검사를 하지 아니할 수 있다. 이 경우 제조국 제조회사의 품질검사 시험성적서는 품질관리기록서를 갈음한다.

8. 제7호에 따라 영 제2조제2호다목의 화장품책임판매업을 등록한 자가 수입화장품에 대한 품질검사를 하지 아니하려는 경우에는 식품의약품안전처장이 정하는 바에 따라 식품의약품안전처장에게 수입화장품의 제조업자에 대한 현지실사를 신청하여야 한다. 현지실사에 필요한 신청절차, 제출서류 및 평가방법 등에 대하여는 식품의약품안전처장이 정하여 고시한다.

8의2. 제7호에 따른 인정을 받은 수입 화장품 제조회사의 품질관리기준이 제12조제2항에 따른 우수화장품 제조관리기준과 같은 수준 이상이라고 인정되지 아니하여 제7호에 따른 인정이 취소된 경우에는 제5호 본문에 따른 품질검사를 하여야 한다. 이 경우 인정 취소와 관련하여 필요한 세부적인 사항은 식품의약품안전처장이 정하여 고시한다.

9. 영 제2조제2호다목의 화장품책임판매업을 등록한 자의 경우 「대외무역법」에 따른 수출 · 수입요령을 준수하여야 하며, 「전자무역 촉진에 관한 법률」에 따른 전자무역문서로 표준통관예정보고를 할 것

10. 제품과 관련하여 국민보건에 직접 영향을 미칠 수 있는 안전성 · 유효성에 관한 새로운 자료, 정보사항(화장품 사용에 의한 부작용 발생사례를 포함한다) 등을 알게 되었을 때에는 식품의약품안전처장이 정하여 고시하는 바에 따라 보고하고, 필요한 안전대책을 마련할 것

11. 다음 각 목의 어느 하나에 해당하는 성분을 0.5퍼센트 이상 함유하는 제품의 경우에는 해당 품목의 안정성시험 자료를 최종 제조된 제품의 사용기한이 만료되는 날부터 1년간

보존할 것
가. 레티놀(비타민A) 및 그 유도체
나. 아스코빅애시드(비타민C) 및 그 유도체
다. 토코페롤(비타민E)
라. 과산화화합물
마. 효소
[제목개정 2019. 3. 14.]

제12조(화장품제조업자의 준수사항 등) ① 법 제5조제1항에 따라 화장품 제조업자가 준수하여야 할 사항은 다음 각 호와 같다. 〈개정 2019. 3. 14.〉

1. 별표 1의 품질관리기준에 따른 화장품책임판매업자의 지도 · 감독 및 요청에 따를 것
2. 제조관리기준서 · 제품표준서 · 제조관리기록서 및 품질관리기록서(전자문서 형식을 포함한다)를 작성 · 보관할 것
3. 보건위생상 위해(危害)가 없도록 제조소, 시설 및 기구를 위생적으로 관리하고 오염되지 아니하도록 할 것
4. 화장품의 제조에 필요한 시설 및 기구에 대하여 정기적으로 점검하여 작업에 지장이 없도록 관리 · 유지할 것
5. 작업소에는 위해가 발생할 염려가 있는 물건을 두어서는 아니 되며, 작업소에서 국민보건 및 환경에 유해한 물질이 유출되거나 방출되지 아니하도록 할 것
6. 제2호의 사항 중 품질관리를 위하여 필요한 사항을 화장품책임판매업자에게 제출할 것. 다만, 다음 각 목의 어느 하나에 해당하는 경우 제출하지 아니할 수 있다.
   가. 화장품제조업자와 화장품책임판매업자가 동일한 경우
   나. 화장품제조업자가 제품을 설계 · 개발 · 생산하는 방식으로 제조하는 경우로서 품질 · 안전관리에 영향이 없는 범위에서 화장품제조업자와 화장품책임판매업자 상호 계약에 따라 영업비밀에 해당하는 경우
7. 원료 및 자재의 입고부터 완제품의 출고에 이르기까지 필요한 시험 · 검사 또는 검정을 할 것
8. 제조 또는 품질검사를 위탁하는 경우 제조 또는 품질검사가 적절하게 이루어지고 있는지 수탁자에 대한 관리 · 감독을 철저히 하고, 제조 및 품질관리에 관한 기록을 받아 유지 · 관리할 것

② 식품의약품안전처장은 제1항에 따른 준수사항 외에 식품의약품안전처장이 정하여 고시하는 우수화장품 제조관리기준을 준수하도록 제조업자에게 권장할 수 있다. 〈개정 2013. 3. 23.〉

③ 식품의약품안전처장은 제2항에 따라 우수화장품 제조관리기준을 준수하는 제조업자에게 다음 각 호의 사항을 지원할 수 있다. 〈신설 2014. 9. 24.〉

1. 우수화장품 제조관리기준 적용에 관한 전문적 기술과 교육
2. 우수화장품 제조관리기준 적용을 위한 자문
3. 우수화장품 제조관리기준 적용을 위한 시설 · 설비 등 개수 · 보수

[제목개정 2019. 3. 14.]

제13조(화장품의 생산실적 등 보고) ① 법 제5조제4항 전단에 따라 화장품책임판매업자는 지난해의 생산실적 또는 수입실적과 화장품의 제조과정에 사용된 원료의 목록 등을 식품의약품안전처장이 정하는 바에 따라 매년 2월 말까지 식품의약품안전처장이 정하여 고시하는 바에 따라 대한화장품협회 등 법 제17조에 따라 설립된 화장품업 단체를 통하여 식품의약품안전처장에게 보고하여야 한다. 〈개정 2013. 3. 23., 2018. 12. 31., 2019. 3. 14.〉

② 법 제5조제4항 후단에 따라 화장품책임판매업자는 화장품의 제조과정에 사용된 원료의 목록을 화장품의 유통 · 판매 전까지 보고해야 한다. 보고한 목록이 변경된 경우에도 또한 같다. 〈신설 2019. 3. 14.〉

③ 제1항 및 제2항에도 불구하고 「전자무역 촉진에 관한 법률」에 따라 전자무역문서로 표준통관예정보고를 하고 수입하는 화장품책임판매업자는 제1항 및 제2항에 따라 수입실적 및 원료의 목록을 보고하지 아니할 수 있다. 〈개정 2019. 3. 14.〉

제14조(화장품책임판매업자 등의 교육) ① 법 제5조제6항에 따른 교육명령의 대상은 다음 각 호의 어느 하나에 해당하는 화장품제조업자 및 화장품책임판매업자로 한다. 〈개정 2016. 9. 9., 2019. 3. 14.〉

1. 법 제15조를 위반한 화장품제조업자 또는 화장품책임판매업자
2. 법 제19조에 따른 시정명령을 받은 화장품제조업자 또는 화장품책임판매업자
3. 제11조의 준수사항을 위반한 화장품책임판매업자
4. 제12조제1항의 준수사항을 위반한 화장품제조업자

② 식품의약품안전처장은 제1항에 따른 교육명령 대상자가 천재지변, 질병, 임신, 출산, 사고 및 출장 등의 사유로 교육을 받을 수 없는 경우에는 해당 교육을 유예할 수 있다.

③ 제2항에 따라 교육의 유예를 받으려는 사람은 식품의약품안전처장이 정하는 교육유예신청서에 이를 입증하는 서류를 첨부하여 지방식품의약품안전청장에게 제출하여야 한다.

④ 지방식품의약품안전청장은 제3항에 따라 제출된 교육유예신청서를 검토하여 식품의약품안전처장이 정하는 교육유예확인서를 발급하여야 한다.

⑤ 법 제5조제7항에서 "총리령으로 정하는 자"는 다음 각 호의 어느 하나에 해당하는 자를 말한다. 〈신설 2016. 9. 9., 2019. 3. 14.〉

1. 책임판매관리자
2. 별표 1의 품질관리기준에 따라 품질관리 업무에 종사하는 종업원

⑥ 법 제5조제8항에 따른 교육의 실시기관(이하 이 조에서 "교육실시기관" 이라 한다)은 화장품과 관련된 기관 · 단체 및 법 제17조에 따라 설립된 단체 중에서 식품의약품안전처장이 지정하여 고시한다. 〈개정 2016. 9. 9., 2019. 3. 14.〉
⑦ 교육실시기관은 매년 교육의 대상, 내용 및 시간을 포함한 교육계획을 수립하여 교육을 시행할 해의 전년도 11월 30일까지 식품의약품안전처장에게 제출하여야 한다. 〈개정 2016. 9. 9.〉
⑧ 제7항에 따른 교육시간은 4시간 이상, 8시간 이하로 한다. 〈개정 2016. 9. 9.〉
⑨ 제7항에 따른 교육 내용은 화장품 관련 법령 및 제도에 관한 사항, 화장품의 안전성 확보 및 품질관리에 관한 사항 등으로 하며, 교육 내용에 관한 세부 사항은 식품의약품안전처장의 승인을 받아야 한다. 〈개정 2016. 9. 9.〉
⑩ 교육실시기관은 교육을 수료한 사람에게 수료증을 발급하고 매년 1월 31일까지 전년도 교육 실적을 식품의약품안전처장에게 보고하며, 교육 실시기간, 교육대상자 명부, 교육 내용 등 교육에 관한 기록을 작성하여 이를 증명할 수 있는 자료와 함께 2년간 보관하여야 한다. 〈개정 2016. 9. 9.〉
⑪ 교육실시기관은 교재비 · 실습비 및 강사 수당 등 교육에 필요한 실비를 교육대상자로부터 징수할 수 있다. 〈개정 2016. 9. 9.〉
⑫ 제1항부터 제11항까지에서 규정한 사항 외에 교육에 필요한 세부 사항은 식품의약품안전처장이 정하여 고시한다. 〈개정 2016. 9. 9.〉
[전문개정 2015. 1. 6.]
[제목개정 2019. 3. 14.]

제14조의2(회수 대상 화장품의 기준 및 위해성 등급 등) ① 법 제5조의2제1항에 따른 회수 대상 화장품(이하 "회수대상화장품"이라 한다)은 유통 중인 화장품으로서 다음 각 호의 어느 하나에 해당하는 화장품으로 한다. 〈개정 2019. 3. 14., 2019. 12. 12., 2020. 1. 22.〉

1. 법 제9조에 위반되는 화장품
2. 법 제15조에 위반되는 화장품으로서 다음 각 목의 어느 하나에 해당하는 화장품
   가. 법 제15조제2호 또는 제3호에 해당하는 화장품
   나. 법 제15조제4호에 해당하는 화장품 중 보건위생상 위해를 발생할 우려가 있는 화장품
   다. 법 제15조제5호에 해당하는 화장품 중 다음의 어느 하나에 해당하는 화장품
      1) 법 제8조제1항 또는 제2항에 따른 화장품에 사용할 수 없는 원료를 사용한 화장품
      2) 법 제8조제8항에 따른 유통화장품 안전관리 기준(내용량의 기준에 관한 부분은 제외한다)에 적합하지 아니한 화장품
   라. 법 제15조제9호에 해당하는 화장품
   마. 그 밖에 화장품제조업자 또는 화장품책임판매업자 스스로 국민보건에 위해를 끼칠 우려가 있어 회수가 필요하다고 판단한 화장품

3. 법 제16조제1항에 위반되는 화장품

② 법 제5조의2제4항에 따른 회수대상화장품의 위해성 등급은 그 위해성이 높은 순서에 따라 가등급, 나등급 및 다등급으로 구분하며, 해당 위해성 등급의 분류기준은 다음 각 호의 구분에 따른다. 〈신설 2019. 12. 12.〉

1. 위해성 등급이 가등급인 화장품: 제1항제2호다목1)에 해당하는 화장품
2. 위해성 등급이 나등급인 화장품: 제1항제1호 또는 같은 항 제2호다목2)(기능성화장품의 기능성을 나타나게 하는 주원료 함량이 기준치에 부적합한 경우는 제외한다)에 해당하는 화장품
3. 위해성 등급이 다등급인 화장품: 제1항제2호가목 · 나목 · 다목2)(기능성화장품의 기능성을 나타나게 하는 주원료 함량이 기준치에 부적합한 경우만 해당한다) · 라목 · 마목 또는 같은 항 제3호에 해당하는 화장품

[본조신설 2015. 7. 29.]

[제목개정 2019. 12. 12.]

제14조의3(위해화장품의 회수계획 및 회수절차 등) ① 법 제5조의2제1항에 따라 화장품을 회수하거나 회수하는 데에 필요한 조치를 하려는 화장품제조업자 또는 화장품책임판매업자(이하 "회수의무자"라 한다)는 해당 화장품에 대하여 즉시 판매중지 등의 필요한 조치를 하여야 하고, 회수대상화장품이라는 사실을 안 날부터 5일 이내에 별지 제10호의2서식의 회수계획서에 다음 각 호의 서류를 첨부하여 지방식품의약품안전청장에게 제출하여야 한다. 다만, 제출기한까지 회수계획서의 제출이 곤란하다고 판단되는 경우에는 지방식품의약품안전청장에게 그 사유를 밝히고 제출기한 연장을 요청하여야 한다. 〈개정 2019. 3. 14.〉

1. 해당 품목의 제조 · 수입기록서 사본
2. 판매처별 판매량 · 판매일 등의 기록
3. 회수 사유를 적은 서류

② 회수의무자가 제1항 본문에 따라 회수계획서를 제출하는 경우에는 다음 각 호의 구분에 따른 범위에서 회수 기간을 기재해야 한다. 다만, 회수 기간 이내에 회수하기가 곤란하다고 판단되는 경우에는 지방식품의약품안전청장에게 그 사유를 밝히고 회수 기간 연장을 요청할 수 있다. 〈신설 2019. 12. 12.〉

1. 위해성 등급이 가등급인 화장품: 회수를 시작한 날부터 15일 이내
2. 위해성 등급이 나등급 또는 다등급인 화장품: 회수를 시작한 날부터 30일 이내

③ 지방식품의약품안전청장은 제1항에 따라 제출된 회수계획이 미흡하다고 판단되는 경우에는 해당 회수의무자에게 그 회수계획의 보완을 명할 수 있다. 〈개정 2019. 12. 12.〉

④ 회수의무자는 회수대상화장품의 판매자(법 제11조제1항에 따른 판매자를 말한다), 그 밖에 해당 화장품을 업무상 취급하는 자에게 방문, 우편, 전화, 전보, 전자우편, 팩스 또는 언론매체

를 통한 공고 등을 통하여 회수계획을 통보하여야 하며, 통보 사실을 입증할 수 있는 자료를 회수종료일부터 2년간 보관하여야 한다. 〈개정 2019. 12. 12.〉

⑤ 제4항에 따라 회수계획을 통보받은 자는 회수대상화장품을 회수의무자에게 반품하고, 별지 제10호의3서식의 회수확인서를 작성하여 회수의무자에게 송부하여야 한다. 〈개정 2019. 12. 12.〉

⑥ 회수의무자는 회수한 화장품을 폐기하려는 경우에는 별지 제10호의4서식의 폐기신청서에 다음 각 호의 서류를 첨부하여 지방식품의약품안전청장에게 제출하고, 관계 공무원의 참관 하에 환경 관련 법령에서 정하는 바에 따라 폐기하여야 한다. 〈개정 2019. 12. 12.〉

1. 별지 제10호의2서식의 회수계획서 사본
2. 별지 제10호의3서식의 회수확인서 사본

⑦ 제6항에 따라 폐기를 한 회수의무자는 별지 제10호의5서식의 폐기확인서를 작성하여 2년간 보관하여야 한다. 〈개정 2019. 12. 12.〉

⑧ 회수의무자는 회수대상화장품의 회수를 완료한 경우에는 별지 제10호의6서식의 회수종료신고서에 다음 각 호의 서류를 첨부하여 지방식품의약품안전청장에게 제출하여야 한다. 〈개정 2019. 12. 12.〉

1. 별지 제10호의3서식의 회수확인서 사본
2. 별지 제10호의5서식의 폐기확인서 사본(폐기한 경우에만 해당한다)
3. 별지 제10호의7서식의 평가보고서 사본

⑨ 지방식품의약품안전청장은 제8항에 따라 회수종료신고서를 받으면 다음 각 호에서 정하는 바에 따라 조치하여야 한다. 〈개정 2019. 12. 12.〉

1. 회수계획서에 따라 회수대상화장품의 회수를 적절하게 이행하였다고 판단되는 경우에는 회수가 종료되었음을 확인하고 회수의무자에게 이를 서면으로 통보할 것
2. 회수가 효과적으로 이루어지지 아니하였다고 판단되는 경우에는 회수의무자에게 회수에 필요한 추가 조치를 명할 것

[본조신설 2015. 7. 29.]

제14조의4(행정처분의 감경 또는 면제) 법 제5조의2제3항에 따라 법 제24조에 따른 행정처분을 감경 또는 면제하는 경우 그 기준은 다음 각 호의 구분에 따른다.

1. 법 제5조의2제2항의 회수계획에 따른 회수계획량(이하 이 조에서 "회수계획량"이라 한다)의 5분의 4 이상을 회수한 경우: 그 위반행위에 대한 행정처분을 면제
2. 회수계획량 중 일부를 회수한 경우: 다음 각 목의 어느 하나에 해당하는 기준에 따라 행정처분을 경감

   가. 회수계획량의 3분의 1 이상을 회수한 경우(제1호의 경우는 제외한다)

      1) 법 제24조제2항에 따른 행정처분의 기준(이하 이 호에서 "행정처분기준"이라 한

다)이 등록취소인 경우에는 업무정지 2개월 이상 6개월 이하의 범위에서 처분
2) 행정처분기준이 업무정지 또는 품목의 제조 · 수입 · 판매 업무정지인 경우에는 정지처분기간의 3분의 2 이하의 범위에서 경감
나. 회수계획량의 4분의 1 이상 3분의 1 미만을 회수한 경우
1) 행정처분기준이 등록취소인 경우에는 업무정지 3개월 이상 6개월 이하의 범위에서 처분
2) 행정처분기준이 업무정지 또는 품목의 제조 · 수입 · 판매 업무정지인 경우에는 정지처분기간의 2분의 1 이하의 범위에서 경감
[본조신설 2015. 7. 29.]

제15조(폐업 등의 신고) ① 법 제6조에 따라 화장품제조업자 또는 화장품책임판매업자가 폐업 또는 휴업하거나 휴업 후 그 업을 재개하려는 경우에는 별지 제11호서식의 폐업, 휴업 또는 재개 신고서(전자문서로 된 신고서를 포함한다)에 화장품제조업 등록필증 또는 화장품책임판매업 등록필증(폐업 또는 휴업만 해당한다)을 첨부하여 지방식품의약품안전청장에게 제출해야 한다. 〈개정 2019. 12. 12.〉
② 제1항에 따라 폐업 또는 휴업신고를 하려는 자가 「부가가치세법」 제8조제6항에 따른 폐업 또는 휴업신고를 같이 하려는 경우에는 제1항에 따른 폐업 · 휴업신고서와 「부가가치세법 시행규칙」 별지 제9호서식의 신고서를 함께 제출해야 한다. 이 경우 지방식품의약품안전청장은 함께 제출받은 신고서를 지체 없이 관할 세무서장에게 송부(정보통신망을 이용한 송부를 포함한다. 이하 이 조에서 같다)해야 한다. 〈신설 2018. 12. 31.〉
③ 관할 세무서장은 「부가가치세법 시행령」 제13조제5항에 따라 제1항에 따른 폐업 · 휴업신고서를 함께 제출받은 경우 이를 지체 없이 지방식품의약품안전청장에게 송부해야 한다. 〈신설 2018. 12. 31.〉
[전문개정 2019. 12. 12.]

제16조 삭제 〈2019. 3. 14.〉

제17조(화장품 원료 등의 위해평가) ① 법 제8조제3항에 따른 위해평가는 다음 각 호의 확인 · 결정 · 평가 등의 과정을 거쳐 실시한다.
1. 위해요소의 인체 내 독성을 확인하는 위험성 확인과정
2. 위해요소의 인체노출 허용량을 산출하는 위험성 결정과정
3. 위해요소가 인체에 노출된 양을 산출하는 노출평가과정
4. 제1호부터 제3호까지의 결과를 종합하여 인체에 미치는 위해 영향을 판단하는 위해도 결정과정

② 식품의약품안전처장은 제1항에 따른 결과를 근거로 식품의약품안전처장이 정하는 기준에 따라 위해 여부를 결정한다. 다만, 해당 화장품 원료 등에 대하여 국내외의 연구 · 검사기관에서 이미 위해평가를 실시하였거나 위해요소에 대한 과학적 시험 · 분석 자료가 있는 경우에는 그 자료를 근거로 위해 여부를 결정할 수 있다. 〈개정 2013. 3. 23.〉
③ 제1항 및 제2항에 따른 위해평가의 기준, 방법 등에 관한 세부 사항은 식품의약품안전처장이 정하여 고시한다. 〈개정 2013. 3. 23.〉

제17조의2(지정 · 고시된 원료의 사용기준의 안전성 검토) ① 법 제8조제5항에 따른 지정 · 고시된 원료의 사용기준의 안전성 검토 주기는 5년으로 한다.
② 식품의약품안전처장은 법 제8조제5항에 따라 지정 · 고시된 원료의 사용기준의 안전성을 검토할 때에는 사전에 안전성 검토 대상을 선정하여 실시해야 한다.
[본조신설 2019. 3. 14.]

제17조의3(원료의 사용기준 지정 및 변경 신청 등) ① 법 제8조제6항에 따라 화장품제조업자, 화장품책임판매업자 또는 연구기관등은 법 제8조제2항에 따라 지정 · 고시되지 않은 원료의 사용기준을 지정 · 고시하거나 지정 · 고시된 원료의 사용기준을 변경해 줄 것을 신청하려는 경우에는 별지 제13호의2서식의 원료 사용기준 지정(변경지정) 신청서(전자문서로 된 신청서를 포함한다)에 다음 각 호의 서류(전자문서를 포함한다)를 첨부하여 식품의약품안전처장에게 제출해야 한다.
1. 제출자료 전체의 요약본
2. 원료의 기원, 개발 경위, 국내 · 외 사용기준 및 사용현황 등에 관한 자료
3. 원료의 특성에 관한 자료
4. 안전성 및 유효성에 관한 자료(유효성에 관한 자료는 해당하는 경우에만 제출한다)
5. 원료의 기준 및 시험방법에 관한 시험성적서

② 식품의약품안전처장은 제1항에 따라 제출된 자료가 적합하지 않은 경우 그 내용을 구체적으로 명시하여 신청인에게 보완을 요청할 수 있다. 이 경우 신청인은 보완일부터 60일 이내에 추가 자료를 제출하거나 보완 제출기한의 연장을 요청할 수 있다.
③ 식품의약품안전처장은 신청인이 제1항의 자료를 제출한 날(제2항에 따라 자료가 보완 요청된 경우 신청인이 보완된 자료를 제출한 날)부터 180일 이내에 신청인에게 별지 제13호의3서식의 원료 사용기준 지정(변경지정) 심사 결과통지서를 보내야 한다.
④ 제1항부터 제3항까지에서 규정한 사항 외에 원료의 사용기준 지정신청 및 변경지정신청에 필요한 세부절차와 방법 등은 식품의약품안전처장이 정한다.
[본조신설 2019. 3. 14.]

제18조(안전용기 · 포장 대상 품목 및 기준) ① 법 제9조제1항에 따른 안전용기 · 포장을 사용하여야 하는 품목은 다음 각 호와 같다. 다만, 일회용 제품, 용기 입구 부분이 펌프 또는 방아쇠로 작동되는 분무용기 제품, 압축 분무용기 제품(에어로졸 제품 등)은 제외한다.

1. 아세톤을 함유하는 네일 에나멜 리무버 및 네일 폴리시 리무버
2. 어린이용 오일 등 개별포장 당 탄화수소류를 10퍼센트 이상 함유하고 운동점도가 21센티스톡스(섭씨 40도 기준) 이하인 비에멀젼 타입의 액체상태의 제품
3. 개별포장당 메틸 살리실레이트를 5퍼센트 이상 함유하는 액체상태의 제품

② 제1항에 따른 안전용기 · 포장은 성인이 개봉하기는 어렵지 아니하나 만 5세 미만의 어린이가 개봉하기는 어렵게 된 것이어야 한다. 이 경우 개봉하기 어려운 정도의 구체적인 기준 및 시험방법은 산업통상자원부장관이 정하여 고시하는 바에 따른다. 〈개정 2013. 3. 23.〉

제19조(화장품 포장의 기재 · 표시 등) ① 법 제10조제1항 단서에 따라 다음 각 호에 해당하는 1차 포장 또는 2차 포장에는 화장품의 명칭, 화장품책임판매업자의 상호, 가격, 제조번호와 사용기한 또는 개봉 후 사용기간(개봉 후 사용기간을 기재할 경우에는 제조연월일을 병행 표기하여야 한다)만을 기재 · 표시할 수 있다. 다만, 제2호의 포장의 경우 가격이란 견본품이나 비매품 등의 표시를 말한다. 〈개정 2016. 9. 9., 2019. 3. 14.〉

1. 내용량이 10밀리리터 이하 또는 10그램 이하인 화장품의 포장
2. 판매의 목적이 아닌 제품의 선택 등을 위하여 미리 소비자가 시험 · 사용하도록 제조 또는 수입된 화장품의 포장

② 법 제10조제1항제3호에 따라 기재 · 표시를 생략할 수 있는 성분이란 다음 각 호의 성분을 말한다. 〈개정 2013. 3. 23.〉

1. 제조과정 중에 제거되어 최종 제품에는 남아 있지 않은 성분
2. 안정화제, 보존제 등 원료 자체에 들어 있는 부수 성분으로서 그 효과가 나타나게 하는 양보다 적은 양이 들어 있는 성분
3. 내용량이 10밀리리터 초과 50밀리리터 이하 또는 중량이 10그램 초과 50그램 이하 화장품의 포장인 경우에는 다음 각 목의 성분을 제외한 성분
   가. 타르색소
   나. 금박
   다. 샴푸와 린스에 들어 있는 인산염의 종류
   라. 과일산(AHA)
   마. 기능성화장품의 경우 그 효능 · 효과가 나타나게 하는 원료
   바. 식품의약품안전처장이 배합 한도를 고시한 화장품의 원료

③ 법 제10조제1항제9호에 따라 화장품의 포장에 기재 · 표시하여야 하는 사용할 때의 주의사항은 별표 3과 같다.

④ 법 제10조제1항제10호에 따라 화장품의 포장에 기재·표시하여야 하는 사항은 다음 각 호와 같다. 〈개정 2013. 3. 23., 2017. 11. 17., 2018. 12. 31., 2019. 3. 14., 2020. 1. 22.〉

1. 식품의약품안전처장이 정하는 바코드
2. 기능성화장품의 경우 심사받거나 보고한 효능·효과, 용법·용량
3. 성분명을 제품 명칭의 일부로 사용한 경우 그 성분명과 함량(방향용 제품은 제외한다)
4. 인체 세포·조직 배양액이 들어있는 경우 그 함량
5. 화장품에 천연 또는 유기농으로 표시·광고하려는 경우에는 원료의 함량
6. 수입화장품인 경우에는 제조국의 명칭(「대외무역법」에 따른 원산지를 표시한 경우에는 제조국의 명칭을 생략할 수 있다), 제조회사명 및 그 소재지
7. 제2조제8호부터 제11호까지에 해당하는 기능성화장품의 경우에는 "질병의 예방 및 치료를 위한 의약품이 아님"이라는 문구
8. 다음 각 목의 어느 하나에 해당하는 경우 법 제8조제2항에 따라 사용기준이 지정·고시된 원료 중 보존제의 함량
   가. 별표 3 제1호가목에 따른 만 3세 이하의 영유아용 제품류인 경우
   나. 만 4세 이상부터 만 13세 이하까지의 어린이가 사용할 수 있는 제품임을 특정하여 표시·광고하려는 경우

⑤ 제1항 및 제2항제3호에 따라 해당 화장품의 제조에 사용된 성분의 기재·표시를 생략하려는 경우에는 다음 각 호의 어느 하나에 해당하는 방법으로 생략된 성분을 확인할 수 있도록 하여야 한다.

1. 소비자가 법 제10조제1항제3호에 따른 모든 성분을 즉시 확인할 수 있도록 포장에 전화번호나 홈페이지 주소를 적을 것
2. 법 제10조제1항제3호에 따른 모든 성분이 적힌 책자 등의 인쇄물을 판매업소에 늘 갖추어 둘 것

⑥ 법 제10조제4항에 따른 화장품 포장의 표시기준 및 표시방법은 별표 4와 같다.

제20조(화장품 가격의 표시) 법 제11조제1항에 따라 해당 화장품을 소비자에게 직접 판매하는 자(이하 "판매자"라 한다)는 그 제품의 포장에 판매하려는 가격을 일반 소비자가 알기 쉽도록 표시하되, 그 세부적인 표시방법은 식품의약품안전처장이 정하여 고시한다. 〈개정 2013. 3. 23.〉

제21조(기재·표시상의 주의사항) 법 제12조에 따른 화장품 포장의 기재·표시 및 화장품의 가격표시상의 준수사항은 다음 각 호와 같다.

1. 한글로 읽기 쉽도록 기재·표시할 것. 다만, 한자 또는 외국어를 함께 적을 수 있고, 수출용 제품 등의 경우에는 그 수출 대상국의 언어로 적을 수 있다.

2. 화장품의 성분을 표시하는 경우에는 표준화된 일반명을 사용할 것

제22조(표시 · 광고의 범위 등) 법 제13조제2항에 따른 표시 · 광고의 범위와 그 밖에 준수하여야 하는 사항은 별표 5와 같다.

제23조(표시 · 광고 실증의 대상 등) ①법 제14조제1항에 따른 표시 · 광고 실증의 대상은 화장품의 포장 또는 별표 5 제1호에 따른 화장품 광고의 매체 또는 수단에 의한 표시 · 광고 중 사실과 다르게 소비자를 속이거나 소비자가 잘못 인식하게 할 우려가 있어 식품의약품안전처장이 실증이 필요하다고 인정하는 표시 · 광고로 한다. 〈개정 2013. 3. 23.〉

② 법 제14조제3항에 따라 화장품제조업자, 화장품책임판매업자 또는 판매자가 제출하여야 하는 실증자료의 범위 및 요건은 다음 각 호와 같다. 〈개정 2019. 3. 14.〉

1. 시험결과: 인체 적용시험 자료, 인체 외 시험 자료 또는 같은 수준 이상의 조사자료일 것
2. 조사결과: 표본설정, 질문사항, 질문방법이 그 조사의 목적이나 통계상의 방법과 일치할 것
3. 실증방법: 실증에 사용되는 시험 또는 조사의 방법은 학술적으로 널리 알려져 있거나 관련 산업 분야에서 일반적으로 인정된 방법 등으로서 과학적이고 객관적인 방법일 것

③ 법 제14조제3항에 따라 화장품제조업자, 화장품책임판매업자 또는 판매자가 실증자료를 제출할 때에는 다음 각 목의 사항을 적고 이를 증명할 수 있는 자료를 첨부하여 식품의약품안전처장에게 제출하여야 한다. 〈개정 2013. 3. 23., 2019. 3. 14.〉

가. 실증방법

나. 시험 · 조사기관의 명칭, 대표자의 성명, 주소 및 전화번호

다. 실증 내용 및 결과

라. 실증자료 중 영업상 비밀에 해당되어 공개를 원하지 아니하는 경우에는 그 내용 및 사유

④ 제1항부터 제3항까지에서 규정한 사항 외에 표시 · 광고 실증에 필요한 사항은 식품의약품안전처장이 정하여 고시한다. 〈개정 2013. 3. 23.〉

제23조의2(천연화장품 및 유기농화장품의 인증 등) ① 법 제14조의2제1항에 따라 천연화장품 또는 유기농화장품으로 인증을 받으려는 화장품제조업자, 화장품책임판매업자 또는 연구기관등은 법 제14조의2제4항에 따라 지정받은 인증기관(이하 "인증기관"이라 한다)에 식품의약품안전처장이 정하여 고시하는 서류를 갖추어 인증을 신청해야 한다.

② 인증기관은 제1항에 따른 신청을 받은 경우 천연화장품 또는 유기농화장품의 인증기준에 적합한지 여부를 심사를 한 후 그 결과를 신청인에게 통지해야 한다.

③ 제1항에 따라 천연화장품 또는 유기농화장품의 인증을 받은 자(이하 "인증사업자"라 한다)는

다음 각 호의 사항이 변경된 경우 식품의약품안전처장이 정하여 고시하는 바에 따라 그 인증을 한 인증기관에 보고를 해야 한다.

1. 인증제품 명칭의 변경
2. 인증제품을 판매하는 책임판매업자의 변경

④ 법 제14조의3제2항에 따라 인증사업자가 인증의 유효기간을 연장받으려는 경우에는 유효기간 만료 90일 전까지 그 인증을 한 인증기관에 식품의약품안전처장이 정하여 고시하는 서류를 갖추어 제출해야 한다. 다만, 그 인증을 한 인증기관이 폐업, 업무정지 또는 그 밖의 부득이한 사유로 연장신청이 불가능한 경우에는 다른 인증기관에 신청할 수 있다.
⑤ 법 제14조의4제1항에서 "총리령으로 정하는 인증표시"란 별표 5의2의 표시를 말한다.
⑥ 인증기관의 장은 식품의약품안전처장의 승인을 받아 결정한 수수료를 신청인으로부터 받을 수 있다.
⑦ 제1항부터 제6항까지 규정한 사항 외에 인증신청 및 변경보고, 유효기간 연장신청 등 인증의 세부 절차와 방법 등은 식품의약품안전처장이 정하여 고시한다.
[본조신설 2019. 3. 14.]

제23조의3(천연화장품 및 유기농화장품의 인증기관의 지정 등) ① 법 제14조의2제4항에 따른 인증기관의 지정기준은 별표 5의3과 같다.
② 천연화장품 또는 유기농화장품의 인증기관으로 지정받으려는 자는 식품의약품안전처장이 정하여 고시하는 서류를 갖추어 인증기관의 지정을 신청해야 한다.
③ 식품의약품안전처장은 제1항에 따른 지정기준에 적합하여 인증기관을 지정하는 경우에는 신청인에게 인증기관 지정서를 발급해야 한다.
④ 제3항에 따라 지정된 인증기관은 다음 각 호의 사항이 변경된 경우에는 변경 사유가 발생한 날부터 30일 이내에 식품의약품안전처장이 정하여 고시하는 서류를 갖추어 변경신청을 해야 한다.

1. 인증기관의 대표자
2. 인증기관의 명칭 및 소재지
3. 인증업무의 범위

⑤ 인증기관은 업무를 적절하게 수행하기 위하여 다음 각 호의 사항을 준수해야 한다.

1. 인증신청, 인증심사 및 인증사업자에 관한 자료를 법 제14조의3제1항에 따른 인증의 유효기간이 끝난 후 2년 동안 보관할 것
2. 식품의약품안전처장의 요청이 있는 경우에는 인증기관의 사무소 및 시설에 대한 접근을 허용하거나 필요한 정보 및 자료를 제공할 것

⑥ 법 제14조의5제3항에 따른 인증기관에 대한 행정처분의 기준은 별표 5의4와 같다.
⑦ 제1항부터 제6항까지에서 규정한 사항 외에 인증기관의 지정 절차 및 준수사항 등 인증기관

운영에 필요한 세부 절차와 방법 등은 식품의약품안전처장이 정하여 고시한다.
[본조신설 2019. 3. 14.]

제24조(관계 공무원의 자격 등) ① 법 제18조제1항에 따른 화장품 검사 등에 관한 업무를 수행하는 공무원(이하 "화장품감시공무원"이라 한다)은 다음 각 호의 어느 하나에 해당하는 사람 중에서 지방식품의약품안전청장이 임명하는 사람으로 한다.

1. 「고등교육법」 제2조에 따른 학교에서 약학 또는 화장품 관련 분야의 학사학위 이상을 취득한 사람(법령에서 이와 같은 수준 이상의 학력이 있다고 인정한 사람을 포함한다)
2. 화장품에 관한 지식 및 경력이 풍부하다고 지방식품의약품안전청장이 인정하거나 특별시장 · 광역시장 · 도지사 · 특별자치도지사 또는 시장 · 군수 · 구청장(자치구의 구청장을 말한다)이 추천한 사람

② 법 제18조제4항에 따른 화장품감시공무원의 신분을 증명하는 증표는 별지 제14호서식에 따른다.

제25조(수거 등) 법 제18조제2항에 따라 화장품감시공무원이 물품 또는 화장품을 수거하는 경우에는 별지 제15호서식의 수거증을 피수거인에게 발급하여야 한다.

제26조(화장품 판매 모니터링) 식품의약품안전처장은 법 제18조제3항에 따라 법 제17조에 따른 단체 또는 관련 업무를 수행하는 기관 등을 지정하여 화장품의 판매, 표시 · 광고, 품질 등에 대하여 모니터링하게 할 수 있다. 〈개정 2013. 3. 23.〉

제26조의2(소비자화장품안전관리감시원의 자격 등) ① 법 제18조의2조제1항에 따라 소비자화장품안전관리감시원(이하 "소비자화장품감시원"이라 한다)으로 위촉될 수 있는 사람은 다음 각 호의 어느 하나에 해당하는 사람으로 한다.

1. 법 제17조에 따라 설립된 단체의 임직원 중 해당 단체의 장이 추천한 사람
2. 「소비자기본법」 제29조제1항에 따라 등록한 소비자단체의 임직원 중 해당 단체의 장이 추천한 사람
3. 제8조제1항 각 호의 어느 하나에 해당하는 사람
4. 식품의약품안전처장이 정하여 고시하는 교육과정을 마친 사람

② 소비자화장품감시원의 임기는 2년으로 하되, 연임할 수 있다.

③ 법 제18조의2제2항제3호에서 "총리령으로 정하는 사항"이란 다음 각 호의 사항을 말한다.

1. 법 제23조에 따른 관계 공무원의 물품 회수 · 폐기 등의 업무 지원
2. 제29조에 따른 행정처분의 이행 여부 확인 등의 업무 지원
3. 화장품의 안전사용과 관련된 홍보 등의 업무

④ 법 제18조의2제3항에 따라 식품의약품안전처장 또는 지방식품의약품안전청장은 소비자화

장품감시원에 대하여 반기(半期)마다 화장품 관계법령 및 위해화장품 식별 등에 관한 교육을 실시하고, 소비자화장품감시원이 직무를 수행하기 전에 그 직무에 관한 교육을 실시하여야 한다.
⑤ 식품의약품안전처장 또는 지방식품의약품안전청장은 소비자화장품감시원의 활동을 지원하기 위하여 예산의 범위에서 수당 등을 지급할 수 있다.
⑥ 제1항부터 제5항까지에서 규정한 사항 외에 소비자화장품감시원의 운영에 필요한 사항은 식품의약품안전처장이 정하여 고시한다.
[본조신설 2019. 3. 14.]

제27조(회수 · 폐기명령 등) 법 제23조제1항부터 제3항까지의 규정에 따른 물품 회수에 필요한 위해성 등급 및 그 분류기준과 물품 회수 · 폐기의 절차 · 계획 및 사후조치 등에 관하여는 제14조의2제2항 및 제14조의3을 준용한다. 〈개정 2019. 12. 12.〉
[본조신설 2015. 7. 29.]

제28조(위해화장품의 공표) ① 법 제23조의2제1항에 따라 공표명령을 받은 영업자는 지체 없이 위해 발생사실 또는 다음 각 호의 사항을 「신문 등의 진흥에 관한 법률」 제9조제1항에 따라 등록한 전국을 보급지역으로 하는 1개 이상의 일반일간신문[당일 인쇄 · 보급되는 해당 신문의 전체 판(版)을 말한다] 및 해당 영업자의 인터넷 홈페이지에 게재하고, 식품의약품안전처의 인터넷 홈페이지에 게재를 요청하여야 한다. 다만, 제14조의2제2항제3호에 따른 위해성 등급이 다등급인 화장품의 경우에는 해당 일반일간신문에의 게재를 생략할 수 있다. 〈개정 2019. 12. 12.〉

1. 화장품을 회수한다는 내용의 표제
2. 제품명
3. 회수대상화장품의 제조번호
4. 사용기한 또는 개봉 후 사용기간(병행 표기된 제조연월일을 포함한다)
5. 회수 사유
6. 회수 방법
7. 회수하는 영업자의 명칭
8. 회수하는 영업자의 전화번호, 주소, 그 밖에 회수에 필요한 사항

② 제1항 각 호의 사항에 대한 구체적인 작성방법은 별표 6과 같다.
③ 제1항에 따라 공표를 한 영업자는 다음 각 호의 사항이 포함된 공표 결과를 지체 없이 지방식품의약품안전청장에게 통보하여야 한다.

1. 공표일
2. 공표매체

3. 공표횟수
4. 공표문 사본 또는 내용
[본조신설 2015. 7. 29.]

제29조(행정처분기준) ① 법 제24조제1항에 따른 행정처분의 기준은 별표 7과 같다.
② 삭제 〈2014. 8. 20.〉

제30조(과징금의 징수절차) 「화장품법 시행령」 제12조제1항에 따른 과징금의 징수절차는 「국고금관리법 시행규칙」을 준용한다. 이 경우 납입고지서에는 이의제기 방법 및 기간을 함께 적어 넣어야 한다.

제31조(등록필증 등의 재발급 등) ① 법 제31조에 따라 화장품책임판매업 등록필증 · 화장품제조업 등록필증 또는 기능성화장품심사결과통지서(이하 "등록필증등"이라 한다)를 재발급받으려는 자는 별지 제18호서식 또는 별지 제19호서식의 재발급신청서(전자문서로 된 신청서를 포함한다)에 다음 각 호의 서류(전자문서를 포함한다)를 첨부하여 각각 지방식품의약품안전청장 또는 식품의약품안전평가원장에게 제출하여야 한다. 〈개정 2013. 3. 23., 2017. 7. 31., 2019. 3. 14.〉
1. 등록필증등이 오염, 훼손 등으로 못쓰게 된 경우 그 등록필증등
2. 등록필증등을 잃어버린 경우에는 그 사유서
② 등록필증등을 재발급 받은 후 잃어버린 등록필증등을 찾았을 때에는 지체 없이 이를 해당 발급기관의 장에게 반납하여야 한다.
③ 법 제3조에 따른 화장품제조업자 또는 화장품책임판매업자의 등록 등의 확인 또는 증명을 받으려는 자는 확인신청서 또는 증명신청서(각각 전자문서로 된 신청서를 포함하며, 외국어의 경우에는 번역문을 포함한다)를 식품의약품안전처장 또는 지방식품의약품안전청장에게 제출하여야 한다. 〈개정 2013. 3. 23., 2019. 3. 14.〉

제32조(수수료) 법 제32조에 따라 화장품제조업자, 화장품책임판매업자 또는 연구기관등은 등록 또는 변경등록을 신청하거나 기능성화장품 또는 원료 사용기준의 심사 또는 변경심사를 신청하는 경우에는 별표 9에 따른 수수료를 현금, 현금의 납입을 증명하는 증표 또는 정보통신망을 이용한 전자화폐나 전자결제 등의 방법으로 내야 한다. 〈개정 2019. 3. 14.〉

제33조(규제의 재검토) 식품의약품안전처장은 다음 각 호의 사항에 대하여 다음 각 호의 기준일을 기준으로 3년마다(매 3년이 되는 해의 기준일과 같은 날 전까지를 말한다) 그 타당성을 검토하여 개선 등의 조치를 하여야 한다. 〈개정 2019. 3. 14.〉

1. 제3조에 따른 화장품 제조업의 등록: 2014년 1월 1일
2. 제4조에 따른 화장품책임판매업의 등록: 2019년 3월 14일
3. 제5조에 따른 화장품제조업 및 화장품책임판매업의 변경등록: 2014년 1월 1일
   가. 화장품제조업의 변경등록: 2014년 1월 1일
   나. 화장품책임판매업의 변경등록: 2019년 3월 14일

[본조신설 2014. 4. 1.]

부칙 〈제1592호, 2020. 1. 22.〉

이 규칙은 공포한 날부터 시행한다.

history

약력

강춘구 이학 박사

국제미용건강콘텐츠협회 학회장(현)
서울한영대학교 평생교육원 뷰티과정 주임교수(현)
피부미용국가자격증 감독관(현)
라인에스테틱 원장(현)
국제미용건강콘텐츠협회 피부회장(전)
한성대학교 예술대학원 외래교수(전)
선문대학교 대학원 외래교수(전)
선문대학교 대학원 이학박사(통합의학전공)

강현경 박사수료

119스킨앤바디 원장(현)
동덕여자대학교 평생교육원 외래교수(현)
D.Y.KIM GROUP(중국 상해) 강사(현)
은평나레스터 교육이사(현)
상명대학교 외래교수(전)
강지윤 뷰티월드 원장(전)
벨라피부과 의원 상담실장(전)
상명대학교 대학원 박사수료(뷰티예술)

정인순 박사수료

카리스 힐링샵 원장(현)
한국뷰티예술실용전문학교 피부미용겸임교수(현)
한국열린사이버대학교 뷰티건강디자인학과 특임교수(현)
(사)한국피부미용사회중앙회 이사 / 강서.양천구지회 지회장
예인직업전문학교 피부미용교사(전)
천연화장품&비누만들기 전문강사(전)
숭실대학교 대학원 박사수료(뷰티공학)

이춘양 박사

한국아유르베다협회 회장
레쥬비인더스스파 대표
필리핀 NVC대학교 미용교육원 전임교수
남서울대학교 외래교수(전)
세경대학교 재활스포츠학과 외래교수(전)
국제미용건강콘텐츠협회 건강테라피 회장
제8회 월드뷰티문화축전 학술대회장
경희대학교 대학원 체육학박사(스포츠의과학)

박상태 보건학박사

(현)대한보건교육사회 명예회장(보건복지부장관 자격증 단체)
고려대학교 통합의학교실 자문교수
서울시보건협회 수석부회장
행안부 감염안전교육 전문가
(전) EBS 피부미용사 공중위생관리학 강의교수
경기대 대체의학대학원 겸임교수
중부대 한방건강관리학과 전임교수
식약처 약물부작용 전문가 위원
원광대학교 한전원 한의학박사과정 수학
대구한의대 대학원 보건학박사
(저서)EBS 피부미용사 공중 위생관리학 및 피부학

맞춤형화장품조제관리사 1000제 적중예상문제

1판 1쇄 인쇄 2020년 02월 05일
1판 1쇄 발행 2020년 02월 10일
저 자 강춘구, 강현경, 정인순, 이춘양, 박상태
발 행 인 이범만
발 행 처 **21세기사** (제406-00015호)
경기도 파주시 산남로 72-16 (10882)
Tel. 031-942-7861 Fax. 031-942-7864
E-mail : 21cbook@naver.com
Home-page : www.21cbook.co.kr
ISBN 978-89-8468-860-5

정가 23,000원